高等职业院校学生专业技能抽查标准与题库丛书

工业分析技术

李继睿 王织云 石 慧 等编著

湖南大学出版社

内 容 简 介

本书以职业活动为导向，着眼于专业技能的考核，突出核心专业技能的重点，重视对学生运用所学知识分析问题和解决问题能力的考核，正确发挥技能抽查的导向作用，规范专业教学，提高人才培养水平。

全书分两个部分，第一部分为工业分析技术专业技能抽查标准；第二部分为工业分析技术专业技能抽查试题库。以检验准备、物理常数测定、化学分析、仪器分析四大核心技能模块为主线，建立了工业分析技术专业技能抽查标准，以及包含 31 个核心技能点，共计 150 多道技能考核试题的专业技能抽查题库。以国家标准、行业标准和企业管理为依据，明确了各抽测项目的技能要求和素养要求，主要对学生的职业能力进行全面考核，检验学生的专业技能和基本职业素养，考查学生运用所学知识分析问题和解决问题的能力。既具有针对性又具有适用性，为工业分析技术专业提供了一个可操作性强的量化考核评价标准。

图书在版编目（CIP）数据

工业分析技术/李继睿，王织云，石慧等编著．—长沙：湖南大学出版社，2016.8

（高等职业院校学生专业技能抽查标准与题库丛书）

ISBN 978 - 7 - 5667 - 1182 - 3

Ⅰ.①工…　Ⅱ.①李…　②王…　③石…　Ⅲ.①工业分析—高等职业教育—教学参考资料　Ⅳ.①TB4

中国版本图书馆 CIP 数据核字（2016）第 189039 号

高等职业院校学生专业技能抽查标准与题库丛书

工业分析技术
GONG YE FEN XI JI SHU

编　　著：李继睿　王织云　石　慧　等
责任编辑：黄　旺　　　　责任校对：仝　健
印　　装：长沙宇航印刷有限责任公司
开　　本：787×1092　16 开　印张：17.25　字数：414 千
版　　次：2016 年 8 月第 1 版　印次：2016 年 8 月第 1 次印刷
书　　号：ISBN 978 - 7 - 5667 - 1182 - 3
定　　价：42.00 元

出版人：雷　鸣
出版发行：湖南大学出版社
社　址：湖南·长沙·岳麓山　　　　邮　编：410082
电　话：0731 - 88822559（发行部），88821006（编辑室），88821006（出版部）
传　真：0731 - 88649312（发行部），88822264（总编室）
网　址：http://www.hnupress.com
电子邮箱：presscheny@hnu.cn

高等职业院校学生专业技能抽查标准与题库丛书

编 委 会

主 任 委 员: 应若平

副主任委员: 郭建国　郭荣学

委　　　员:（按姓氏笔画排名）

王江清　王雄伟　刘　婕　刘国华

刘建湘　刘显泽　刘洪宇　朱日红

朱厚望　肖智清　周韶峰　袁维坤

舒底清

本册主要研究与编著人员

李继睿（湖南化工职业技术学院）　　　王织云（湖南化工职业技术学院）

石　慧（湖南化工职业技术学院）　　　张桂文（湖南化工职业技术学院）

刘松长（湖南化工职业技术学院）　　　阳小宇（湖南化工职业技术学院）

吴新华（湖南化工职业技术学院）　　　刘　军（湖南化工职业技术学院）

伍惠玲（湖南有色金属职业技术学院）　周言凤（湖南有色金属职业技术学院）

王　霞（湖南石油化工职业技术学院）　陈　媛（湖南石油化工职业技术学院）

王安群（长沙环境保护职业技术学院）　黄淑芳（长沙环境保护职业技术学院）

张建辉（长沙环境保护职业技术学院）　向德磊（株洲冶炼集团股份有限公司）

罗细满（株洲兴隆化工实业有限公司）　费　卫（中盐湖南株洲化工集团公司）

杜登福（湖南华菱湘潭钢铁有限公司）　袁秀菊（千金药业股份有限公司）

成　琳（中国石化巴陵分公司）　　　　何月云（湖南柳化桂成化工有限公司）

舒和英（湖南昊华化工有限责任公司）　陈九星（湖南海利化工股份有限公司）

总　序

　　当前,我国已进入深化改革开放、转变发展方式、全面建设小康社会的攻坚时期。加快经济结构战略性调整,促进产业优化升级,任务重大而艰巨。要完成好这一重任,不可忽视的一个方面,就是要大力建设与产业发展实际需求及趋势要求相衔接、高质量、有特色的职业教育体系,特别是大力加强职业教育基础能力建设,切实抓好职业教育人才培养质量工作。

　　提升职业教育人才培养质量,建立健全质量保障体系,加强质量监控监管是关键。这就首先要解决"谁来监控"、"监控什么"的问题。传统意义上的人才培养质量监控,一般以学校内部为主,行业、企业以及政府的参与度不够,难以保证评价的真实性、科学性与客观性。而就当前情况而言,只有建立起政府、行业(企业)、职业院校多方参与的职业教育综合评价体系,才能真正发挥人才培养质量评价的杠杆和促进作用。为此,自2010年以来,湖南职教界以全省优势产业、支柱产业、基础产业、特色产业,特别是战略性新兴产业人才需求为导向,在省级教育行政部门统筹下,由具备条件的高等职业院校牵头,组织行业和知名企业参与,每年随机选取抽查专业、随机抽查一定比例的学生。抽查结束后,将结果向全社会公布,并与学校专业建设水平评估结合。对抽查合格率低的专业,实行黄牌警告,直至停止招生。这就使得"南郭先生"难以再在职业院校"吹竽",从而倒逼职业院校调整人、财、物力投向,更多地关注内涵和提升质量。

　　要保证专业技能抽查的客观性与有效性,前提是要制订出一套科学合理的专业技能抽查标准与题库。既为学生专业技能抽查提供依据,同时又可引领相关专业的教学改革,使之成为行业、企业与职业院校开展校企合作、对接融合的重要纽带。因此,我们在设计标准、开发题库时,除要考虑标准的普适性,使之能抽查到本专业完成基本教学任务所应掌握的,通用的、基本的核心技能,保证将行业、企业的基本需求融入标准之外,更要使抽查标准较好地反映产业发展的新技术、新工艺、新要求,有效对接区域产业与行业发展。

　　湖南职教界近年探索建立的学生专业技能抽查制度,是加强职业教育质量监管,促进职业院校大面积提升人才培养水平的有益尝试,为湖南实施全面、客观、科学的职业教育综合评价迈出了可喜的一步,必将引导和激励职业院校进一步明确技能型人才培养的专业定位和岗位指向,深化教育教学改革,逐步构建起以职业能力为核心的课程体系,强化专业实践教学,更加注重职业素养与职业技能的培养。我也相信,只要我们坚持把这项工作不断完善和落实,全省职业教育人才培养质量提升可期,湖南产业发展的竞争活力也必将随之更加强劲!

　　是为序。

郭开朗

2011 年 10 月 10 日于长沙

目 次

第一部分　工业分析技术专业技能抽查标准

第二部分　工业分析与检验专业技能抽查题库

第一部分　工业分析技术专业技能抽查标准

一、适用专业与对象

1. 适用专业

本标准适用于高职工业分析技术专业。也可作为药物分析技术、环境监测与治理技术、环境监测与评价、食品营养与检测、冶金分析等专业技能抽查的参考。

2. 适用对象

高等职业院校工业分析技术专业三年一期全日制在籍学生。

二、专业技能基本要求

本专业的技能抽查标准设置了检验准备、物理常数测定、化学分析、仪器分析四个技能模块。其中检验准备、物理常数测定为基础模块，化学分析、仪器分析为专业模块。

模块一　检验准备

本模块是分析检验质量保证的重要因素，为产品检验做好试剂溶液准备。本模块包含了试验方法中制剂的制备、标准溶液的配制与标定、杂质测定用标准溶液的配制三个主要技能操作点。

1. 试验方法中制剂的制备　编号：J-1-1

（1）技能要求

能正确洗涤各种容量仪器；能规范各种容量仪器的操作；能正确配制试验方法中各种制剂。

（2）素养要求

有严谨的实验精神，实事求是的实验态度；遵守酸碱滴定管、容量瓶等容量仪器的操作规程；遵守实验室规章制度，注意化验室用水、用电安全；爱护公共财产，节约、环保。

2. 标准溶液的配制与标定　编号：J-1-2

（1）技能要求

能正确配制和标定盐酸、氢氧化钠、EDTA 等各类标准滴定溶液；熟练滴定、定容等滴定分析基本操作；能正确使用分析天平、电炉等仪器设备；掌握各种基准物质的基本要求，能正确使用；能准确记录和处理实验数据。

（2）素养要求

有严谨的实验精神，实事求是的实验态度；有较强的实践能力；遵守化验室规章制度，随时保持干净、整洁；遵守操作规程，注意各种腐蚀性试剂、有毒有害试剂的使用安全；爱护公共财产，节约使用基准物质等贵重试剂；废液按标准排放，保护环境。

3. 杂质测定用标准溶液的配制　编号：J-1-3

（1）技能要求

能按操作规程正确操作常见分析仪器设备；能按有关标准配制与标定氯化钴、硫酸铜、三氯化铁等常用杂质标准溶液;能正确维护和保养各类仪器设备。

(2)素养要求

有较强的实践动手能力;遵守化验室规章制度,随时保持干净、整洁;严格遵守实验室试剂储存和使用安全守则;注意仪器操作安全,注意电、气的使用安全。

模块二 物理常数测定

物理常数是物质固有的物理特性,物理常数的测定既可对物质进行鉴别,又可反映物质的纯度。本模块包括密度的测定、黏度的测定、馏程的测定、闪点的测定、旋光度和折射率的测定六个主要技能操作点。

1. 密度的测定 编号:J-2-1

(1)技能要求

能规范操作密度计、密度瓶、韦氏天平;能正确读取密度计、韦氏天平的读数;能准确称量;能正确进行温度校正。

(2)素养要求

有严谨的实验精神,实事求是的实验态度;有较强的实践动手能力;有较强的观察能力;遵守化验室规章制度,随时保持干净、整洁;遵守电子天平操作规程,注重电子天平的维护保养。

2. 旋光度的测定 编号:J-2-2

(1)技能要求

能准确配制旋光待测液;能正确预热旋光仪;能正确使用旋光管;能正确校正旋光仪零点;会正确调节视场;会正确标示左旋和右旋;能及时准确记录数据;能进行比旋光度的计算。

(2)素养要求

有严谨的实验精神,实事求是的实验态度;有较强的实践动手能力;有较强的观察能力;遵守化验室规章制度,随时保持干净、整洁;有耐心调节仪器;严格遵守旋光仪操作规程,爱护好仪器。

3. 折射率的测定 编号:J-2-3

(1)技能要求

能正确准备折射率待测液;能正确使用恒温水箱;能正确清洗棱镜表面;能正确校正阿贝折光仪;会正确调节视场;能及时准确读取折光仪读数;能进行比旋光度的计算。

(2)素养要求

有严谨的实验精神,实事求是的实验态度;有较强的实践动手能力;有较强的观察能力;遵守化验室规章制度,随时保持干净、整洁;有耐心调节仪器;严格遵守阿贝折光仪操作规程,爱护好仪器。

4. 黏度的测定 编号:J-2-4

(1)技能要求

能规范操作毛细管黏度计;能正确使用温度计;能规范操作恒温水浴设备;能正确使用秒表计时;能正确进行黏度的计算。

(2)素养要求

有严谨的实验精神,实事求是的实验态度;有较强的实践动手能力;有较强的观察能力;遵守化验室规章制度,随时保持干净、整洁;遵守黏度计操作规程。

5. 馏程的测定　编号:J-2-5

(1)技能要求

会正确组装仪器;会调节好冷凝管温度、接收浴温度及接收浴液面高度;会正确读取温度计读数,会正确调节加热温度;能正确进行温度、压力校正;能正确测定油品馏程。

(2)素养要求

有严谨的实验精神,实事求是的实验态度;有较强的实践动手能力;有较强的观察能力;遵守化验室规章制度,随时保持干净、整洁;注意保持通风良好,注意易燃物酒精的使用。

6. 闪点的测定　编号:J-2-6

(1)技能要求

能正确使用开口、闭口闪点试验仪;能正确设置实验参数;会调节正确的升温速度;会正确点火和读取闪点温度;能正确进行温度、压力校正。

(2)素养要求

有严谨的实验精神,实事求是的实验态度;有较强的实践动手能力;有较强的观察能力;遵守化验室规章制度,随时保持干净、整洁;注意保持通风良好,注意易燃样品的使用,注意高压燃气的安全使用。

模块三　化学分析

化学分析是属于化学检验中一种非常重要的分析方法,主要用于组分含量在1%以上的常量组分的分析,具有快速、简便、准确度高的特点,在样品分析测试中被广泛采用。本模块包含酸碱滴定分析、混合酸碱滴定分析、单一金属离子配位滴定分析、混合金属离子配位滴定分析、高锰酸钾滴定分析、重铬酸钾法滴定分析、直接碘量法滴定分析、间接碘量法滴定分析、莫尔法滴定分析、福尔哈德法滴定分析、法扬司法滴定分析、沉淀质量分析十二个主要技能操作点。

1. 酸碱滴定分析　编号:J-3-1

(1)技能要求

能规范操作分析天平;能按规范正确取用盐酸、氢氧化钠等酸碱标准溶液;能规范操作酸碱滴定管、容量瓶等各种滴定分析仪器;能正确选用甲基橙、酚酞等各种酸碱指示剂;能准确判定指示剂终点的颜色;能对盐酸、硫酸、纯碱等样品或产品进行准确的滴定;能进行相关数据处理,并准确给出相应样品分析测试的结果。

(2)素养要求

遵守实验室规章制度;严肃认真地按照操作规程的要求进行检验和判定;遵守分析天平的操作规程;保持台面干净整洁,养成良好的实验习惯;实事求是记录实验数据;注意氢氧化钠、硫酸等强腐蚀性试剂的使用安全;注意电热板或电炉的使用安全;注意碱标准溶液回收处理。

2. 混合酸碱滴定分析　编号:J-3-2

(1)技能要求

能规范操作分析天平;能正确选用氢氧化钠、盐酸等标准滴定溶液;能规范操作酸(碱)式滴定管、容量瓶等各种滴定分析仪器;能正确选用滴定终点在不同阶段时所使用的酸碱指示剂;能准确地判断混合酸或者混合碱不同阶段的滴定终点;能准确滴定混合碱、混合酸的样品;能正确进行相关数据处理并给出相应样品分析测试结果。

(2)素养要求

一丝不苟地按照操作规程的要求进行样品或者产品的测定;遵守分析天平的操作规程;保持台面干净整洁,养成良好的实验习惯;实事求是地记录实验数据;注意电热板或电炉的使用安全;注意盐酸、氢氧化钠等腐蚀性试剂的使用安全;注意试剂回收,不随便倾到废液,爱护环境,节约环保。

3. 单一金属离子配位滴定分析　编号:J-3-3

(1)技能要求

能规范操作分析天平;能正确选用 DETA、氧化锌等标准滴定溶液;能规范操作酸(碱)式滴定管、容量瓶等各种滴定分析仪器;能正确选用二甲酚橙、铬黑 T 等各种金属离子指示剂,并准确判定指示剂终点的颜色;能用酸碱缓冲溶液等调节待测溶液的酸碱度;能对碳酸钙、硫酸铝等含有金属离子的样品进行准确的滴定;能进行相关的数据处理,并准确给出相应样品分析测试的结果。

(2)素养要求

认真负责,实事求是,一丝不苟地依据要求进行检验和判定;遵守实验室规章制度;遵守分析天平的操作规程;注意盐酸等腐蚀性试剂和氨水等刺激性试剂的使用安全;注意电热板或电炉的使用安全;注意 EDTA 标液的回收利用。

4. 混合金属离子配位滴定分析　编号:J-3-4

(1)技能要求

能规范操作分析天平;能正确选用 DETA、氧化锌等标准滴定溶液;能规范操作酸(碱)式滴定管、容量瓶等各种滴定分析仪器;能正确选用钙指示剂、铬黑 T 等各种金属离子指示剂,并准确判定指示剂终点的颜色;能通过控制酸度的方法对混合金属样品中的金属进行分别滴定;能进行相关的数据处理,并准确给出相应样品分析测试的结果。

(2)素养要求

认真负责,实事求是,一丝不苟地依据要求进行检验和判定;遵守实验室规章制度;遵守分析天平的操作规程;注意盐酸等腐蚀性和氨水等刺激性试剂的使用安全;注意电热板或电炉的使用安全;注意 EDTA 标液的回收利用。

5. 高锰酸钾法滴定分析　编号:J-3-5

(1)技能要求

能规范操作分析天平;能正确选用高锰酸钾、草酸钠等标准滴定溶液;能规范操作酸(碱)式滴定管、容量瓶等各种滴定分析仪器;能对待测样品进行氧化还原的预处理;能控制好高锰酸钾法的滴定条件,包括滴定的酸度、温度及滴定速度;能正确判定高锰酸钾法的滴定终点;能对双氧水、二氧化锰等具有氧化还原性质的样品以及碳酸钙等不具有氧化还原性质的样品进行准确的滴定;能进行相关的数据处理,并准确给出相应样品分析测试的结果。

(2)素养要求

滴定过程中始终保持台面干净整齐,养成良好的实验习惯;遵守实验室规章制度;遵守分析天平的操作规程;正确地进行滴定管的读数,如实记录实验数据;注意电热板或电炉的使用安全;注意硫酸、双氧水等腐蚀性试剂的使用安全。

6. 重铬酸钾法滴定分析　编号:J-3-6

(1)技能要求

能规范操作分析天平;能正确选用重铬酸钾、硫酸亚铁铵等标准滴定溶液;能规范操作酸(碱)式滴定管、容量瓶等各种滴定分析仪器;能对待测样品进行氧化还原的预处理;能正确选用二苯胺磺酸钠、试亚铁灵等各种氧化还原滴定的指示剂,并准确判定指示剂终点的颜色;能用酸碱缓冲溶液等调节待测溶液的酸碱度;能对亚铁盐、氯酸钾等具有氧化还原性质的样品进行准确的滴定;能进行相关的数据处理,并准确给出相应样品分析测试的结果。

(2)素养要求

认真负责,实事求是,一丝不苟地依据要求进行检验和判定;遵守实验室规章制度;遵守分析天平的操作规程;注意电热板或电炉的使用安全;注意硫酸等腐蚀性试剂的使用安全;注意重铬酸钾等有毒有害试剂的回收处理。

7. 直接碘量法滴定分析　编号:J-3-7

(1)技能要求

能规范操作分析天平;能正确选用碘等标准滴定溶液;能规范操作酸(碱)式滴定管、容量瓶等各种滴定分析仪器;能正确判定淀粉指示剂的终点;能用酸碱缓冲溶液等调节待测溶液的酸碱度;能对维生素 C、硫代硫酸钠等具有还原性质的样品进行准确的滴定;能进行相关的数据处理,并准确给出相应样品分析测试的结果。

(2)素养要求

滴定过程中始终保持台面干净整齐,养成良好的实验习惯;遵守实验室规章制度;遵守分析天平的操作规程;正确地进行滴定管的读数,如实记录实验数据;注意硫酸等腐蚀性试剂的使用安全;注意控制碘、碘化钾等较贵重试剂的使用量;注意碘标液的回收利用。

8. 间接碘量法滴定分析　编号:J-3-8

(1)技能要求

能规范操作分析天平;能正确选硫代硫酸钠等标准滴定溶液;能规范操作酸(碱)式滴定管、容量瓶等各种滴定分析仪器;能正确地使用碘量瓶;能用酸碱缓冲溶液等调节待测溶液的酸碱度;能正确判定淀粉指示剂的加入时间和滴定的终点;能对铜盐、过硫酸铵等具有氧化性质的样品进行准确的滴定;能进行相关的数据处理,并准确给出相应样品分析测试的结果。

(2)素养要求

滴定过程中始终保持台面干净整齐,养成良好的实验习惯;遵守实验室规章制度;遵守分析天平的操作规程;正确地进行滴定管的读数,如实记录实验数据;注意硫酸等腐蚀性试剂的使用安全;注意控制碘、碘化钾等较贵重试剂的使用量;注意硫代硫酸钠标液的回收利用。

9. 莫尔法滴定分析　编号:J-3-9

(1)技能要求

能规范操作分析天平;能正确选用硝酸银滴定标准溶液;规范操作滴定管、移液管、容量瓶等各种滴定分析仪器的操作;能用酸碱缓冲溶液等调节待测溶液的酸碱度;能正确判定铬酸钾指示剂的终点颜色;能正确地进行滴定管的读数;能对含 Cl^-、Br^- 等有卤素离子的样品或产品进行准确的滴定;能进行相关的数据处理,并准确给出相应样品分析测试的结果。

(2)素养要求

滴定过程中始终保持台面干净整齐,养成良好的实验习惯;遵守分析天平操作规程;认真负责,一丝不苟地依据要求完成样品的检验和判定;正确地进行滴定管的读数,如实记录实验数据;注意硝酸银等贵重试剂的回收利用。

10. 福尔哈德法滴定分析　编号:J-3-10

(1)技能要求

能规范操作分析天平;能正确选用硫氰酸铵等滴定标准溶液;能规范操作酸(碱)式滴定

管、移液管、容量瓶等各种滴定分析仪器;能正确调节待测溶液的酸碱度;能正确地去除测定中干扰组分;能正确判定铁铵矾指示剂的终点颜色;能正确控制测定条件,对含有 Ag^+,SCN^-,Cl^- 等离子的样品进行准确的滴定;能进行相关的数据处理,并准确给出相应样品分析测试的结果。

(2)素养要求

滴定过程中始终保持台面干净整齐,养成良好的实验习惯;遵守分析天平操作规程;认真负责,一丝不苟地依据要求完成样品的检验和判定;正确地进行滴定管的读数,如实记录实验数据;注意硝酸银等贵重试剂的回收利用;注意硝基苯等有毒试剂的回收处理。

11. 法扬司法滴定分析　编号:J-3-11

(1)技能要求

能规范操作分析天平;能正确选用硝酸银等滴定标准溶液;能规范操作滴定管、移液管、容量瓶等各种滴定分析仪器;能根据离子的不同正确选用荧光黄等各种沉淀滴定使用的吸附指示剂;能用酸碱缓冲溶液等调节待测溶液的酸碱度;能对含有卤素离子的样品进行准确的滴定;能准确地判断滴定终点;能进行相关的数据处理,并准确给出相应样品分析测试的结果。

(2)素养要求

严格遵守操作规程,认真负责地完成样品的检验和判定;遵守分析天平的操作规程;爱护公共财产,物品轻拿轻放;实事求是记录实验数据,不弄虚作假;注意硝酸银等贵重试剂的回收利用。

12. 沉淀质量分析　编号:J-3-12

(1)技能要求

能规范操作分析天平;能正确加入沉淀剂及判定沉淀是否沉淀完全;会对沉淀进行正确地洗涤及判定沉淀是否洗涤干净;能正确进行沉淀的过滤;能规范操作烘箱或马弗炉;能判定样品是否烘干或灼烧完全;能进行相关的数据处理,并准确给出相应样品分析测试的结果。

(2)素养要求

滴定过程中始终保持台面干净整齐,养成良好的实验习惯;遵守实验室规章制度;正确地进行滴定管的读数,如实记录实验数据;遵守分析天平和抽滤泵的操作规程;注意电热板或电炉的使用安全;注意使用抽滤泵时节约用水;注意烘箱或马弗炉的使用安全;注意硫酸、盐酸等腐蚀性试剂的使用安全;注意乙醇、丁二酮肟等有机试剂的使用安全。

模块四　仪器分析

本模块是利用精密的分析仪器,测量物质的物理和化学性质为基础的分析方法。要求学生掌握常用分析仪器的使用和定量方法,能准确测定物质的含量。本模块包含了:标准曲线的测定与绘制、可见分光光度分析、紫外分光光度分析、直接电位分析、电位滴定分析、原子吸收标准曲线法分析、原子吸收标准加入法分析、气相色谱归一化法分析、气相色谱标准曲线法分析、气相色谱内标法分析共十个主要技能操作点。

1. 标准曲线的测定与绘制　编号:J-4-1

(1)技能要求

能正确配制各种标准溶液;能正确使用常用的分析仪器;能正确测绘各种标准曲线,标准曲线的线性符合要求。

(2)素养要求

严格遵守紫外可见分光光度计等仪器的操作规程,认真记录测定的数据,实事求是;安全用电,废液按要求排放;保持检测室干净整齐。

2. 可见分光光度分析　编号:J-4-2

(1)技能要求

能正确处理样品;能正确配置标准溶液;能熟练使用可见分光光度计;能对可见分光光度计进行维护和保养;能准确处理数据,能用可见分光光度分析法测定出样品中组分的含量。

(2)素养要求

严格遵守可见分光光度计的操作规程,认真记录测定的数据,实事求是;安全用电,废液按要求排放;保持检测室干净整齐。

3. 紫外分光光度分析　编号:J-4-3

(1)技能要求

能正确处理样品;能正确配置标准溶液;能熟练使用紫外分光光度计;能对紫外分光度计进行维护和保养;能准确处理数据,能用紫外分光光度分析法测定出样品中组分的含量。

(2)素养要求

严格遵守紫外分光光度计的操作规程,认真记录测定的数据,实事求是;安全用电,废液按要求排放;保持检测室干净整齐。

4. 直接电位分析　编号:J-4-4

(1)技能要求

能正确处理样品;能正确配置所需标准溶液;能熟练使用酸度计;能对酸度计进行维护和保养;能准确处理数据,能用直接电位分析法测定出样品中组分的含量。

(2)素养要求

严格遵守酸度计的操作规程,认真记录测定的数据,实事求是;安全用电,废液按要求排放;保持检测室干净整齐。

5. 电位滴定分析　编号:J-4-5

(1)技能要求

能正确处理样品;正确配置所需标准溶液;能熟练使用酸度计;能对酸度计进行维护和保养;能准确处理数据,能用电位滴定分析法测定出样品中组分的含量。

(2)素养要求

严格遵守酸度计的操作规程,认真记录测定的数据,实事求是;安全用电,废液按要求排放;保持检测室干净整齐。

6. 原子吸收标准曲线法分析　编号:J-4-6

(1)技能要求

能正确处理样品;正确配置所需标准溶液;能熟练使用原子吸收分光光度计;能对原子吸收分光光度计进行维护和保养;能准确绘制标准曲线,能用标准曲线法测定出样品中组分的含量。

(2)素养要求

严格遵守原子吸收分光光度计的操作规程,认真记录测定的数据,实事求是;安全使用浓硝酸等强腐蚀性酸,安全使用乙炔;废液按要求排放;保持检测室干净整齐。

7. 原子吸收标准加入法分析　编号:J-4-7

(1)技能要求

能正确处理样品;正确配置所需标准溶液;能熟练使用原子吸收分光光度计;能对原子吸收分光光度计进行维护和保养;能用标准加入法,测定出样品中组分的含量。

（2）素养要求

严格遵守原子吸收分光光度计的操作规程,认真记录测定的数据,实事求是;安全使用浓硝酸等强腐蚀性酸,安全使用乙炔;废液按要求排放;保持检测室干净整齐。

8. 气相色谱归一化法分析　编号:J-4-8

（1）技能要求

能正确处理样品;正确配置所需标准溶液;能熟练使用气相色谱仪;能对气相色谱仪进行维护和保养;能用归一化法,测定出样品中组分的含量。

（2）素养要求

严格遵守气相色谱仪的操作规程,认真记录测定的数据,实事求是;安全使用苯等有毒有害试剂,安全使用氢气;废液按要求排放;保持检测室干净整齐。

9. 气相色谱标准曲线法分析　编号:J-4-9

（1）技能要求

能正确处理样品;正确配置所需标准溶液;能熟练使用气相色谱仪;能对气相色谱仪进行维护和保养;能用标准曲线法,测定出样品中组分的含量。

（2）素养要求

严格遵守气相色谱仪的操作规程,认真记录测定的数据,实事求是;安全使用苯等有毒有害试剂,安全使用氢气;废液按要求排放;保持检测室干净整齐。

10. 气相色谱内标法分析　编号:J-4-10

（1）技能要求

能正确处理样品;正确配置所需标准溶液;能熟练使用气相色谱仪;能对气相色谱仪进行维护和保养;能用内标法,测定出样品中组分的含量。

（2）素养要求

严格遵守气相色谱仪的操作规程,认真记录测定的数据,实事求是;安全使用乙醇等易燃试剂,安全使用氢气;废液按要求排放;保持检测室干净整齐。

三、专业技能抽查方式

根据专业技能基本要求,工业分析与检验专业技能抽查设计了检验准备、物理常数测定、化学分析、仪器分析四个技能模块。四个模块共包含 31 个技能点,每个技能点配有若干操作试题,总计 150 道技能考核试题。

抽查方式:采取 1 加 1 方式,在基础技能模块(检验准备、物理常数测定)和专业核心技能模块(化学分析、仪器分析)中,各随机抽取一套试卷,一半考生参加基础技能模块考核和另一半考生参加专业核心技能模块考核,每位考生只考一个模块。抽查场次根据考生人数结合考场条件具体安排,考核场次和工位号由考生在考试前抽签确定,并各自按照考核试题的要求独立完成考核任务,并体现良好的职业精神与职业素养。

四、参照标准或规范

（1）《化学检验工国家职业标准》。

（2）GB/T 3049—2006《工业用化工产品 铁含量测定的通用方法》。

(3)GB/T 601—2002《标准溶液配制和标定》。

(4)GB/T 602—2002《化学试剂、杂质标准溶液的配制》。

(5)JJG 178—2007《紫外、可见、近红外分光光度计检定规程》。

(6)JJG 119—2005《实验室 pH(酸度计)检定规程》。

(7)JJG 700—1999《气相色谱仪检定规程》。

(8)其他各类化工、建材、冶金、农药、精细化学品技术标准或规范。

第二部分 工业分析与检验专业技能抽查题库

工业分析与检验专业技能题库分为检验准备、物理常数测定、化学分析、仪器分析四个技能模块,四个模块共包含31个主要技能点,每个技能点都配有若干操作试题。其中检验准备模块列出了3个主要技能点,设计了29个操作考核题;物理常数测定模块列出了6个主要技能点,设计了13个操作考核题;化学分析模块列出了12个主要技能点,设计了65个操作考核题;仪器分析模块列出了10个技能点,设计了43个操作考核题,总计150道技能操作考核试题。

一、检验准备模块

1. 试题编号:T-1-1,溴溶液的制备

考核技能点编号:J-1-1

(1)任务描述

采用滴定法完成溴溶液$[C(\frac{1}{2}Br)=0.1\ mol/L]$的制备,提交分析检测报告。参照 GB/T 603—2002。

①操作步骤。

称取 10 g 溴化钾,溶于 100 mL 水中,加 0.5 mL 溴,稀释至 200 mL。

量取 25.00 mL 上述溶液,注入碘量瓶中,加 2 g 碘化钾及 100 mL 水,于暗处放置5 min,用硫代硫酸钠标准滴定溶液$[C(Na_2S_2O_3)=0.1\ mol/L]$滴定,近终点时,加 2 mL 淀粉指示液(10 g/L),继续滴定至溶液蓝色消失。平行测定 3 次。

②结果计算。

$$C(\frac{1}{2}Br_2)=\frac{C \cdot V_2}{V_1}$$

式中:C—硫代硫酸钠标准滴定溶液浓度,mol/L;V_1—溴溶液的体积,mL;V_2—滴定消耗硫代硫酸钠溶液的体积,mL。

③数据记录。

原始数据记录表

内容 \ 次数	1	2	3
溴溶液的体积 V_1(mL)			
标定消耗硫代硫酸钠标准溶液的体积 V_2(mL)			
硫代硫酸钠标准溶液的浓度 C(mol/L)			
溴溶液浓度 C(mol/L)			
溴溶液浓度平均值 $\bar{C}$(mol/L)			
相对平均偏差(%)			

（2）实施条件

①场地：化学分析检验室。

②仪器、试剂。

表1 仪器设备

名称	规格	数量	名称	规格	数量
量筒	100 mL	1只/人	试剂瓶	200 mL	1只/人
电子台秤	0.1 g	1台/2人	碘量瓶	500 mL	3只/人
酸式滴定管	50 mL	1支/人	洗瓶	500 mL	1只/人
玻璃仪器洗涤用具及其洗涤用试剂		公用	积液管	25 mL	1支/人
			吸量管	10 mL	1支/人

表2 试剂材料

名称	规格	数量	名称	规格	数量
溴化钾		公用	溴		500 mL
碘化钾		公用	硫代硫酸钠标准滴定溶液	0.1 mol/L标准滴定溶液	200 mL
淀粉指示液	10 g/L		三级水		公用

备注：未注明要求时，试剂均为AR，水为国家规定的实验室三级用水规格

（3）考核时量

120分钟。

（4）考核标准

详见附录2。

2. 试题编号：T-1-2，氢氧化钾-乙醇溶液的制备

考核技能点编号：J-1-1

（1）任务描述

采用滴定法完成0.1 mol/L氢氧化钾-乙醇溶液的制备，提交分析检测报告。参照GB/T 603—2002。

①操作步骤。

称取2 g氢氧化钾，溶于5 mL水中。用无醛的乙醇稀释至500 mL。放置24 h，取上层清液使用。

称取于105 ℃～110 ℃烘箱中干燥至恒重的工作基准试剂邻苯二甲酸氢钾0.7 g，精确至0.000 1 g，于三个250 mL锥形瓶中，分别加入50 mL无二氧化碳水溶解，加2滴酚酞指示液（10 g/L），用配制好的氢氧化钾-乙醇溶液滴定至溶液呈粉红色。

②结果计算。

$$C(KOH) = \frac{m \times 1\,000}{V \cdot M}$$

式中：m—邻苯二甲酸氢钾质量的准确数值，g；V—滴定工作基准试剂消耗的氢氧化钾－乙醇标准滴定溶液体积的准确数值，mL；M—邻苯二甲酸氢钾的摩尔质量的数值，g/mol［M

（$KHC_8H_4O_4$）＝204.22]。

③数据记录。

原始数据记录表

内容 \ 次数	1	2	3
称量瓶和基准物的质量(g)(第一次读数)			
称量瓶和基准物的质量(g)(第二次读数)			
基准物的质量 m(g)			
标定消耗氢氧化钾标准溶液的体积(mL)			
氢氧化钾标准溶液的浓度 C(mol/L)			
氢氧化钾标准溶液浓度的平均值 $\bar{C}$(mol/L)			
相对平均偏差(%)			

（2）实施条件

①场地：天平室，化学分析检验室。

②仪器、试剂。

表1　仪器设备

名称	规格	数量	名称	规格	数量
碱式滴定管	50 mL	1 支/人	锥形瓶	250 mL	3 只/人
量筒	50 mL	1 只/人	洗瓶	500 mL	1 只/人
电子天平	万分之一	1 台/人	玻璃仪器洗涤用具及其洗涤用试剂		公用

表2　试剂材料

名称	规格	数量	名称	规格	数量
氢氧化钾		500 g	无 CO_2 水		500 mL
乙醇	95%	1 000 mL	酚酞指示剂	10 g/L	10 g
邻苯二甲酸氢钾	105 ℃~110 ℃ 电烘箱中干燥至恒重	500 g			

备注：未注明要求时，试剂均为 AR，水为国家规定的实验室三级用水规格

（3）考核时量

120 分钟。

（4）考核标准

详见附录1。

3. 试题编号：T-1-3，硫酸亚铁铵溶液的制备

考核技能点编号：J-1-1

（1）任务描述

采用滴定法完成 0.1 mol/L 硫酸亚铁铵溶液的制备，提交分析检测报告。参照 GB/T

603—2002。

①操作步骤。

称取 10 g 硫酸亚铁铵[$(NH_4)_2 Fe(SO_4)_2 \cdot 6H_2O$]溶于适量水中,加 10 mL 硫酸,稀释至 250 mL。

量取 25.00 mL 配制好的硫酸亚铁铵溶液,加 25 mL 无氧的水,用高锰酸钾标准溶液[$C(1/5KMnO_4)=0.1$ mol/L]滴定至溶液呈粉红色,并保持 30 s。平行标定 3 次(临用前标定)。

②结果计算。

$$C[(NH_4)_2 Fe(SO_4)_2 \cdot 6H_2O] = \frac{C_1 \cdot V_1}{V}$$

式中:$C[(NH_4)_2 Fe(SO_4)_2 \cdot 6H_2O]$—硫酸亚铁铵溶液的浓度,mol/L;$V$—取硫酸亚铁铵溶液的体积,mL;$V_1$—高锰酸钾标准溶液的用量,mL;$C_1$—高锰酸钾标准溶液的浓度,mol/L。

③数据记录。

原始数据记录表

次数 内容	1	2	3
硫酸亚铁铵溶液的体积 V(mL)			
标定消耗高锰酸钾标准溶液的体积 V_1(mL)			
高锰酸钾标准溶液的浓度 C_1(mol/L)			
硫酸亚铁铵溶液的浓度 C(mol/L)			
硫酸亚铁铵溶液浓度的平均值 $\bar{C}$(mol/L)			
相对平均偏差(%)			

(2)实施条件

①场地:天平室,化学分析检验室。

②仪器、试剂。

表 1　仪器设备

名称	规格	数量	名称	规格	数量
酸式滴定管	50 mL	2 支/人	锥形瓶	250 mL	3 只/人
量筒	50 mL	1 只/人	洗瓶	500 mL	1 只/人
玻璃仪器洗涤用具 及其洗涤用试剂		公用	移液管	25 mL	1 支/人
			电子台秤		公用

表 2　试剂材料

名称	规格	数量	名称	规格	数量
硫酸亚铁铵	500 g		硫酸	98%	500 mL
高锰酸钾标准溶液	$C(\frac{1}{5}KMnO_4)=$ 0.1 mol/L 左右 浓度由考核点 标定好	250 mL			

备注:未注明要求时,试剂均为 AR,水为国家规定的实验室三级用水规格

（3）考核时量

120 分钟。

（4）考核标准

详见附录 2。

4. 试题编号：T-1-4，氢氧化钠标准滴定溶液的配制与标定 I

考核技能点编号：J-1-2

（1）任务描述

采用滴定法完成 0.1 mol/L 氢氧化钠标准滴定溶液的标定，提交分析检测报告。参照 GB/T 601—2002。

①操作步骤。

用塑料管量取饱和氢氧化钠上层清液 2.7 mL，用无二氧化碳的水稀释至 500 mL，摇匀。

准确称取于 105 ℃～110 ℃ 电烘箱中干燥至恒重的工作基准试剂邻苯二甲酸氢钾 0.75 g，置于 250 mL 锥形瓶中，加 50 mL 无二氧化碳的水溶解，加 2 滴酚酞指示液（10 g/L），用待标定的氢氧化钠溶液滴定至溶液呈粉红色，并保持 30 s。同时做空白试验。平行测定 3 次。

②结果计算。

$$C(\text{NaOH}) = \frac{m \times 1\,000}{(V_1 - V_2)M}$$

式中：m—邻苯二甲酸氢钾的质量，g；V_1—氢氧化钠溶液的体积，mL；V_2—空白试验氢氧化钠溶液的体积，mL；M—邻苯二甲酸氢钾的摩尔质量，g/mol[$M(\text{C}_8\text{H}_5\text{KO}_4) = 204.22$]。

③数据记录。

原始数据记录表

内容 \ 次数	1	2	3
称量瓶和基准物的质量（g）（第一次读数）			
称量瓶和基准物的质量（g）（第二次读数）			
基准物的质量 m（g）			
消耗氢氧化钠标准溶液的体积 V_1（mL）			
空白消耗氢氧化钠标准溶液的体积 V_2（mL）			
氢氧化钠标准溶液的浓度 C（mol/L）			
氢氧化钠标准溶液浓度的平均值 $\bar{C}$（mol/L）			
相对平均偏差（%）			

（2）实施条件

①场地：天平室，化学分析检验室。

②仪器、试剂。

表 1　仪器设备

名称	规格	数量	名称	规格	数量
碱式滴定管	50 mL	1 支/人	锥形瓶	250 mL	4 只/人
量筒	50 mL	1 只/人	洗瓶	500 mL	1 只/人
玻璃仪器洗涤用具及其洗涤用试剂		公用	试剂瓶	500 mL	1 只/人
			电子天平	万分之一	1 台/人

表 2　试剂材料

名称	规格	数量	名称	规格	数量
饱和氢氧化钠	500 mL	公用	无 CO_2 水		500 mL
邻苯二甲酸氢钾	105 ℃～110 ℃电烘箱中干燥至恒重	500 g	酚酞指示剂	10 g/L	10 g

备注：未注明要求时,试剂均为 AR,水为国家规定的实验室三级用水规格

(3)考核时量

120 分钟。

(4)考核标准

详见附录 1。

5. 试题编号:T-1-5,氢氧化钠标准滴定溶液的配制与标定 II

考核技能点编号:J-1-2

(1)任务描述

采用滴定法完成 0.5 mol/L 氢氧化钠标准滴定溶液的标定,提交分析检测报告。参照 GB/T 601—2002。

①操作步骤。

用塑料管量取饱和氢氧化钠上层清液 14 mL,用无二氧化碳的水稀释至 500 mL,摇匀。

准确称取于 105 ℃～110 ℃电烘箱中干燥至恒重的工作基准试剂邻苯二甲酸氢钾 3.0 g, 置于 250 mL 锥形瓶中,加 80 mL 无二氧化碳的水溶解,加 2 滴酚酞指示液(10 g/L),用待标定的氢氧化钠溶液滴定至溶液呈粉红色,并保持 30 s。同时做空白试验。平行测定 3 次。

②结果计算。

$$C(NaOH) = \frac{m \times 1\,000}{(V_1 - V_2)M}$$

式中:m—邻苯二甲酸氢钾的质量,g;V_1—氢氧化钠溶液的体积,mL;V_2—空白试验氢氧化钠溶液的体积,mL;M—邻苯二甲酸氢钾的摩尔质量,g/mol[$M(C_8H_5KO_4) = 204.22$]。

③数据记录。

原始数据记录表

内容 \ 次数	1	2	3
称量瓶和基准物的质量(g)(第一次读数)			
称量瓶和基准物的质量(g)(第二次读数)			
基准物的质量 m(g)			
消耗氢氧化钠标准溶液的体积 V_1(mL)			
空白消耗氢氧化钠标准溶液的体积 V_2(mL)			
氢氧化钠标准溶液的浓度 C(mol/L)			
氢氧化钠标准溶液浓度的平均值 $\overline{C}$(mol/L)			
相对平均偏差(%)			

(2)实施条件

①场地:天平室,化学分析检验室。

②仪器、试剂。

表1　仪器设备

名称	规格	数量	名称	规格	数量
碱式滴定管	50 mL	1支/人	锥形瓶	250 mL	3只/人
量筒	50 mL	1只/人	洗瓶	500 mL	1只/人
玻璃仪器洗涤用具及其洗涤用试剂		公用	试剂瓶	500 mL	1只/人
			电子天平	万分之一	1台/人

表2　试剂材料

名称	规格	数量	名称	规格	数量
饱和氢氧化钠		公用	无 CO_2 水		500 mL
邻苯二甲酸氢钾	105 ℃~110 ℃ 电烘箱中干燥至恒重	500 g	酚酞指示剂	10 g/L	10 g

备注:未注明要求时,试剂均为 AR,水为国家规定的实验室三级用水规格

(3)考核时量

120 分钟。

(4)考核标准

详见附录 1。

6. 试题编号:T-1-6,氢氧化钠标准滴定溶液的配制与标定 III

考核技能点编号:J-1-2

(1)任务描述

采用滴定法完成 0.05 mol/L 氢氧化钠标准滴定溶液的标定,提交分析检测报告。参照 GB/T 601—2002。

①操作步骤。

用塑料管量取饱和氢氧化钠上层清液 1.4 mL,用无二氧化碳的水稀释至 500 mL,摇匀。

准确称取于 105 ℃~110 ℃ 电烘箱中干燥至恒重的工作基准试剂邻苯二甲酸氢钾 3.7 g,置于 100 mL 小烧杯中,加 50 mL 无二氧化碳的水溶解,转移至 250 mL 容量瓶中,定容,摇匀。移取 25.00 mL 此溶液于 250 mL 锥形瓶中,加 50 mL 无二氧化碳的水,加 2 滴酚酞指示液(10 g/L),用待标定的氢氧化钠溶液滴定至溶液呈粉红色,并保持 30 s。平行测定 3 次。

②结果计算。

$$C(\text{NaOH}) = \frac{m \times \frac{25}{250} \times 1\,000}{V \cdot M}$$

式中:m—邻苯二甲酸氢钾的质量,g;V—氢氧化钠溶液的体积,mL;M—邻苯二甲酸氢钾的摩尔质量,g/mol[$M(\text{C}_8\text{H}_5\text{KO}_4) = 204.22$]。

③数据记录。

原始数据记录表

内容 \\ 次数	1	2	3
称量瓶和基准物的质量(g)(第一次读数)			
称量瓶和基准物的质量(g)(第二次读数)			
基准物的质量 m(g)			
消耗氢氧化钠标准溶液的体积 V(mL)			
氢氧化钠标准溶液的浓度 C(mol/L)			
氢氧化钠标准溶液浓度的平均值 $\bar{C}$(mol/L)			
相对平均偏差(%)			

(2)实施条件

①场地:天平室,化学分析检验室。

②仪器、试剂。

表 1　仪器设备

名称	规格	数量	名称	规格	数量
碱式滴定管	50 mL	1 支/人	锥形瓶	250 mL	3 只/人
量筒	50 mL	1 只/人	洗瓶	500 mL	1 只/人
电子天平	万分之一	1 台/人	容量瓶	250 mL	1 只/人
玻璃仪器洗涤用具及其洗涤用试剂		公用	移液管	25 mL	1 支/人

表 2　试剂材料

名称	规格	数量	名称	规格	数量
饱和氢氧化钠		公用	无 CO₂ 水		500 mL
邻苯二甲酸氢钾	105 ℃~110 ℃电烘箱中干燥至恒重	500 g	酚酞指示剂	10 g/L	50 mL
备注:未注明要求时,试剂均为 AR,水为国家规定的实验室三级用水规格					

（3）考核时量

120 分钟。

（4）考核标准

详见附录 4。

7. 试题编号：T-1-7，盐酸标准滴定溶液的配制与标定 I

考核技能点编号：J-1-2

（1）任务描述

采用滴定法完成 0.1 mol/L 盐酸标准滴定溶液的标定，提交分析检验报告。参照 GB/T 601—2002。

①操作步骤。

量取浓盐酸 4.5 mL，置于 500 mL 试剂瓶中，以水稀释至刻度，混匀。

准确称取于 270 ℃～300 ℃灼烧至恒重并于干燥器中冷却至室温的基准试剂碳酸钠 0.2 g，置于 250 mL 锥形瓶中，加 50 mL 去离子水溶解，加 10 滴溴甲酚绿-甲基红指示液，用待标定的盐酸溶液滴定至溶液由绿色变为暗红色，煮沸 2 min，冷却后继续滴定至溶液再呈暗红色。同时做空白试验。平行测定 3 次。

②结果计算。

$$C(\text{HCl}) = \frac{m \times 1\,000}{(V_1 - V_2)M}$$

式中：m—无水碳酸钠的质量，g；V_1—滴定碳酸钠消耗盐酸标准滴定溶液的体积，mL；V_2—滴定空白溶液消耗盐酸标准滴定溶液的体积，mL；M—无水碳酸钠的摩尔质量的数值，g/mol $[M(\frac{1}{2}\text{Na}_2\text{CO}_3) = 52.994]$。

③数据记录。

原始数据记录表

内容 \ 次数	1	2	3
称量瓶和基准物的质量(g)（第一次读数）			
称量瓶和基准物的质量(g)（第二次读数）			
基准物的质量 m(g)			
消耗盐酸标准溶液的体积 V_1(mL)			
空白消耗盐酸标准溶液的体积 V_2(mL)			
盐酸标准溶液的浓度 C(mol/L)			
盐酸标准溶液浓度的平均值 $\overline{C}$(mol/L)			
相对平均偏差(%)			

（2）实施条件

①场地：天平室，化学分析检验室。

②仪器、试剂。

表 1　仪器设备

名称	规格	数量	名称	规格	数量
酸式滴定管	50 mL	1 支/人	锥形瓶	250 mL	3 只/人
量筒	50 mL	1 只/人	试剂瓶	1 000 mL	1 只/人
玻璃仪器洗涤用具及其洗涤用试剂		公用	电热板/电炉		公用
			电子天平	万分之一	1 台/人

表 2　试剂材料

名称	规格	数量	名称	规格	数量
浓盐酸		500 mL	溴甲酚绿-甲基红指示剂	10 g/L	10 g
无水碳酸钠	270 ℃~300 ℃高温炉中灼烧至恒重	50 g			

备注:未注明要求时,试剂均为 AR,水为国家规定的实验室三级用水规格

(3)考核时量

120 分钟。

(4)考核标准

详见附录 1。

8. 试题编号:T-1-8,盐酸标准滴定溶液的配制与标定 II

考核技能点编号:J-1-2

(1)任务描述

采用滴定法完成 0.1 mol/L 盐酸标准滴定溶液的标定,提交分析检验报告。参照GB/T 601—2002。

①操作步骤。

量取浓盐酸 4.5 mL,置于 500 mL 试剂瓶中,以水稀释至刻度,混匀。

准确称取于 270 ℃~300 ℃灼烧至恒重并于干燥器中冷却至室温的基准试剂碳酸钠 1.7 g,置于 100 mL 小烧杯中,加 50 mL 无二氧化碳的水溶解,转移至 250 mL 容量瓶中,定容,摇匀。移取 25.00 mL 此溶液于 250 mL 锥形瓶中,加 50 mL 去离子水溶解,加 10 滴溴甲酚绿-甲基红指示液,用待标定的盐酸溶液滴定至溶液由绿色变为暗红色,煮沸 2 min,冷却后继续滴定至溶液再呈暗红色。平行测定 3 次。

②结果计算。

$$C(\text{HCl}) = \frac{m \times \frac{25}{250} \times 1\,000}{V \cdot M}$$

式中:m—无水碳酸钠的质量,g;V—滴定碳酸钠消耗盐酸标准滴定溶液的体积,mL;M—无水碳酸钠的摩尔质量的数值,g/mol$[M(\frac{1}{2}\text{Na}_2\text{CO}_3) = 52.994]$。

③数据记录。

原始数据记录表

次数 内容	1	2	3
称量瓶和基准物的质量(g)(第一次读数)			
称量瓶和基准物的质量(g)(第二次读数)			
基准物的质量 m(g)			
消耗盐酸标准溶液的体积 V(mL)			
盐酸标准溶液的浓度 C(mol/L)			
盐酸标准溶液浓度的平均值 $\overline{C}$(mol/L)			
相对平均偏差(%)			

(2)实施条件

①场地:天平室,化学分析检验室。

②仪器、试剂。

表1 仪器设备

名称	规格	数量	名称	规格	数量
酸式滴定管	50 mL	1支/人	锥形瓶	250 mL	3只/人
量筒	50 mL	1只/人	试剂瓶	1000 mL	1只/人
容量瓶	250 mL	1只/人	移液管	25 mL	1支/人
玻璃仪器洗涤用具及其洗涤用试剂		公用	电热板/电炉		公用
			电子天平	万分之一	1台/人

表2 试剂材料

名称	规格	数量	名称	规格	数量
浓盐酸		500 mL	溴甲酚绿-甲基红指示剂	10 g/L	10 g
无水碳酸钠	270 ℃~300 ℃ 高温炉中灼烧至恒重	50 g			

备注:未注明要求时,试剂均为 AR,水为国家规定的实验室三级用水规格

(3)考核时量

120分钟。

(4)考核标准

详见附录4。

9. 试题编号:T-1-9,盐酸标准滴定溶液的配制与标定 III

考核技能点编号:J-1-2

(1)任务描述

采用滴定法完成 0.5 mol/L 盐酸标准滴定溶液的标定,提交分析检验报告。参照GB/T 601—2002。

①操作步骤。

量取浓盐酸 22 mL,置于 500 mL 试剂瓶中,以水稀释至刻度,混匀。

准确称取于 270 ℃～300 ℃灼烧至恒重并于干燥器中冷却至室温的基准试剂碳酸钠 0.8 g,置于 250 mL 锥形瓶中,加 50 mL 去离子水溶解,加 10 滴溴甲酚绿-甲基红指示液,用 待标定的盐酸溶液滴定至溶液由绿色变为暗红色,煮沸 2 min,冷却后继续滴定至溶液再呈暗 红色。同时做空白试验。平行测定 3 次。

②结果计算。

$$C(HCl) = \frac{m \times 1\,000}{(V_1 - V_2)M}$$

式中:m—无水碳酸钠的质量,g;V_1—滴定碳酸钠消耗盐酸标准滴定溶液的体积,mL;V_2—滴 定空白溶液消耗盐酸标准滴定溶液的体积,mL;M—无水碳酸钠的摩尔质量的数值,g/mol $[M(\frac{1}{2}Na_2CO_3)=52.994]$。

③数据记录。

原始数据记录表

内容	次数	1	2	3
称量瓶和基准物的质量(g)(第一次读数)				
称量瓶和基准物的质量(g)(第二次读数)				
基准物的质量 m(g)				
消耗盐酸标准溶液的体积 V_1(mL)				
空白消耗盐酸标准溶液的体积 V_2(mL)				
盐酸标准溶液的浓度 C(mol/L)				
盐酸标准溶液浓度的平均值 $\bar{C}$(mol/L)				
相对平均偏差(%)				

(2)实施条件

①场地:天平室,化学分析检验室。

②仪器、试剂。

表 1　仪器设备

名称	规格	数量	名称	规格	数量
酸式滴定管	50 mL	1 支/人	锥形瓶	250 mL	3 只/人
量筒	50 mL	1 只/人	试剂瓶	1000 mL	1 只/人
玻璃仪器洗涤用具 及其洗涤用试剂		公用	电热板/电炉		公用
			电子天平	万分之一	1 台/人

表 2　试剂材料

名称	规格	数量	名称	规格	数量
浓盐酸		500 mL	溴甲酚绿-甲基红指示剂	10 g/L	10 g
无水碳酸钠	270 ℃～300 ℃ 高温炉中灼烧 至恒重	50 g			
备注:未注明要求时,试剂均为 AR,水为国家规定的实验室三级用水规格					

(3)考核时量

120分钟。

(4)考核标准

详见附录1。

10. 试题编号:T-1-10,硫酸标准滴定溶液的标定 I

考核技能点编号:J-1-2

(1)任务描述

采用滴定法完成 $C(\frac{1}{2}H_2SO_4)=0.1$ mol/L 硫酸标准滴定溶液的标定,提交分析检验报告。参照 GB/T 601—2002。

①操作步骤。

量取硫酸 1.5 mL,缓缓注入 500 mL 水中,冷却,摇匀。

准确称取于 270 ℃~300 ℃灼烧至恒重并于干燥器中冷却至室温的基准试剂碳酸钠 0.2 g,置于 250 mL 锥形瓶中,加 50 mL 去离子水溶解,加 10 滴溴甲酚绿-甲基红指示液,用待标定的硫酸溶液滴定至溶液由绿色变为暗红色,煮沸 2 min,冷却后继续滴定至溶液再呈暗红色。同时做空白试验。平行测定 3 次。

②结果计算。

$$C(\frac{1}{2}H_2SO_4)=\frac{m\times 1\,000}{(V_1-V_0)\cdot M}$$

式中:m—无水碳酸钠的质量,g;V_1—滴定碳酸钠消耗硫酸标准滴定溶液的体积,mL;V_0—滴定空白溶液消耗硫酸标准滴定溶液的体积,mL;M—无水碳酸钠的摩尔质量的数值,g/mol $[M(\frac{1}{2}Na_2CO_3)=52.994]$。

③数据记录。

原始数据记录表

次数 内容	1	2	3
称量瓶和基准物的质量(g)(第一次读数)			
称量瓶和基准物的质量(g)(第二次读数)			
基准物的质量 m(g)			
消耗硫酸标准溶液的体积 V_1(mL)			
空白消耗硫酸标准溶液的体积 V_0(mL)			
硫酸标准溶液的浓度 C(mol/L)			
硫酸标准溶液浓度的平均值 $\bar{C}$(mol/L)			
相对平均偏差(%)			

(2)实施条件

①场地:天平室,化学分析检验室。

②仪器、试剂。

表1 仪器设备

名称	规格	数量	名称	规格	数量
酸式滴定管	50 mL	1 支/人	锥形瓶	250 mL	3 只/人
量筒	50 mL	1 只/人	洗瓶	500 mL	1 只/人
玻璃仪器洗涤用具及其洗涤用试剂		公用	电热板		公用
			电子天平	万分之一	1 台/人

表2 试剂材料

名称	规格	数量	名称	规格	数量
浓硫酸		500 mL	溴甲酚绿-甲基红指示剂	10 g/L	50 mL
无水碳酸钠	270 ℃~300 ℃高温炉中灼烧至恒重	5 g			

备注：未注明要求时，试剂均为 AR，水为国家规定的实验室三级用水规格

（3）考核时量

120 分钟。

（4）考核标准

详见附录1。

11. 试题编号：T-1-11，硫酸标准滴定溶液的标定 II

考核技能点编号：J-1-2

（1）任务描述

采用滴定法完成 $C(\frac{1}{2}H_2SO_4)=0.1$ mol/L 硫酸标准滴定溶液的标定，提交分析检验报告。参照 GB/T 601—2002。

①操作步骤。

量取硫酸 1.5 mL，缓缓注入 500 mL 水中，冷却，摇匀。

准确称取于 270 ℃~300 ℃灼烧至恒重并于干燥器中冷却至室温的基准试剂碳酸钠 1.7 g，置于 100 mL 小烧杯中，加 50 mL 无二氧化碳的水溶解，转移至 250 mL 容量瓶中，定容，摇匀。移取 25.00 mL 此溶液于 250 mL 锥形瓶中，加 50 mL 去离子水溶解，加 10 滴溴甲酚绿-甲基红指示液，用待标定的盐酸溶液滴定至溶液由绿色变为暗红色，煮沸 2 min，冷却后继续滴定至溶液再呈暗红色。平行测定 3 次。

②结果计算。

$$C(\frac{1}{2}H_2SO_4)=\frac{m\times\frac{25}{250}\times 1\,000}{V\cdot M}$$

式中：m—无水碳酸钠的质量，g；V—滴定碳酸钠消耗硫酸标准滴定溶液的体积，mL；M—无水碳酸钠的摩尔质量的数值，g/mol[$M(\frac{1}{2}Na_2CO_3)=52.994$]。

③数据记录。

原始数据记录表

内容	次数	1	2	3
称量瓶和基准物的质量(g)(第一次读数)				
称量瓶和基准物的质量(g)(第二次读数)				
基准物的质量 m(g)				
消耗硫酸标准溶液的体积 V(mL)				
硫酸标准溶液的浓度 C(mol/L)				
硫酸标准溶液浓度的平均值 $\bar{C}$(mol/L)				
相对平均偏差(％)				

(2)实施条件

①场地:天平室,化学分析检验室。

②仪器、试剂。

表1 仪器设备

名称	规格	数量	名称	规格	数量
酸式滴定管	50 mL	1 支/人	锥形瓶	250 mL	3 只/人
量筒	50 mL	1 只/人	试剂瓶	1000 mL	1 只/人
容量瓶	250 mL	1 只/人	移液管	25 mL	1 支/人
玻璃仪器洗涤用具及其洗涤用试剂		公用	电子天平	万分之一	1 台/人
			电热板/电炉		公用

表2 试剂材料

名称	规格	数量	名称	规格	数量
浓硫酸		500 mL	溴甲酚绿-甲基红指示剂	10 g/L	50 mL
无水碳酸钠	270 ℃~300 ℃高温炉中灼烧至恒重	5 g			

备注:未注明要求时,试剂均为 AR,水为国家规定的实验室三级用水规格

(3)考核时量

120分钟。

(4)考核标准

详见附录4。

12. 试题编号:T-1-12,硫酸标准滴定溶液的标定 III

考核技能点编号:J-1-2

(1)任务描述

采用滴定法完成 $C(\frac{1}{2}H_2SO_4)＝0.5$ mol/L 硫酸标准滴定溶液的标定,提交分析检验报告。参照 GB/T 601—2002。

①操作步骤。

量取硫酸 7.5 mL,缓缓注入 500 mL 水中,冷却,摇匀。

准确称取于 270 ℃～300 ℃灼烧至恒重并于干燥器中冷却至室温的基准试剂碳酸钠 0.8 g,置于 250 mL 锥形瓶中,加 50 mL 去离子水溶解,加 10 滴溴甲酚绿-甲基红指示液,用待标定的硫酸溶液滴定至溶液由绿色变为暗红色,煮沸 2 min,冷却后继续滴定至溶液再呈暗红色。同时做空白试验。平行测定 3 次。

②结果计算。

$$C\left(\frac{1}{2}H_2SO_4\right) = \frac{m \times 1\,000}{(V_1 - V_0) \cdot M}$$

式中:m—无水碳酸钠的质量,g;V_1—滴定碳酸钠消耗硫酸标准滴定溶液的体积,mL;V_0—滴定空白溶液消耗硫酸标准滴定溶液的体积,mL;M—无水碳酸钠的摩尔质量的数值,g/mol $\left[M\left(\frac{1}{2}Na_2CO_3\right) = 52.994\right]$。

③数据记录。

原始数据记录表

内容 \ 次数	1	2	3
称量瓶和基准物的质量(g)(第一次读数)			
称量瓶和基准物的质量(g)(第二次读数)			
基准物的质量 m(g)			
消耗硫酸标准溶液的体积 V_1(mL)			
空白消耗硫酸标准溶液的体积 V_0(mL)			
硫酸标准溶液的浓度 C(mol/L)			
硫酸标准溶液浓度的平均值 $\overline{C}$(mol/L)			
相对平均偏差(%)			

(2)实施条件

①场地:天平室,化学分析检验室。

②仪器、试剂。

表1 仪器设备

名称	规格	数量	名称	规格	数量
酸式滴定管	50 mL	1 支/人	锥形瓶	250 mL	3 只/人
量筒	50 mL	1 只/人	洗瓶	500 mL	1 只/人
玻璃仪器洗涤用具及其洗涤用试剂		公用	电子天平	万分之一	1 台/人
			电热板/电炉		公用

表2 试剂材料

名称	规格	数量	名称	规格	数量
浓硫酸		500 mL	溴甲酚绿-甲基红指示剂	10 g/L	50 mL
无水碳酸钠	270 ℃～300 ℃高温炉中灼烧至恒重	50 g			

备注:未注明要求时,试剂均为 AR,水为国家规定的实验室三级用水规格

(3)考核时量

120分钟。

(4)考核标准

详见附录1。

13. 试题编号:T-1-13,EDTA 标准滴定溶液的标定 I

考核技能点编号:J-1-2

(1)任务描述

采用滴定法完成 0.02 mol/L EDTA 标准滴定溶液的标定,提交标定结果。参照 GB/T 601—2002。

①操作步骤。

称取乙二胺四乙酸二钠 2.4 g,加 300 mL 水,加热溶解,冷却,摇匀。

准确称取 0.4 g 于 800 ℃±50 ℃的高温炉中灼烧至恒重的工作基准试剂氧化锌于 100 mL 小烧杯中,用少量水湿润,加 10 mL 盐酸溶液(20%)溶解,移入 250 mL 容量瓶中,稀释至刻度,摇匀。用移液管移取 25.00 mL 于 250 mL 锥形瓶中,加 70 mL 水,用氨水溶液(10%)调节溶液 pH 至 7~8,加 10 mL 氨-氯化铵缓冲溶液(pH≈10)及 5 滴铬黑 T 指示液(5 g/L),用待标定的 EDTA 溶液滴定至溶液由紫色变为纯蓝色。同时做空白试验。平行测定 3 次。

②结果计算。

$$C(EDTA) = \frac{m \times \frac{25.0}{250} \times 1\,000}{(V_1 - V_2)M}$$

式中:m—氧化锌的质量的准确数值,g;V_1—乙二胺四乙酸二钠溶液的体积的数值,mL;V_2—空白试验乙二胺四乙酸二钠溶液的体积的数值,mL;M—氧化锌的摩尔质量的数值,g/mol [$M(ZnO) = 81.39$]。

③数据记录。

原始数据记录表

次数 内容	1	2	3
称量瓶和基准物的质量(g)(第一次读数)			
称量瓶和基准物的质量(g)(第二次读数)			
基准物的质量 m(g)			
实际消耗盐酸 EDTA 标准溶液的体积 V_1(mL)			
空白消耗盐酸 EDTA 标准溶液的体积 V_2(mL)			
EDTA 标准溶液的浓度 C(mol/L)			
EDTA 标准溶液浓度的平均值 $\bar{C}$(mol/L)			
相对平均偏差(%)			

(2)实施条件

①场地:天平室,化学分析检验室。

②仪器、试剂。

表 1　仪器设备

名称	规格	数量	名称	规格	数量
酸式滴定管	50 mL	1 支/人	容量瓶	250 mL	1 只/人
量筒	100 mL	1 只/人	移液管	25 mL	1 支/人
洗瓶	500 mL	1 只/人	锥形瓶	250 mL	3 只/人
玻璃仪器洗涤用具及其洗涤用试剂	公用		电子天平	万分之一	1 台/人
			烧杯	100 mL	1 只/人

表 2　试剂材料

名称	规格	数量	名称	规格	数量
EDTA 二钠盐	固体	500 g	氨-氯化铵缓冲溶液	pH≈10	500 mL
氧化锌	800 ℃±50 ℃高温炉中灼烧至恒重	20 g	盐酸溶液	20%	500 mL
氨水溶液	10%	500 mL	铬黑 T 指示剂	5 g/L	50 mL

备注:未注明要求时,试剂均为 AR,水为国家规定的实验室三级用水规格

（3）考核时量

120 分钟。

（4）考核标准

详见附录 4。

14. 试题编号:T-1-14　EDTA 标准滴定溶液的标定 II

考核技能点编号:J-1-2

（1）任务描述

采用滴定法完成 0.05 mol/L EDTA 标准滴定溶液的标定,提交标定结果。参照 GB/T 601—2002。

①操作步骤。

称取乙二胺四乙酸二钠 6 g,加 300 mL 水,加热溶解,冷却,摇匀。

称取于 800 ℃±50 ℃高温炉中灼烧至恒重的工作基准试剂氧化锌 0.15 g,精确至 0.000 1 g,置于 500 mL 锥形瓶中,分别加少量水湿润再分别加 2 mL 盐酸溶液(20%)溶解,加水 100 mL,用氨水溶液(10%)调节溶液 pH 至 7～8,加 10 mL 氨-氯化铵缓冲溶液(pH≈10)及 5 滴铬黑 T 指示液(5 g/L),用配制好的乙二胺四乙酸二钠溶液分别滴至溶液由紫色变为纯蓝色。同时做空白试验。平行测定 3 次。

②结果计算。

$$C(\mathrm{EDTA}) = \frac{m \times 1\,000}{(V_1 - V_0) \times M}$$

式中:m—氧化锌的质量的准确数值,g;V_1—乙二胺四乙酸二钠溶液的体积的数值,mL;V_0—空白试验乙二胺四乙酸二钠溶液的体积的数值,mL;M—氧化锌的摩尔质量的数值,g/mol $[M(\mathrm{ZnO}) = 81.39]$。

③数据记录。

原始数据记录表

内容 \ 次数	1	2	3
称量瓶和基准物的质量(g)(第一次读数)			
称量瓶和基准物的质量(g)(第二次读数)			
基准物的质量 m(g)			
消耗盐酸 EDTA 标准溶液的体积 V_1(mL)			
空白消耗盐酸 EDTA 标准溶液的体积 V_0(mL)			
EDTA 标准溶液的浓度 C(mol/L)			
EDTA 标准溶液浓度的平均值 $\bar{C}$(mol/L)			
相对平均偏差(%)			

(2)实施条件

①场地:天平室,化学分析检验室。

②仪器、试剂。

表1 仪器设备

名称	规格	数量	名称	规格	数量
酸式滴定管	50 mL	1 支/人	洗瓶	500 mL	1 只/人
量筒	100 mL	1 只/人	烧杯	100 mL	1 只/人
锥形瓶	500 mL	3 只/人	玻璃仪器洗涤用具及其洗涤用试剂		公用
电子天平	万分之一	1 台/人			

表2 试剂材料

名称	规格	数量	名称	规格	数量
EDTA 二钠盐		500 g	氨-氯化铵缓冲溶液	pH≈10	500 mL
氧化锌	800 ℃±50 ℃高温炉中灼烧至恒重	2 g	盐酸溶液	20%	500 mL
氨水溶液	10%	500 mL	铬黑 T 指示剂	5 g/L	50 mL

备注:未注明要求时,试剂均为 AR,水为国家规定的实验室三级用水规格

(3)考核时量

120 分钟。

(4)考核标准

详见附录1。

15.试题编号:T-1-15 EDTA 标准滴定溶液的标定 III

考核技能点编号:J-1-2

(1)任务描述

采用滴定法完成 0.05 mol/L EDTA 标准滴定溶液的标定,提交标定结果。参照 GB/T

①操作步骤。

称取乙二胺四乙酸二钠 6 g,加 300 mL 水,加热溶解,冷却,摇匀。

称取于 800 ℃±50 ℃高温炉中灼烧至恒重的工作基准试剂氧化锌 1.2 g,精确至 0.000 1 g,置于 100 mL 小烧杯中,加少量水湿润,再加 20 mL 盐酸溶液(20 %)溶解,移入 250 mL 容量瓶中,稀释至刻度,摇匀。用移液管移取 25.00 mL 于 250 mL 锥形瓶中,加水 70 mL,用氨水溶液(10 %)调节溶液 pH 至 7~8,加 10 mL 氨-氯化铵缓冲溶液(pH≈10)及 5 滴铬黑 T 指示液(5 g/L),用配制好的乙二胺四乙酸二钠溶液分别滴至溶液由紫色变为纯蓝色。同时做空白试验。平行测定 3 次。

②结果计算。

$$C(\text{EDTA}) = \frac{m \times \frac{25.0}{250} \times 1\,000}{(V_1 - V_2)M}$$

式中:m—氧化锌的质量的准确数值,g;V_1—乙二胺四乙酸二钠溶液的体积的数值,mL;V_2—空白试验乙二胺四乙酸二钠溶液的体积的数值,mL;M—氧化锌的摩尔质量的数值,g/mol [$M(\text{ZnO}) = 81.39$]。

③数据记录。

原始数据记录表

内容 \ 次数	1	2	3
称量瓶和基准物的质量(g)(第一次读数)			
称量瓶和基准物的质量(g)(第二次读数)			
基准物的质量 m(g)			
实际消耗盐酸 EDTA 标准溶液的体积 V_1(mL)			
空白消耗盐酸 EDTA 标准溶液的体积 V_2(mL)			
EDTA 标准溶液的浓度 C(mol/L)			
EDTA 标准溶液浓度的平均值 $\bar{C}$(mol/L)			
相对平均偏差(%)			

(2)实施条件

①场地:天平室,化学分析检验室。

②仪器、试剂。

表 1 仪器设备

名称	规格	数量	名称	规格	数量
酸式滴定管	50 mL	1 支/人	容量瓶	250 mL	1 只/人
量筒	100 mL	1 只/人	移液管	25 mL	1 支/人
洗瓶	500 mL	1 只/人	锥形瓶	250 mL	3 只/人
玻璃仪器洗涤用具及其洗涤用试剂		公用	电子天平	万分之一	1 台/人
			烧杯	100 mL	1 只/人

表 2　试剂材料

名称	规格	数量	名称	规格	数量
EDTA 二钠盐	固体	500 g	氨-氯化铵缓冲溶液	pH≈10	500 mL
氧化锌	800 ℃±50 ℃高温炉中灼烧至恒重	5 g	盐酸溶液	20%	500 mL
氨水溶液	10%	500 mL	铬黑 T 指示剂	5 g/L	50 mL

备注:未注明要求时,试剂均为 AR,水为国家规定的实验室三级用水规格

(3)考核时量

120 分钟。

(4)考核标准

详见附录 4。

16. 试题编号:T-1-16,高锰酸钾标准滴定溶液的标定Ⅰ

考核技能点编号:J-1-2

(1)任务描述

采用滴定法完成 $C(\frac{1}{5}\text{KMnO}_4)=0.1$ mol/L 高锰酸钾标准滴定溶液的标定,提交标定结果。参照 GB/T 601—2002。

①操作步骤。

称取 3.3 g 高锰酸钾,溶于 1 050 mL 水中,缓缓煮沸 15 min,冷却,于暗处放置两周(由教师提前准备)。用已处理过的 4 号玻璃滤锅过滤(玻璃滤锅的处理是指玻璃滤锅在同样浓度的高锰酸钾溶液中缓缓煮沸 5 min),贮存于棕色瓶中。

准确称取 0.25 g 于 105 ℃~110 ℃电烘箱中干燥至恒重的工作基准试剂草酸钠,置于250 mL 锥形瓶中,加入 100 mL 硫酸溶液(8+92)溶解,加热至 70 ℃~80 ℃,用待标定的高锰酸钾溶液滴定,滴定至溶液呈粉红色,并保持 30 s。同时做空白试验。平行测定 3 次。

②结果计算。

$$C(\frac{1}{5}\text{KMnO}_4)=\frac{m\times1\,000}{(V_1-V_2)M}$$

式中:m—草酸钠的质量的准确数值,g;V_1—高锰酸钾溶液的体积的数值,mL;V_2—空白试验高锰酸钾溶液的体积的数值,mL;M—草酸钠的摩尔质量的数值,g/mol[$M(\frac{1}{2}\text{Na}_2\text{C}_2\text{O}_4)=$66.999]。

③数据记录。

原始数据记录表

内容 \ 次数	1	2	3
称量瓶和基准物的质量(g)(第一次读数)			
称量瓶和基准物的质量(g)(第二次读数)			
基准物的质量 m(g)			

续表

内容 \ 次数	1	2	3
消耗硫酸高锰酸钾标准溶液的体积 V_1(mL)			
空白消耗硫酸高锰酸钾标准溶液的体积 V_2(mL)			
高锰酸钾标准溶液的浓度 C(mol/L)			
高锰酸钾标准溶液浓度的平均值 $\overline{C}$(mol/L)			
相对平均偏差(%)			

(2)实施条件

①场地:天平室,化学分析检验室。

②仪器、试剂。

表1 仪器设备

名称	规格	数量	名称	规格	数量
酸式滴定管	50 mL	1 支/人	锥形瓶	250 mL	3 只/人
量筒	100 mL	1 只/人	电炉		1 台/人
洗瓶	500 mL	1 只/人	玻璃滤锅		1 只/人
玻璃仪器洗涤用具及其洗涤用试剂		公用	电子天平	万分之一	1 台/人
			电热板/电炉		公用

表2 试剂材料

名称	规格	数量	名称	规格	数量
高锰酸钾		500 g	草酸钠	105 ℃~110 ℃烘箱中烘干至恒重	10 g
硫酸	8+92	500 mL			

备注:未注明要求时,试剂均为 AR,水为国家规定的实验室三级用水规格

(3)考核时量

120分钟。

(4)考核标准

详见附录1。

17. 试题编号:T-1-17,高锰酸钾标准滴定溶液的标定 II

考核技能点编号:J-1-2

(1)任务描述

采用滴定法完成 $C(\frac{1}{5}KMnO_4)=0.05$ mol/L 高锰酸钾标准滴定溶液的标定,提交标定结果。参照 GB/T 601—2002。

①操作步骤。

称取 1.7 g 高锰酸钾,溶于 1 050 mL 水中,缓缓煮沸 15 min,冷却,于暗处放置两周(由教师提前准备)。用已处理过的 4 号玻璃滤锅过滤,贮存于棕色瓶中。

准确称取 1.2 g 于 105 ℃~110 ℃ 电烘箱中干燥至恒重的工作基准试剂草酸钠,置于 100 mL 小烧杯中,用 50 mL 水溶解,定量转移至 250 mL 容量瓶,定容,摇匀。准确移取 25.00 mL 至 500 mL 锥形瓶中,加入 100 mL 硫酸溶液(10+90),加热至 70 ℃~80 ℃,用待标定的高锰酸钾溶液滴定,滴定至溶液呈粉红色,并保持 30 s。平行测定 3 次。

②结果计算

$$C\left(\frac{1}{5}KMnO_4\right)=\frac{m\times\dfrac{25.0}{250}\times 1\,000}{V\cdot M}$$

式中:m—草酸钠的质量的准确数值,g;V_1—高锰酸钾溶液的体积的数值,mL;M—草酸钠的摩尔质量的数值,g/mol$[M\left(\frac{1}{2}Na_2C_2O_4\right)=66.999]$。

③数据记录。

原始数据记录表

内容 \\ 次数	1	2	3
称量瓶和基准物的质量(g)(第一次读数)			
称量瓶和基准物的质量(g)(第二次读数)			
基准物的质量 m(g)			
消耗硫酸高锰酸钾标准溶液的体积 V_1(mL)			
高锰酸钾标准溶液的浓度 C(mol/L)			
高锰酸钾标准溶液浓度的平均值 $\bar{C}$(mol/L)			
相对平均偏差(%)			

(2)实施条件

①场地:天平室、化学分析检验室。

②仪器、试剂。

表 1　仪器设备

名称	规格	数量	名称	规格	数量
酸式滴定管	50 mL	1 支/人	锥形瓶	500 mL	3 只/人
量筒	100 mL	1 只/人	电炉		1 台/人
洗瓶	500 mL	1 只/人	玻璃滤锅		1 只/人
容量瓶	250 mL	1 只/人	移液管	25 mL	1 支/人
玻璃仪器洗涤用具及其洗涤用试剂		公用	电子天平	万分之一	1 台/人
			电热板/电炉		公用

表2 试剂材料

名称	规格	数量	名称	规格	数量
高锰酸钾	固体	500 g	草酸钠	105 ℃～110 ℃烘箱中烘干至恒重	5 g
硫酸	10+90	500 mL			

备注:未注明要求时,试剂均为 AR,水为国家规定的实验室三级用水规格

(3)考核时量

120 分钟。

(4)考核标准

详见附录 4。

18. 试题编号:T-1-18,硫代硫酸钠标准滴定溶液的标定

考核技能点编号:J-1-2

(1)任务描述

采用滴定法完成 0.1 mol/L 硫代硫酸钠标准滴定溶液的标定,提交标定结果。参照 GB/T 601—2002。

①操作步骤。

称取 13 g 硫代硫酸钠($Na_2S_2O_3 \cdot 5H_2O$)(或 16 g 无水硫代硫酸钠),加 0.1 g 无水碳酸钠,溶于 500 mL 水中,缓缓煮沸 10 min,冷却,放置两周后过滤。(教师提前准备)

准确称取 0.15 g 于 120 ℃±2 ℃干燥至恒重的工作基准试剂重铬酸钾,置于 500 mL 碘量瓶中,溶于 25 mL 水中,加 2 g 碘化钾及 20 mL 硫酸溶液(20%),摇匀,于暗处放置 10 min,加 150 mL 水(15 ℃～20 ℃),用待标定的硫代硫酸钠溶液滴定,近终点时加 2 mL 淀粉指示液(10 g/L),继续滴定至溶液由蓝色变为亮绿色,同时做空白试验。平行测定 3 次。

②结果计算。

$$C(Na_2S_2O_3) = \frac{m \times 1\,000}{(V_1 - V_2)M}$$

式中:m—重铬酸钾的质量的准确数值,g;V_1—硫代硫酸钠溶液的体积的数值,mL;V_2—空白试验硫代硫酸钠的体积的数值,mL;M—重铬酸钾的摩尔质量的数值,g/mol[M(1/6 $K_2Cr_2O_7$)=49.031]。

③数据记录。

原始数据记录表

内容 \ 次数	1	2	3
称量瓶和基准物的质量(g)(第一次读数)			
称量瓶和基准物的质量(g)(第二次读数)			
基准物的质量 m(g)			
实际消耗硫代硫酸钠标准溶液的体积 V_1(mL)			
空白消耗硫代硫酸钠标准溶液的体积 V_2(mL)			

续表

内容 \ 次数	1	2	3
硫代硫酸钠标准溶液的浓度 $C(\text{mol/L})$			
硫代硫酸钠标准溶液浓度的平均值 $\overline{C}(\text{mol/L})$			
相对平均偏差(%)			

(2)实施条件

①场地:天平室,化学分析检验室。

②仪器、试剂。

表1　仪器设备

名称	规格	数量	名称	规格	数量
滴定管	50 mL	1支/人	碘量瓶	500 mL	3只/人
量筒	100 mL	1只/人	洗瓶	500 mL	1只/人
电子天平	万分之一	1台/人	玻璃仪器洗涤用具及其洗涤用试剂		公用
量筒	5 mL	1只/人			

表2　试剂材料

名称	规格	数量	名称	规格	数量
硫代硫酸钠	固体	500 g	重铬酸钾	120 ℃±2 ℃烘箱中烘干至恒重	2 g
碘化钾		10 g	淀粉指示剂	10 g/L	50 mL
硫酸	20%	500 mL			

备注:未注明要求时,试剂均为 AR,水为国家规定的实验室三级用水规格

(3)考核时量

120分钟。

(4)考核标准

详见附录1。

19. 试题编号:T-1-19,重铬酸钾标准滴定溶液的标定

考核技能点编号:J-1-2

(1)任务描述

采用滴定法完成 $C(\frac{1}{6}K_2Cr_2O_7)=0.1$ mol/L 标准滴定溶液的标定,提交标定结果。参照 GB/T 601—2002。

①操作步骤。

称取 1 g 重铬酸钾,溶于 200 mL 水中,摇匀。

量取三份 25.00 mL 配制好的重铬酸钾溶液,分别置于三个 500 mL 碘量瓶中,分别加入

2 g 碘化钾及 20 mL 硫酸溶液(20%),用水封碘量瓶,摇匀,于暗处放置 10 min。加 150 mL 水(15 ℃～20 ℃),用硫代硫酸钠标准溶液(事先标定好)$[C(Na_2S_2O_3)=0.1 \text{ mol/L}]$滴定,近终点时加 2 mL 淀粉指示液(10 g/L),继续滴定至溶液由蓝色变为亮绿色。同时做空白试验。

②结果计算。

$$C\left(\frac{1}{6}K_2Cr_2O_7\right)=\frac{(V_1-V_0)\times C_1}{V_2}$$

式中:V_0—空白试验消耗的硫代硫酸钠标准溶液体积的准确数值,mL;V_1—滴定重铬酸钾消耗的硫代硫酸钠标准滴定溶液体积的准确数值,mL;C_1—硫代硫酸钠标准滴定溶液浓度的准确数值,mol/L;V_2—重铬酸钾溶液体积的准确数值,mL。

③数据记录。

原始数据记录表

次数 内容	1	2	3
量取的重铬酸钾的体积 V_2(mL)			
消耗硫代硫酸钠标准溶液的体积 V_1(mL)			
空白消耗硫代硫酸钠标准溶液的体积 V_0(mL)			
重铬酸钾标准溶液的浓度 C(mol/L)			
重铬酸钾标准溶液浓度 的平均值 $\bar{C}$(mol/L)			
相对平均偏差(%)			

(2)实施条件

①场地:天平室,化学分析检验室。

②仪器、试剂。

表 1　仪器设备

名称	规格	数量	名称	规格	数量
酸式滴定管	50 mL	1 支/人	移液管	25 mL	1 支/人
碘量瓶	500 mL	4 只/人	洗瓶	500 mL	1 只/人
量筒	100 mL	1 只/人	玻璃仪器洗涤用具及其洗涤用试剂		公用
电子台秤		公用			

表 2　试剂材料

名称	规格	数量	名称	规格	数量
硫代硫酸钠标准溶液	由考核站标定好	250 mL	重铬酸钾		250 g
碘化钾		10 g	淀粉指示剂	10 g/L	50 mL
硫酸	20%	500 mL			
备注:未注明要求时,试剂均为 AR,水为国家规定的实验室三级用水规格					

(3)考核时量

120 分钟。

(4)考核标准

详见附录2。

20. 试题编号:T-1-20,碘标准滴定溶液的标定

考核技能点编号:J-1-2

(1)任务描述

采用滴定法完成 $C(\frac{1}{2}I_2)=0.1\ mol/L$ 碘标准滴定溶液的标定,提交分析检验报告。参照 GB/T 601—2002。

①操作步骤。

称取 2.6 g 碘及 5 g 碘化钾,溶于 100 mL 水中,稀释至 200 mL,摇匀,贮存于棕色瓶中。

准确移取 25.00 mL 配制好的碘溶液,置于碘量瓶中,加 150 mL 水(15 ℃~20 ℃),用硫代硫酸钠标准滴定溶液(由考核点标定好)[$C(Na_2S_2O_3)=0.1\ mol/L$]滴定,近终点时(溶液呈微淡黄色)加 2 mL 淀粉指示液(10 g/L),继续滴定至溶液蓝色消失。同时做空白试验。平行测定 3 次。

②结果计算。

$$C(\frac{1}{2}I_2)=\frac{(V_1-V_0)\times C_{Na_2S_2O_3}}{25.00}$$

式中:V_1—硫代硫酸钠溶液的体积,mL;V_0—空白试验硫代硫酸钠的体积,mL。

③数据记录。

原始数据记录表

内容 \ 次数	1	2	3
移取碘标准溶液的体积(mL)			
消耗硫代硫酸钠标准溶液的体积 V_1(mL)			
空白消耗硫代硫酸钠标准溶液的体积 V_0(mL)			
硫代硫酸钠标准溶液的浓度 C(mol/L)			
碘标准溶液的浓度 C(mol/L)			
碘标准溶液浓度的平均值 $\bar{C}$(mol/L)			
相对平均偏差(%)			

(2)实施条件

①场地:天平室,化学分析检验室。

②仪器、试剂。

表 1 仪器设备

名称	规格	数量	名称	规格	数量
滴定管	50 mL	1 支/人	碘量瓶	500 mL	3 只/人
量筒	100 mL	1 只/人	洗瓶	500 mL	1 只/人
移液管	25 mL	1 支/人	玻璃仪器洗涤用具及其洗涤用试剂		公用

表2 试剂材料

名称	规格	数量	名称	规格	数量
碘标准溶液	约 0.1 mol/L	150 mL	硫代硫酸钠标准溶液	由考核站标定好	250 mL
			淀粉指示剂	10 g/L	50 mL

备注:未注明要求时,试剂均为 AR,水为国家规定的实验室三级用水规格

(3)考核时量

120 分钟。

(4)考核标准

详见附录 2。

21. 试题编号:T-1-21,硫酸亚铁铵标准滴定溶液的标定

考核技能点编号:J-1-2

(1)任务描述

采用滴定法完成 0.1 mol/L 硫酸亚铁铵标准滴定溶液的标定,提交标定结果。参照 GB/T 601—2002。

①操作步骤。

称取 8 g 硫酸亚铁铵[$(NH_4)_2Fe(SO_4)_2 \cdot 6H_2O$]溶于 50 mL 硫酸溶液(20%)中,稀释至 200 mL。

量取 35.00～40.00 mL 配制好的硫酸亚铁铵溶液,加 25 mL 无氧的水,用高锰酸钾标准溶液[$C(\frac{1}{5}KMnO_4)=0.1$ mol/L]滴定至溶液呈粉红色,并保持 30 s。临用前标定。

②结果计算。

$$C[(NH_4)_2Fe(SO_4)_2 \cdot 6H_2O] = \frac{C_1 \cdot V_1}{V}$$

式中:$C[(NH_4)_2Fe(SO_4)_2 \cdot 6H_2O]$—硫酸亚铁铵溶液的浓度,mol/L;$V$—取硫酸亚铁铵溶液的体积,mL;$V_1$—高锰酸钾标准溶液的用量,mL;$C_1$—高锰酸钾标准溶液的浓度,mol/L。

③数据记录。

原始数据记录表

内容 \ 次数	1	2	3
硫酸亚铁铵溶液的体积 V(mL)			
标定消耗高锰酸钾标准溶液的体积 V_1(mL)			
高锰酸钾标准溶液的浓度 C_1(mol/L)			
硫酸亚铁铵溶液浓度 C(mol/L)			
硫酸亚铁铵溶液浓度的平均值 C(mol/L)			
相对平均偏差(%)			

(2)实施条件

①场地:天平室,化学分析检验室。

②仪器、试剂。

表 1　仪器设备

名称	规格	数量	名称	规格	数量
酸式滴定管	50 mL	2 支/人	锥形瓶	250 mL	3 只/人
量筒	50 mL	1 只/人	洗瓶	500 mL	1 只/人
玻璃仪器洗涤用具及其洗涤用试剂		公用	试剂瓶	500 mL	1 只/人

表 2　试剂材料

名称	规格	数量	名称	规格	数量
硫酸亚铁铵		500 g	硫酸	98%	500 mL
高锰酸钾标准溶液	$C(\frac{1}{5}KMnO_4)$ $=0.1$ mol/L	500 mL			

备注:未注明要求时,试剂均为 AR,水为国家规定的实验室三级用水规格

(3)考核时量

120 分钟。

(4)考核标准

详见附录 2。

22. 试题编号:T-1-22,碘酸钾标准滴定溶液的标定 I

考核技能点编号:J-1-2

(1)任务描述

采用滴定法完成 $C(\frac{1}{6}KIO_3)=0.1$ mol/L 碘酸钾标准滴定溶液的标定,提交标定结果。参照 GB/T 601—2002。

①操作步骤。

称取 0.7 g 碘酸钾,溶于 200 mL 水中,摇匀。

移取三份 25.00 mL 配制好的碘酸钾溶液,分别置于三个 500 mL 碘量瓶中,分别加入 2 g 碘化钾及 5 mL 硫酸溶液(20%),用水封碘量瓶,摇匀,于暗处放置 10 min。加 150 mL 水(15 ℃~20 ℃)用硫代硫酸钠标准溶液(事先标定好)[$C(Na_2S_2O_3)=0.1$ mol/L]滴定,近终点时加 2 mL 淀粉指示液(10 g/L),继续滴定至溶液由蓝色变为亮绿色。同时做空白试验。

②结果计算。

$$C(\frac{1}{6}KIO_3)=\frac{(V_1-V_0)\times C_1}{V_2}$$

式中:V_0—空白试验消耗的硫代硫酸钠标准溶液体积的准确数值,mL;V_1—滴定消耗的硫代硫酸钠标准滴定溶液体积的准确数值,mL;C_1—硫代硫酸钠标准滴定溶液浓度的准确数值,mol/L;V_2—碘酸钾溶液体积的准确数值,mL。

③数据记录。

原始数据记录表

内容 \ 次数	1	2	3
量取的碘酸钾的体积 V_2 (mL)			
消耗硫代硫酸钠标准溶液的体积 V_1 (mL)			
空白消耗硫代硫酸钠标准溶液的体积 V_0 (mL)			
碘酸钾标准溶液的浓度 C (mol/L)			
碘酸钾标准溶液浓度的平均值 $\overline{C}$ (mol/L)			
相对平均偏差(%)			

(2)实施条件

①场地:天平室,化学分析检验室。

②仪器、试剂。

表1　仪器设备

名称	规格	数量	名称	规格	数量
酸式滴定管	50 mL	1 支/人	移液管	25 mL	1 支/人
碘量瓶	500 mL	4 只/人	洗瓶	500 mL	1 只/人
量筒	100 mL	1 只/人	玻璃仪器洗涤用具及其洗涤用试剂		公用

表2　试剂材料

名称	规格	数量	名称	规格	数量
硫代硫酸钠标准溶液	由考核站标定好	250 mL	碘酸钾		250 g
碘化钾		10 g	淀粉指示剂	10 g/L	50 mL
硫酸	20%	500 mL			

备注:未注明要求时,试剂均为 AR,水为国家规定的实验室三级用水规格

(3)考核时量

120 分钟。

(4)考核标准

详见附录 2。

23. 试题编号:T-1-23,碘酸钾标准滴定溶液的标定 II

考核技能点编号:J-1-2

(1)任务描述

采用滴定法完成 $C(\frac{1}{6}KIO_3) = 0.3$ mol/L 碘酸钾标准滴定溶液的标定,提交标定结果。

参照 GB/T 601—2002。

①操作步骤。

称取 1.1 g 碘酸钾,溶于 100 mL 水中,摇匀。

用吸量管量取三份 10.00 mL 配制好的碘酸钾溶液,分别置于三个 500 mL 碘量瓶中,分别加入 20 mL 水、3 g 碘化钾及 5 mL 硫酸溶液(20%),用水封碘量瓶,摇匀,于暗处放置 10 min。加 150 mL 水(15 ℃～20 ℃),用硫代硫酸钠标准溶液(事先标定好)[$C(Na_2S_2O_3)$ = 0.1 mol/L]滴定,近终点时加 2 mL 淀粉指示液(10 g/L),继续滴定至溶液由蓝色变为亮绿色。同时做空白试验。

②结果计算。

$$C(\frac{1}{6}KIO_3) = \frac{(V_1 - V_0) \times C_1}{V_2}$$

式中:V_0—空白试验消耗的硫代硫酸钠标准溶液体积的准确数值,mL;V_1—滴定消耗的硫代硫酸钠标准滴定溶液体积的准确数值,mL;C_1—硫代硫酸钠标准滴定溶液浓度的准确数值,mol/L;V_2—碘酸钾溶液体积的准确数值,mL。

③数据记录。

原始数据记录表

次数 内容	1	2	3
量取的碘酸钾的体积 V_2(mL)			
消耗硫代硫酸钠标准溶液的体积 V_1(mL)			
空白消耗硫代硫酸钠标准溶液的体积 V_0(mL)			
碘酸钾标准溶液的浓度 C(mol/L)			
碘酸钾标准溶液浓度 C(的平均值(mol/L)			
相对平均偏差(%)			

(2)实施条件

①场地:天平室,化学分析检验室。

②仪器、试剂。

表 1   仪器设备

名称	规格	数量	名称	规格	数量
滴定管	50 mL	1 支/人	吸量管	10 mL	1 支/人
碘量瓶	500 mL	4 只/人	洗瓶	500 mL	1 只/人
量筒	100 mL	1 只/人	玻璃仪器洗涤用具及其洗涤用试剂		公用

表 2   试剂材料

名称	规格	数量	名称	规格	数量
硫代硫酸钠标准溶液	由考核站标定好	250 mL	碘酸钾		250 g
碘化钾		10 g	淀粉指示剂	10 g/L	50 mL
硫酸	20%	500 mL			

备注:未注明要求时,试剂均为 AR,水为国家规定的实验室三级用水规格

（3）考核时量

120 分钟。

（4）考核标准

详见附录2。

24. 试题编号:T-1-24,溴酸钾标准滴定溶液的标定

考核技能点编号:J-1-2

（1）任务描述

采用滴定法完成 $C(\frac{1}{6}KBrO_3)=0.1$ mol/L 溴酸钾标准滴定溶液的标定,提交标定结果。参照 GB/T 601—2002。

①操作步骤。

称取 0.6 g 溴酸钾,溶于 200 mL 水中,摇匀。

量取三份 25.00 mL 配制好的溴酸钾溶液,分别置于三个 500 mL 碘量瓶中,分别加入 2 g 碘化钾及 5 mL 硫酸溶液（20%）,用水封碘量瓶,摇匀,于暗处放置 10 min。加 150 mL 水（15 ℃~20 ℃）,用硫代硫酸钠标准溶液（事先标定好）$[C(Na_2S_2O_3)=0.1$ mol/L] 滴定,近终点时加 2 mL 淀粉指示液（10 g/L）,继续滴定至溶液由蓝色变为亮绿色。同时做空白试验。

②结果计算。

$$C(\frac{1}{6}KBrO_3) = \frac{(V_1 - V_0) \times C_1}{V_2}$$

式中:V_0—空白试验消耗的硫代硫酸钠标准溶液体积的准确数值,mL;V_1—滴定消耗的硫代硫酸钠标准滴定溶液体积的准确数值,mL;C_1—硫代硫酸钠标准滴定溶液浓度的准确数值,mol/L;V_2—溴酸钾溶液体积的准确数值,mL。

③数据记录。

原始数据记录表

内容 \ 次数	1	2	3
量取的溴酸钾的体积 V_2(mL)			
消耗硫代硫酸钠标准溶液的体积 V_1(mL)			
空白消耗硫代硫酸钠标准溶液的体积 V_0(mL)			
溴酸钾标准溶液的浓度 C(mol/L)			
溴酸钾标准溶液浓度的平均值 $\bar{C}$(mol/L)			
相对平均偏差(%)			

（2）实施条件

①场地:天平室,化学分析检验室。

②仪器、试剂。

表1　仪器设备

名称	规格	数量	名称	规格	数量
酸式滴定管	50 mL	1支/人	移液管	25 mL	1支/人
碘量瓶	500 mL	4只/人	洗瓶	500 mL	1只/人
量筒	100 mL	1只/人	玻璃仪器洗涤用具及其洗涤用试剂		公用

表2　试剂材料

名称	规格	数量	名称	规格	数量
硫代硫酸钠标准溶液	由考核站标定好	250 mL	溴酸钾		250 g
碘化钾		10 g	淀粉指示剂	10 g/L	50 mL
硫酸	20%	500 mL			

备注:未注明要求时,试剂均为AR,水为国家规定的实验室三级用水规格

(3)考核时量

120分钟。

(4)考核标准

详见附录2。

25. 试题编号:T-1-25,硝酸银标准滴定溶液的标定

考核技能点编号:J-1-2

(1)任务描述

采用滴定法完成0.01 mol/L硝酸银标准滴定溶液的标定,提交标定结果。参照GB/T 601—2002。

①操作步骤。

称取4.4 g硝酸银溶于250 mL水中,摇匀。溶液贮存于棕色瓶中。

准确称取0.2 g于500 ℃~600 ℃的高温炉中灼烧至恒重的工作基准试剂氯化钠,定容于250 mL容量瓶中。于上述容量瓶中移取25.00 mL NaCl溶液,加水50 mL,加2 mL K_2CrO_4 指示剂,摇动,用 $AgNO_3$ 溶液滴定,溶液呈微红色为终点,记下消耗 $AgNO_3$ 标准溶液的体积。同时做空白试验。平行测定3次。

②结果计算。

$$C(AgNO_3) = \frac{m \times \frac{25}{250} \times 1\,000}{(V_1 - V_2) \cdot M}$$

式中:m—氯化钠的质量的准确数值,g;V_1—硝酸银溶液的体积的数值,mL;V_2—空白试验硝酸银的体积的数值,mL;M—氯化钠的摩尔质量的数值,g/mol[$M(NaCl)=58.45$]。

③数据记录。

原始数据记录表

次数 内容	1	2	3
称量瓶和基准物的质量(g)(第一次读数)			
称量瓶和基准物的质量(g)(第二次读数)			
基准物的质量 m(g)			
消耗硝酸银标准溶液的体积 V_1(mL)			
空白消耗硝酸银标准溶液的体积 V_2(mL)			
硝酸银标准溶液的浓度 C(mol/L)			
硝酸银标准溶液浓度的平均值 $\overline{C}$(mol/L)			
相对平均偏差(%)			

(2)实施条件

①场地:天平室,化学分析检验室。

②仪器、试剂。

表 1　仪器设备

名称	规格	数量	名称	规格	数量
棕色滴定管	50 mL	1 支/人	锥形瓶	250 mL	3 只/人
量筒	100 mL	1 只/人	容量瓶	250 mL	1 只/人
量筒	5 mL	1 只/人	移液管	25 mL	1 支/人
烧杯	100 mL	1 只/人	洗瓶	500 mL	1 只/人
玻璃仪器洗涤用具 及其洗涤用试剂	公用		电子天平	万分之一	1 台/人

表 2　试剂材料

名称	规格	数量	名称	规格	数量
硝酸银	固体	250 g	氯化钠	500 ℃~600 ℃ 高温炉中灼烧 至恒重	2 g
铬酸钾指示剂	50 g/L	50 mL			

备注:未注明要求时,试剂均为 AR,水为国家规定的实验室三级用水规格

(3)考核时量

120 分钟。

(4)考核标准

详见附录 4。

26. 试题编号:T-1-26,氢氧化钾-乙醇标准滴定溶液的标定

考核技能点编号:J-1-2

(1)任务描述

采用滴定法完成 0.1 mol/L 氢氧化钾-乙醇标准滴定溶液的标定,提交标定结果。参照

GB/T 601—2002。

①操作步骤。

称取 2 g 氢氧化钾，置于聚乙烯容器中，加 5 mL 水中溶解。用 95％的乙醇稀释至 250 mL。放置 24 h（提前准备）。用塑料管虹吸上层清液至另一聚乙烯容器中。

用天平分别称取三份于 105 ℃～110 ℃烘箱中干燥至恒重的工作基准试剂邻苯二甲酸氢钾 0.6 g，精确至 0.000 1 g，置于三个 250 mL 锥形瓶中，分别加入 50 mL 无二氧化碳水溶解，加 2 滴酚酞指示液（10 g/L），用配制好的氢氧化钾-乙醇溶液滴定至溶液呈粉红色，同时做空白试验。

②结果计算。

$$C(KOH) = \frac{m \times 1\,000}{(V_1 - V_0) \cdot M}$$

式中：m—邻苯二甲酸氢钾质量的准确数值，g；V_1—滴定工作基准试剂消耗的氢氧化钾-乙醇标准滴定溶液体积的准确数值，mL；V_0—空白试验消耗的氢氧化钾-乙醇标准滴定溶液体积的准确数值，mL；M—邻苯二甲酸氢钾的摩尔质量的数值，g/mol[$M(KHC_8H_4O_4) = 204.22$]。

③数据记录。

原始数据记录表

次数 内容	1	2	3
称量瓶和基准物的质量(g)(第一次读数)			
称量瓶和基准物的质量(g)(第二次读数)			
基准物的质量 m(g)			
消耗氢氧化钾-乙醇标准溶液的体积 V_1(mL)			
实际消耗氢氧化钾-乙醇标准溶液的体积 V_0(mL)			
氢氧化钾标准溶液的浓度 C(mol/L)			
氢氧化钾标准溶液浓度的平均值 $\bar{C}$(mol/L)			
相对平均偏差(%)			

（2）实施条件

①场地：天平室，化学分析检验室。

②仪器、试剂。

表1　仪器设备

名称	规格	数量	名称	规格	数量
碱式滴定管	50 mL	1 支/人	锥形瓶	250 mL	3 只/人
量筒	50 mL	1 只/人	洗瓶	500 mL	1 只/人
玻璃仪器洗涤用具及其洗涤用试剂	公用		电子天平	万分之一	1 台/人

表2 试剂材料

名称	规格	数量	名称	规格	数量
氢氧化钾		500 g	无 CO_2 水		500 mL
邻苯二甲酸氢钾	105 ℃~110 ℃ 电烘箱中干燥 至恒重	5 g	酚酞指示剂	10 g/L	50 mL
备注:未注明要求时,试剂均为 AR,水为国家规定的实验室三级用水规格					

(3)考核时量

120 分钟。

(4)考核标准

详见附录1。

27. 试题编号:T-1-27,氯化钴标准溶液的制备

考核技能点编:J-1-3

(1)任务描述

采用滴定法完成 59.5 mg/mL 氯化钴标准溶液的制备,提交标定结果。参照 GB/T 602—2002。

①操作步骤。

称取 6 g 六水合氯化钴,溶于 900 mL 盐酸溶液(1+39)中,并用盐酸溶液(1+39)稀释至 100 mL。按下述方法标定,并通过计算加入一定量的盐酸溶液(1+39),使溶液的最终浓度为 59.5 mg/mL(以 $CoCl_2 \cdot 6H_2O$ 计)。该溶液于暗处密封包存,有效期为半年。

准确移取 5.00 mL 氯化钴溶液(59.5 mg/mL),置于锥形瓶中,加 50 mL 水,用乙二胺四乙酸二钠标准滴定溶液[$C(DETA) = 0.05$ mol/L]滴定至终点前约 1 mL 时,加 10 mL 氨-氯化铵缓冲溶液甲(pH≈10)及 0.2 g 紫尿酸铵指示剂,继续滴定至溶液呈紫红色。平行测定 3 次。

②结果计算。

a. 氯化钴溶液的质量浓度 ρ_1,数值以 mg/mL 表示,按下式计算:

$$\rho_1 = \frac{V_1 \times C_1 \times M_1}{V_{Y1}}$$

式中:V_1—乙二胺四乙酸二钠标准滴定溶液体积的数值,mL;C_1—乙二胺四乙酸二钠标准滴定溶液浓度的准确数值,mol/L;M_1—氯化钴摩尔质量的数值,g/mol[$M_1(CoCl_2 \cdot 6H_2O) = 237.9$];$V_{Y1}$—量取氯化钴溶液(59.5 mg/mL)体积的数值,mL。

b. 盐酸溶液(1+39)加入体积,以 mL 表示,按下式计算:

$$V = \frac{\rho_1(100 - 5n)}{59.5} - 100 + 5n$$

式中:n—标定时所取 5 mL 氯化钴溶液(59.5 mg/mL)的次数;ρ_1—标定出的氯化钴溶液的质量浓度,mg/mL。

③数据记录。

原始数据记录表

内容	次数	1	2	3
乙二胺四乙酸二钠标准滴定溶液浓度 C_1(mol/L)				
乙二胺四乙酸二钠标准滴定溶液体积 V_1(mL)				
量取氯化钴溶液体积的数值 V_{Y1}(mL)				
氯化钴溶液的质量浓度 ρ_1(mg/mL)				
氯化钴溶液质量浓度的平均值 $\bar{\rho}_1$(mg/mL)				
相对平均偏差(%)				
盐酸溶液(1+39)加入体积 V(mL)				

(2)实施条件

①场地:天平室,化学分析检验室。

②仪器、试剂。

表 1　仪器设备

名称	规格	数量	名称	规格	数量
滴定管	50 mL	1 支/人	锥形瓶	250 mL	3 只/人
量筒	50 mL	1 只/人	洗瓶	500 mL	1 只/人
玻璃仪器洗涤用具及其洗涤用试剂		公用	吸量管	10 mL	1 支/人

表 2　试剂材料

名称	规格	数量	名称	规格	数量
六水合氯化钴		500 g	盐酸	(1+39)	500 mL
EDTA 标准溶液	0.05 mol/L	500 mL	氨-氯化铵缓冲溶液	pH≈10	500 mL
			紫尿酸铵指示剂	1+100 NaCl	5 g

备注:未注明要求时,试剂均为 AR,水为国家规定的实验室三级用水规格

(3)考核时量

120 分钟。

(4)考核标准

详见附录 2。

28. 试题编号:T-1-28,硫酸铜标准溶液的制备

考核技能点编:J-1-3

(1)任务描述

采用滴定法完成 62.4 mg/mL 硫酸铜标准溶液的制备,提交标定结果。参照 GB/T 602—2002。

①操作步骤。

称取 6.3 g 五水合硫酸铜,溶于 900 mL 盐酸溶液(1+39)中,并用盐酸溶液(1+39)稀释

至 100 mL。按下述方法标定,并通过计算加入一定量的盐酸溶液(1+39),使溶液的最终浓度为 62.4 mg/mL(以 $CuSO_4 \cdot 5H_2O$ 计)。该溶液于暗处密封保存,有效期为半年。

准确量取 10.00 mL 硫酸铜溶液(62.4 mg/mL),置于碘量瓶中,加 100 mL 水、5 mL 乙酸溶液(30%)及 2 g 碘化钾,摇匀,于暗处放置 5 min。用硫代硫酸钠标准滴定溶液 $[C(Na_2S_2O_3)=0.1 \text{ mol/L}]$ 滴定,近终点时,加 2 mL 淀粉指示液(10 g/L),继续滴定至溶液蓝色消失。

②结果计算。

a. 硫酸铜溶液的质量浓度 ρ_1,数值以 mg/mL 表示,按下式计算:

$$\rho_1 = \frac{V_1 \times C_1 \times M_1}{V_{Y1}}$$

式中:V_1—硫代硫酸钠标准滴定溶液体积的数值,mL;C_1—硫代硫酸钠标准滴定溶液浓度的准确数值,mol/L;M_1—硫酸铜摩尔质量的数值,g/mol[$M_1(CuSO_4 \cdot 5H_2O)=249.7$];$V_{Y1}$—量取硫酸铜溶液(62.4 mg/mL)体积的数值,mL;

b. 盐酸溶液(1+39)加入体积,以 mL 表示,按下式计算:

$$V = \frac{\rho_1 \times (100-10n) - 100 + 10n}{62.4}$$

式中:n—标定时所取 10 mL 硫酸铜溶液(62.4 mg/mL)的次数;ρ_1—标定出的硫酸铜溶液的质量浓度,mg/mL。

③数据记录。

原始数据记录表

内容 次数	1	2	3
硫代硫酸钠标准滴定溶液浓度 C_1(mol/L)			
硫代硫酸钠标准滴定溶液体积 V_1(mL)			
量取硫酸铜溶液体积的数值 V_{Y1}(mL)			
硫酸铜溶液的质量浓度 ρ_1(mg/mL)			
硫酸铜溶液的质量浓度的平均值 $\bar{\rho_1}$(mg/mL)			
相对平均偏差(%)			
盐酸溶液(1+39)加入体积 V(mL)			

(2)实施条件

①场地:天平室,化学分析检验室。

②仪器、试剂。

表 1 仪器设备

名称	规格	数量	名称	规格	数量
滴定管	50 mL	1 支/人	锥形瓶	250 mL	3 只/人
量筒	50 mL	1 只/人	洗瓶	500 mL	1 只/人
玻璃仪器洗涤用具及其洗涤用试剂		公用	吸量管	10 mL	1 支/人

表 2　试剂材料

名称	规格	数量	名称	规格	数量
五水合硫酸铜	固体	500 g	盐酸	(1+39)	500 mL
碘化钾	固体	500 g	硫代硫酸钠 标准滴定溶液	0.1 mol/L	500 mL
乙酸	30%	500 mL	淀粉指示剂	10 g/L	100 mL

备注:未注明要求时,试剂均为 AR,水为国家规定的实验室三级用水规格

(3)考核时量

120 分钟。

(4)考核标准

详见附录 2。

29. 试题编号:T-1-29,三氯化铁标准溶液的制备

考核技能点编:J-1-3

(1)任务描述

采用滴定法完成 45.0 mg/mL 三氯化铁标准溶液的制备,提交标定结果。参照 GB/T 602—2002。

①操作步骤。

称取 4.6 g 三氯化铁(以 $FeCl_3 \cdot 6H_2O$ 计),溶于 900 mL 盐酸溶液(1+39)中,并用盐酸溶液(1+39)稀释至 100 mL。按下述方法标定,并通过计算加入一定量的盐酸溶液(1+39),使溶液的最终浓度为 45.0 mg/mL(以 $FeCl_3 \cdot 6H_2O$ 计)。该溶液于暗处密封保存,有效期为半年。

准确量取 10.00 mL 三氯化铁溶液(45.0 mg/mL),置于碘量瓶中,加 15 mL 水、5 mL 盐酸及 2 g 碘化钾,摇匀,于暗处放置 15 min,加 100 mL 水(温度不超过 10 ℃),用硫代硫酸钠标准滴定溶液$[C(Na_2S_2O_3)=0.1 \text{ mol/L}]$滴定,近终点时,加 2 mL 淀粉指示液(10 g/L),继续滴定至溶液蓝色消失。

②结果计算。

a. 三氯化铁溶液的质量浓度 ρ_1,数值以毫克每毫升 mg/mL 表示,按下式计算:

$$\rho_1 = \frac{V_1 \times C_1 \times M_1}{V_{Y1}}$$

式中:V_1—硫代硫酸钠标准滴定溶液体积的数值,mL;C_1—硫代硫酸钠标准滴定溶液浓度的准确数值, mol/L;M_1—三氯化铁摩尔质量的数值,g/mol$[M_1(FeCl_3 \cdot 6H_2O)=270.3]$;$V_{Y1}$—量取三氯化铁溶液(45.0 mg/mL)体积的数值,mL。

b. 盐酸溶液(1+39)加入体积,以 mL 表示,按下式计算:

$$V = \frac{\rho_1 \times (100-10n)}{45.0} - 100 + 10n$$

式中:n—标定时所取 10 mL 三氯化铁溶液(45.0 mg/mL)的次数;ρ_1—标定出的三氯化铁溶液的质量浓度,mg/mL。

③数据记录。

原始数据记录表

内容	次数	1	2	3
硫代硫酸钠标准滴定溶液浓度 c_1(mol/L)				
硫代硫酸钠标准滴定溶液体积 V_1(mL)				
量取三氯化铁溶液体积的数值 V_{Y1}(mL)				
三氯化铁溶液的质量浓度 ρ_1(mg/mL)				
三氯化铁溶液的质量浓度的平均值 $\bar{\rho}_1$(mg/mL)				
相对平均偏差(%)				
盐酸溶液(1+39)加入体积 V(mL)				

(2)实施条件

①场地:天平室,化学分析检验室。

②仪器、试剂。

表1 仪器设备

名称	规格	数量	名称	规格	数量
滴定管	50 mL	1支/人	锥形瓶	250 mL	3只/人
量筒	50 mL	1只/人	洗瓶	500 mL	1只/人
玻璃仪器洗涤用具及其洗涤用试剂		公用	吸量管	10 mL	1支/人

表2 试剂材料

名称	规格	数量	名称	规格	数量
六水合三氯化铁	固体	500 g	盐酸	(1+39)	500 mL
碘化钾	固体	500 g	硫代硫酸钠标准滴定溶液	0.1 mol/L	500 mL
			淀粉指示剂	10 g/L	100 mL

备注:未注明要求时,试剂均为 AR,水为国家规定的实验室三级用水规格

(3)考核时量

120 分钟。

(4)考核标准

详见附录2。

二、物理常数的测定模块

1. 试题编号:T-2-1,磷酸水溶液的密度测定

考核技能点编号:J-2-1

(1)任务描述

用密度瓶法对磷酸水溶液(浓度 0.1~0.3 mol/L)的密度进行测定,并提交分析检验

报告。

①操作步骤。

称量已洗净干燥的带温度计和侧孔罩密度瓶的质量 m_0。

将干燥的密度瓶装满已恒温的 20 ℃实验室用三级水,放于 20 ℃±0.1 ℃的恒温槽中,恒温 10 min,并使侧管中的液面与侧管管口齐平,立即盖上侧孔罩。取出密度瓶后用滤纸迅速擦干瓶外壁上水,立即称量密度瓶与水的质量 m_1。

将密度瓶中水倒出,洗净后可用乙醚等易挥发溶剂少量洗涤密度瓶,干燥后用已恒温 20 ℃的试样注入密度瓶中,重复上述恒温的操作步骤后,称量密度瓶与试样的质量 m_2。

平行测定 2 次。

②密度计算。

试样在 20 ℃时的密度为:

$$\rho = \frac{(m_2 - m_0) + A}{(m_1 - m_0) + A} \times \rho_0$$

$$A = \rho_a \times \frac{m_1 - m_0}{0.9982}$$

式中:m_0—密度瓶、温度计、侧孔罩的表观质量的准确数值,g;m_1—20 ℃时密度瓶和充满密度瓶三级水的表观质量的准确数值,g;m_2—20 ℃时密度瓶和充满密度瓶试样的表观质量的准确数值,g;ρ_0—20 ℃时三级水的密度,g/ mL(此时三级水的密度为 0.998 20);ρ_a—20 ℃和大气压为 1 013.25 hPa 时干燥空气的密度,g/ mL(此时干燥空气的密度为 0.001 2)。

③数据记录。

密度测定原始记录表

内容　　　　　　　　　　次数	1	2
密度瓶、温度计、侧孔罩的表观质量 m_0(g)		
20 ℃时密度瓶和充满密度瓶三级水的表观质量 m_1(g)		
20 ℃时密度瓶和充满密度瓶试样的表观质量 m_2(g)		
试样在 20 ℃时的密度 ρ(g/ mL)		
试样在 20 ℃时密度的平均值 $\bar{\rho}$(g/mL)		
相对平均偏差(%)		

(2)实施条件

①场地:物理常数检测室。

②仪器、试剂。

表 1　仪器设备

名称	规格	数量	名称	规格	数量
电子天平	万分之一	1 台/人	恒温水浴	20 ℃±0.1 ℃	1 台/人
密度瓶带温度计及侧罩	15～25 mL	1 只/人	洗瓶	500 mL	1 只/人
玻璃仪器洗涤用具及其洗涤用试剂		公用			

表 2 试剂材料

名称	规格	数量	名称	规格	数量
磷酸水溶液	$\rho=1.005$	$C(H_3PO_4)$ $=0.125\,3$ mol/L	实验室用水	三级	200 mL

备注:未注明要求时,试剂均为 AR,水为国家规定的实验室三级用水规格

(3)考核时量

120 分钟。

(4)考核标准

详见附录 9。

2. 试题编号:T-2-2,柴油密度的测定

考核技能点编号:J-2-1

(1)任务描述

用密度计法对柴油的密度进行测定,最终提交测定结果。要求每个抽查的学生在 120 分钟的时间内独立完成任务。

①操作步骤。

使密度计量筒和密度计的温度接近试样的温度。在试验温度下把试样沿壁转移到温度稳定、清洁的密度计量筒中,导入的量为量筒容积的 70%。用一片清洁的滤纸除去试样表面上形成的所有气泡。将装有试样的量筒垂直地放在没有空气流动的地方。用合适的温度计做垂直旋转运动搅拌试样,使整个量筒中试样的密度和温度达到均匀,记录温度。

把合适的密度计放入液体中,达到平衡位置时,轻轻转动一下放开,让密度计自由地漂浮,要注意避免弄湿液面以上的干管。把密度计按到平衡点以下 1 mm 或 2 mm,并让它回到平衡位置,观察弯月面形状,如果弯月面形状改变,应清洗密度计干管,重复此项操作直到弯月形状保持不变。当密度计离开量筒壁自由漂浮并静止时,按正确的方式读取密度计刻度值,即视密度。

记录密度计读数后,立即小心地取出密度计,并用温度计垂直地搅拌试样,记录温度。这个温度与开始试验温度相差应小于 0.5 ℃。

平行测定 2 次。

②油品密度计算。

试样在 20 ℃时的密度为:

$$\rho_{20} = \rho_t + \gamma(t-20)$$

式中:ρ_{20}—试样在 20 ℃时的密度,g/cm³;ρ_t—试样在测定温度 t 时的视密度,g/cm³;γ—油品密度的平均温度系数,g/(cm³·℃);t—试样测定温度,℃。

③数据记录。

原始数据记录表

内容 \ 次数	1	2
测定前温度 t（℃）		
测定后温度 t（℃）		
试样在测定温度 t 时的视密度 ρ_t（g/mL）		
试样在 20 ℃时的密度 ρ_{20}（g/mL）		
试样在 20 ℃时的密度的平均值 $\bar{\rho}_{20}$（m/mL）		
相对平均偏差（%）		

（2）实施条件

①场地：油品分析室（环境温度变化不大于 2 ℃）。

②仪器、试剂。

表1　仪器设备

名称	规格	数量	名称	规格	数量
密度计		1 支/人	温度计	－1 ℃～38 ℃	1 个/人
密度计量筒	250 mL	1 个/人	玻璃仪器洗涤用具及其洗涤用试剂		公用

表2　试剂材料

名称	规格	浓度/数量	名称	规格	浓度/数量
柴油	0#	300 mL			

（3）考核时量

60 分钟。

（4）考核标准

详见附录 10。

3. 试题编号：T-2-3，四氯化碳的密度测定

考核技能点编号：J-2-1

（1）任务描述

用韦氏天平法对四氯化碳的密度进行测定，并提交分析检验报告。

①操作步骤。

检查韦氏天平各部件是否完好无损，骑码是否齐全。按要求安装好韦氏天平。

向玻璃筒中注入新煮沸并冷却至 20 ℃的蒸馏水，将玻璃浮锤全部浸入水中，不得带有气泡，玻璃筒置于恒温水浴中，恒温至 20.0 ℃±0.1 ℃，然后由大到小将骑码加到天平横梁的 V 形槽上，使指针重新对正天平平衡后，记录读数。

取出浮锤，将玻璃筒内的水倾出，玻璃筒和浮锤用 95％乙醇洗涤后用电吹风吹干。以试样代替水同上操作，根据实验结果记录试样密度。

平行测定 2 次。

②数据记录。

原始数据记录表

内容 \ 次数	1	2
试样在 20 ℃时的密度 ρ_{20}(g/ mL)		
试样在 20 ℃时的密度的平均值 $\bar{\rho}_{20}$(g/mL)		
相对平均偏差(%)		

（2）实施条件

①场地：有机分析检测室。

②仪器、试剂。

表 1　仪器设备

名称	规格	数量	名称	规格	数量
韦氏天平		1 台/人	恒温水浴锅	20 ℃±0.1 ℃	1 台/人
电吹风	220 W	1 台/人	洗瓶	500 mL	1 只/人
玻璃仪器洗涤用具及其洗涤用试剂		公用			

表 2　试剂材料

名称	规格	数量	名称	规格	数量
四氯化碳	化学纯	300 mL	乙醇	95%	300 mL

（3）考核时量

60 分钟。

（4）考核标准

详见附录 11。

4. 试题编号：T-2-4，蔗糖比旋光度的测定

考核技能点编号：J-2-2

（1）任务描述

要求每个抽查的学生在 90 分钟的时间内独立完成蔗糖比旋光度的测定，最终提交测定结果。

①操作步骤。

称取试样 26.00 g 于 150 mL 烧杯中，称准至 0.000 2 g，加 50 mL 水于烧杯中，使试样溶解。将上述溶液转移至 100 mL 容量瓶中，每次用 10 mL 水洗涤烧杯 3 次，将每次洗涤水并入容量瓶中，用水稀释至刻度，摇匀。

按圆盘仪器使用说明书开启仪器。调整旋光仪，待仪器稳定后，用水充满选定长度的旋光管中，应无气泡，将盖旋紧后放入旋光仪内，在温度为 20 ℃±0.5 ℃的条件下，旋转检偏器，直到三分视场左、中、右三部分亮度均匀一致，记录刻度盘读数，读准至 0.01°。若仪器正常，此读数即为零点。

将配好的试样溶液充满洁净、干燥的合适长度的旋光管中,小心地排出气泡,将盖旋紧后放入旋光仪内,在温度为 20 ℃±0.5 ℃的条件下,旋转检偏器,使三分视场的左、中、右的亮度均匀一致,记录刻度盘读数,读准至 0.01°。

用水和未知样测定的两次读数之差即为被测样品的旋光度。

被测物是左旋还是右旋的测定。将原配制的溶液浓度进行稀释 30% 左右,再按上述步骤进行测定,旋转检偏器,使三分视场的左、中、右的亮度均匀一致,记录刻度盘读数,读准至 0.01°。若稀释后测得的读数降低,则被测物为右旋体;若稀释后测得的读数升高,则被测物为左旋体。左旋以"-"号表示,右旋以"+"号表示。

②结果计算。

$$[\alpha]_D^{20} = \frac{\alpha}{lC}$$

式中:α—测得旋光度的准确数值,°;l—旋光管长度的准确数值,dm;C—溶液中有效组分浓度的准确数值,g/mol。

③数据记录。

原始数据记录表

内容 \ 次数	1	2	3
称取试样的质量 m(g)			
有效组分溶液的浓度 C(mol/L)			
旋光管长度(dm)			
零点读数(°)			
零点平均值			
测得旋光度(°)			
样品校正后旋光度(°)			
溶液的比旋光度			
比旋光度平均值			
相对平均偏差(%)			
"左旋"或"右旋"			

(2)实施条件

①场地:天平室,物理常数检测室。

②仪器、试剂。

表 1　仪器设备

名称	规格	数量	名称	规格	数量
圆盘旋光仪	精密度为 0.01°	1 台/人	烧杯	150 mL	1 只/人
天平	万分之一	1 台/人	容量瓶	100 mL	2 只/人
玻璃棒		2 支/人	洗瓶	500 mL	1 只/人
滴管		3 支/人	玻璃仪器洗涤用具及其洗涤用试剂		公用

表2 试剂材料

名称	规格	数量	名称	规格	数量
蔗糖		公用	定性滤纸		1本/人
脱脂棉花		公用	擦镜纸		1本/人

备注:未注明要求时,试剂均为 AR,水为国家规定的实验室三级用水规格

(3)考核时量

90 分钟。

(4)考核标准

详见附录 12。

5. 试题编号:T-2-5,葡萄糖比旋光度的测定

考核技能点编号:J-2-2

(1)任务描述

要求每个抽查的学生在 90 分钟的时间内独立完成葡萄糖比旋光度的测定,最终提交测定结果。

①操作步骤。

称取试样 10.00 g 置于 150 mL 烧杯中,称准至 0.000 2 g,加 50 mL 水于烧杯中,使试样溶解。将上述溶液转移至 100 mL 容量瓶中,每次用 10 mL 水洗涤烧杯 3 次,将每次洗涤水并入容量瓶中,用水稀释至刻度,摇匀。

按圆盘仪器使用说明书开启仪器。调整旋光仪,待仪器稳定后,用水充满选定长度的旋光管中,应无气泡,将盖旋紧后放入旋光仪内,在温度为 20 ℃±0.5 ℃的条件下,旋转检偏器,直到三分视场左、中、右三部分亮度均匀一致,记录刻度盘读数,读准至 0.01°。若仪器正常,此读数即为零点。

将配好的试样溶液充满洁净、干燥的合适长度的旋光管中,小心地排出气泡,将盖旋紧后放入旋光仪内,在温度为 20 ℃±0.5 ℃的条件下,旋转检偏器,使三分视场的左、中、右的亮度均匀一致,记录刻度盘读数,读准至 0.01°。

用水和未知样测定的两次读数之差即为被测样品的旋光度。

被测物是左旋还是右旋的测定。将原配制的溶液浓度进行稀释 30％左右,再按上述步骤进行测定,旋转检偏器,使三分视场的左、中、右的亮度均匀一致,记录刻度盘读数,读准至 0.01°。若稀释后测得的读数降低,则被测物为右旋体;若稀释后测得的读数升高,则被测物为左旋体。左旋以"一"号表示,右旋以"＋"号表示。

②结果计算。

$$[\alpha]_D^{20} = \frac{\alpha}{lC}$$

式中:α—测得旋光度的准确数值,°;l—旋光管长度的准确数值,dm;C—溶液中有效组分浓度的准确数值,g/mol。

③数据记录。

原始数据记录表

内容 \ 次数	1	2	3
称取试样的质量 m(g)			
有效组分溶液的浓度 C(mol/L)			
旋光管长度(dm)			
零点读数(°)			
零点平均值			
测得旋光度(°)			
样品校正后旋光度(°)			
溶液的比旋光度			
比旋光度平均值			
相对平均偏差(%)			
"左旋"或"右旋"			

（2）实施条件

①场地：天平室，物理常数检测室。

②仪器、试剂。

表 1　仪器设备

名称	规格	数量	名称	规格	数量
圆盘旋光仪	精密度为 0.01°	1 台/人	烧杯	150 mL	1 只/人
天平	万分之一	1 台/人	容量瓶	100 mL	2 只/人
玻璃棒		2 支/人	洗瓶	500 mL	1 只/人
滴管		3 支/人	玻璃仪器洗涤用具及其洗涤用试剂		公用

表 2　试剂材料

名称	规格	数量	名称	规格	数量
葡萄糖		公用	定性滤纸		1 本/人
脱脂棉花		公用	擦镜纸		1 本/人

备注：未注明要求时，试剂均为 AR，水为国家规定的实验室三级用水规格

（3）考核时量

90 分钟。

（4）考核标准

详见附录 12。

6. 试题编号：T-2-6，甘油折射率的测定

考核技能点编号：J-2-3

（1）任务描述

要求每个抽查的学生在 60 分钟的时间内独立完成甘油的折射率测定，最终提交检定

结果。

①操作步骤。

将恒温水浴与棱镜连接,调节恒温水浴温度,使棱镜温度保持在 20 ℃±0.1 ℃。

用二级水或标准玻璃块校正折光仪。二级水的折光率＝1.333 0(或 1.332 99)。在每次测定前用乙醚清洗棱镜表面,再用擦镜纸或脱籽棉将乙醚吸干。用干净滴管滴加数滴 20 ℃左右的被测样品,立即闭合棱镜并旋紧,使样品均匀、无气泡,并充满视场。使棱镜温度计读数恢复到 20 ℃±0.1 ℃。调节反光镜使视场明亮。调节棱镜组旋钮,使视场中出现明暗界线,调节补偿棱镜旋钮,使界线处所呈彩色完全消失,再调节棱镜组旋钮,使明暗界线与叉丝中心重合。

读出折光率值,估读至小数点后第四位。

平行测定 3 次。

②结果计算。

$$\overline{n_D{}^{20}} = \frac{\sum\limits_{i=1}^{n} n_{iD}{}^{20}}{n}$$

式中:$n_{iD}{}^{20}$—未知物 1 的折光率第 i 次测定值的准确数值;n—测定的次数。

③数据记录。

原始数据记录表

内容 \ 次数	1	2	3
未知物折光率			
平均折光率			
相对平均偏差(%)			

(2)实施条件

①场地:物理常数检测室。

②仪器、试剂。

表 1 仪器设备

名称	规格	数量	名称	规格	数量
折光仪	精密度为 ±0.000 2	1 台/人	恒温水浴	控制精度为 20 ℃±0.1 ℃	1 台/人
滴管		3 支/人	烧杯	100 mL	1 只/人
			玻璃仪器洗涤用具及其洗涤用试剂		公用

表 2 试剂材料

名称	规格	数量	名称	规格	数量
甘油		50 mL/人	定性滤纸		1 本/人
脱脂棉花		公用	擦镜纸		1 本/人
实验室用二级水		校正用	乙醚		公用

（3）考核时量

60分钟。

（4）考核标准

详见附录13。

7. 试题编号:T-2-7,庚烷折射率的测定

考核技能点编号:J-2-3

（1）任务描述

要求每个抽查的学生在60分钟的时间内独立完成甘油的折射率测定,最终提交检定结果。

①操作步骤。

将恒温水浴与棱镜连接,调节恒温水浴温度,使棱镜温度保持在20 ℃±0.1 ℃。用二级水或标准玻璃块校正折光仪。二级水的折光率＝1.333 0(或1.332 99)。在每次测定前用乙醚清洗棱镜表面,再用擦镜纸或脱籽棉将乙醚吸干。用干净滴管滴加数滴20 ℃左右的被测样品,立即闭合棱镜并旋紧,使样品均匀、无气泡,并充满视场。使棱镜温度计读数恢复到20 ℃±0.1 ℃。调节反光镜使视场明亮。调节棱镜组旋钮,使视场中出现明暗界线,调节补偿棱镜旋钮,使界线处所呈彩色完全消失,再调节棱镜组旋钮,使明暗界线与叉丝中心重合。

读出折光率值。估读至小数点后第四位。

进行平行测定3次。

②结果计算。

$$\overline{n_D{}^{20}} = \frac{\sum\limits_{i=1}^{n} n_{iD}{}^{20}}{n}$$

式中:$n_{iD}{}^{20}$—未知物1的折光率第 i 次测定值的准确数值;n—测定的次数。

③数据记录。

原始数据记录表

内容　　　　　　　次数	1	2	3
未知物折光率			
平均折光率			
相对平均偏差(%)			

（2）实施条件

①场地:物理常数检测室。

②仪器、试剂。

表 1　仪器设备

名称	规格	数量	名称	规格	数量
折光仪	精密度为 ±0.000 2	1台/人	恒温水浴	控制精度为 20 ℃±0.1 ℃	1台/人
滴管		3支/人	烧杯	100 mL	1只/人
			玻璃仪器洗涤用具 及其洗涤用试剂		公用

表 2　试剂材料

名称	规格	数量	名称	规格	数量
庚烷		50 mL/人	定性滤纸		1本/人
脱脂棉花		公用	擦镜纸		1本/人
实验室用二级水		校正用	乙醚		公用

（3）考核时量

60 分钟。

（4）考核标准

详见附录 13。

8. 试题编号：T-2-8，柴油运动黏度的测定

考核技能点编号：J-2-4

（1）任务描述

用玻璃毛细管黏度计测定柴油的运动黏度，并提交检验结果。要求每个抽查的学生在 60 分钟的时间内独立完成任务。参照 GB/T 256—1988。

①操作步骤。

在测定试样的黏度之前，用合适的洗涤剂洗涤黏度计。然后放入烘箱中烘干或用通过棉花滤过的热空气吹干。运用正确的方法在内径符合要求且清洁、干燥的毛细管黏度计内装入试样。将恒温浴调整到 20 ℃，把装好试样的黏度计浸在恒温浴内，经恒温 10 min。利用毛细管黏度计管向口所套着橡皮管将试样吸入扩张部分，使试样液面稍高于标线 α。此时观察试样在管身中的流动情况，液面正好到达标线 α 时，开动秒表，液面正好流到标线 β 时，停秒表。记录试样的流动时间，应重复测定至少四次，其中各次流动时间与其算术平均值的差数应不超过算术平均值，作为试样的平均流动时间。

②结果计算。

$$V_t = C \cdot \tau_t$$

式中：C—黏度计常数，mm^2/s；τ_t—试样的平均流动时间，s。

③数据记录。

原始数据记录表

实验次数	实验温度	黏度计常数 C	测量时间	算术平均时间	相差	试样运动黏度
1						
2						
3						
4						
5						

（2）实施条件

①场地：油品分析室。

②仪器、试剂。

表1　仪器设备

名称	规格	数量	名称	规格	数量
黏度计	1.2 mm	支	玻璃水银温度计	38 ℃～42 ℃	支
恒温浴	GB/T 265		秒表	分度0.1 s	块
玻璃仪器洗涤用具及其洗涤用试剂		公用			

表2　试剂材料

名称	规格	浓度/数量	名称	规格	浓度/数量
车用柴油		300 mL	石油醚		100 mL

（3）考核时量

60分钟。

（4）考核标准

详见附录14。

9. 试题编号：T-2-9,煤油运动黏度的测定

考核技能点编号：J-2-4

（1）任务描述

用玻璃毛细管黏度计测定煤油的运动黏度，并提交检验结果。要求每个抽查的学生在60分钟的时间内独立完成任务。参照 GB/T 265—1988。

①操作步骤。

在测定试样的黏度之前，用合适的洗涤剂洗涤黏度计。然后放入烘箱中烘干或用通过棉花滤过的热空气吹干。运用正确的方法在内径符合要求且清洁、干燥的毛细管黏度计内装入试样。将恒温浴调整到 20 ℃，把装好试样的黏度计浸在恒温浴内，经恒温 10 min。利用毛细管黏度计管向口所套着橡皮管将试样吸入扩张部分，使试样液面稍高于标线 α。此时观察试样在管身中的流动情况，液面正好到达标线 α 时，开动秒表，液面正好流到标线 β 时，停秒表。记录试样的流动时间，应重复测定至少四次，其中各次流动时间与其算术平均值的差数应不超过算术平均值，作为试样的平均流动时间。

②结果计算。

$$V_t = C \cdot \tau_t$$

式中:C—黏度计常数,mm^2/s^2;τ_t—试样的平均流动时间,s。

③数据记录。

原始数据记录表

实验次数	实验温度	黏度计常数 C	测量时间	算术平均时间	相差	试样运动黏度
1						
2						
3						
4						
5						

(2)实施条件

①场地:油品分析室。

②仪器、试剂。

表1　仪器设备

名称	规格	数量	名称	规格	数量
黏度计	1.2 mm	支	玻璃水银温度计	38 ℃~42 ℃	支
恒温浴	GB/T 265		秒表	分度0.1 s	块
玻璃仪器洗涤用具及其洗涤用试剂		公用			

表2　试剂材料

名称	规格	浓度/数量	名称	规格	浓度/数量
1号柴油		300 mL	石油醚		100 mL

(3)考核时量

60分钟。

(4)考核标准

详见附录14。

10. 试题编号:T-2-10,汽油馏程的测定

考核技能点编号:J-2-5

(1)任务描述

要求每个抽查的学生在120分钟的时间内独立完成汽油馏程的测定,最终提交测定结果。参照标准GB/T 9168—1997。

①操作步骤。

a. 加热。

将装有试样的蒸馏烧瓶加热,并调整加热速度,保证开始加热到初馏点的时间为 5~10 min。

b. 控制蒸馏速度。

观察记录初馏点后,应立即移动量筒,使冷凝管尖端与量筒内壁相接触,让馏出液沿量筒内壁流下。调节加热,使从初馏点到 5% 回收量的时间是 60～75 s;从 5% 回收量到蒸馏烧瓶中 5 mL 残留物的冷凝平均速度为 4～5 mL/min。

c. 观察和记录。

汽油要求记录初馏点、终馏点和 5%,15%,85%,95% 回收量及从 10%～90% 每 10% 回收量的温度计读数。

d. 加热最后调整。

当在蒸馏烧瓶中残留液体约为 5 mL 时,在调整加热,此时到正六点的时间为 3～5 min。

e. 观察记录终馏点,并停止加热。

f. 继续观察记录。

在冷凝管有液体继续滴入量筒时,每隔 2 min 观察一次冷凝液体积,直至相继两次观察的体积一致为止。精确测量体积,记录。根据所用仪器,精确至 0.5 mL,报告为最大回收量。

g. 量取残留量。

待蒸馏烧瓶冷却后,将其内容物导入 5 mL 量筒中,并将蒸馏烧瓶悬垂于量筒之上,让蒸馏瓶排油,直至量筒液体积无明显增加为止。记录量筒中液体体积,精确到 0.1 mL,作为残留量。

h. 计算损失量。

最大回收量和残留量之和为总回收量。从 100% 减去总回收量,则得损失量。

②数据记录。

原始数据记录表

回收百分数(%)	第一次		第二次	
	温度计读数(℃)	加热时间(s)	温度(℃)	加热时间(s)
初馏点				
5				
10				
15				
20				
30				
40				
50				
60				
70				
80				
85				
90				
95				

续表

	第一次		第二次	
终馏点				

最大回收量=_____ mL
残留量=_____ mL
损失量=_____ mL

最大回收量=_____ mL
残留量=_____ mL
损失量=_____ mL

（2）实施条件

①场地：油品分析室。

②仪器、试剂。

表1　仪器设备

名称	规格	数量	名称	规格	数量
石油产品蒸馏器		1台/人	玻璃水银温度计	0 ℃～300 ℃	1支/人
蒸馏烧瓶	125 mL	1只/人	秒表	分度0.1 s	1块/人
蒸馏烧瓶支架和支板	38 mm	1套/人	量筒	100 mL	1个/人
测定溶液温度装置及其溶液温度体积校正系数表		公用	玻璃仪器洗涤用具及其洗涤用试剂		公用

表2　试剂材料

名称	规格	浓度/数量	名称	规格	浓度/数量
93♯车用乙醇汽油		300 mL			

（3）考核时量

120分钟。

（4）考核标准

详见附录16。

11. 试题编号：T-2-11，轻柴油馏程的测定

考核技能点编号：J-2-5

（1）任务描述

要求每个抽查的学生在120分钟的时间内独立完成轻柴油馏程的测定，最终提交测定结果。参照 GB/T 9168—1997。

①操作步骤。

a. 加热。

将装有试样的蒸馏烧瓶加热，并调整加热速度，保证开始加热到初馏点的时间为5～10 min。

b. 控制蒸馏速度。

观察记录初馏点后，应立即移动量筒，使冷凝管尖端与量筒内壁相接触，让馏出液沿量筒内壁流下。调节加热，使从初馏点到5％回收量的时间是60～75 s；从5％回收量到蒸馏烧瓶中5 mL残留物的冷凝平均速度为4～5 mL/ min。

c. 观察和记录。

汽油要求记录初馏点、终馏点和5％,15％,85％,95％回收量及从10％~90％每10％回收量的温度计读数。

d. 加热最后调整。

当在蒸馏烧瓶中残留液体约为5 mL时,在调整加热,此时到正六点的时间为3~5 min。

e. 观察记录终馏点,并停止加热。

f. 继续观察记录。

在冷凝管有液体继续滴入量筒时,每隔2 min观察一次冷凝液体积,直至相继两次观察的体积一致为止。精确测量体积,记录。根据所用仪器,精确至0.5 mL,报告为最大回收量。

g. 量取残留量。

待蒸馏烧瓶冷却后,将其内容物导入5 mL量筒中,并将蒸馏烧瓶悬垂于量筒之上,让蒸馏瓶排油,直至量筒液体积无明显增加为止。记录量筒中液体体积,精确到0.1 mL,作为残留量。

h. 计算损失量。

最大回收量和残留量之和为总回收量。从100％减去总回收量,则得损失量。

②数据记录。

原始数据记录表

回收百分数(％)	第一次		第二次	
	温度计读数(℃)	加热时间(s)	温度(℃)	加热时间(s)
初馏点				
5				
10				
15				
20				
30				
40				
50				
60				
70				
80				
85				
90				
95				
终馏点				

最大回收量=＿＿＿＿＿＿＿＿＿＿ mL 最大回收量=＿＿＿＿＿＿＿＿＿＿ mL

残留量=＿＿＿＿＿＿＿＿＿＿ mL 残留量=＿＿＿＿＿＿＿＿＿＿ mL

损失量=＿＿＿＿＿＿＿＿＿＿ mL 损失量=＿＿＿＿＿＿＿＿＿＿ mL

（2）实施条件

①场地：油品分析室。

②仪器、试剂。

表1　仪器设备

名称	规格	数量	名称	规格	数量
石油产品蒸馏器		1台/人	玻璃水银温度计	0 ℃~400 ℃	1支/人
蒸馏烧瓶	125 mL	1只/人	秒表	分度0.1 s	1块/人
蒸馏烧瓶支架和支板	38 mm	1套/人	量筒	100 mL	1个/人
测定溶液温度装置及其溶液温度体积校正系数表		公用	玻璃仪器洗涤用具及其洗涤用试剂		公用

表2　试剂材料

名称	规格	浓度/数量	名称	规格	浓度/数量
车用柴油		300 mL	石油醚		100 mL

（3）考核时量

120分钟。

（4）考核标准

详见附录16。

12. 试题编号：T-2-12，柴油闭口闪点的测定

考核技能点编号：J-2-6

（1）任务描述

要求每个抽查的学生在90分钟的时间内，独立完成柴油闭口闪点的测定，最终提交测定结果。参照GB/T 261—2008。

①操作步骤。

观察气压计，记录试验期间仪器附近的环境大气压。

试验杯用无铅汽油洗涤后再用空气吹干。将试样倒入试验杯至加料线，盖上试验杯盖，然后放入加热室，确保试验杯就位或锁定装置连接好后插入温度计。点燃试验火源，并将火焰直径调节为3~4 mm；在整个试验期间，试样以5~6 ℃/min的速率升温，且搅拌速率为90~120 r/min。

从预期闪点以下23 ℃±5 ℃开始点火试样，每升高2 ℃点火一次，点火时停止搅拌，用试验杯盖上滑板操作旋钮或点火装置点火，要求火焰在0.5 s内下降至试验杯的蒸气空间内，并在此位置停留1 s，然后迅速升高回至原位置。记录火源引起试验杯内产生明显着火的温度，作为试样的观察闪点。继续点火试验，若在下一个温度点能继续闪火，则认为测定结果有效。

②结果计算。

将观察闪点修正到标准大气压（101.3 kPa）下的闪点，T_C：

$$T_C = T_V + 0.259(101.3 - P)$$

式中：T_V—环境大气压下的观察闪点，℃；P—环境大气压，kPa。

③数据记录。

原始数据记录表

样品编号											
仪器编号						仪器编号					
温度计号						温度计号					
温度	分	秒	温度	分	秒	温度	分	秒	温度	分	秒
闪点视温度(℃)						闪点视温度(℃)					
大气压校正值(℃)						大气压校正值(℃)					
温度计校正值(℃)						温度计校正值(℃)					
闪点(℃)						闪点(℃)					
平均值(℃)											

(2)实施条件

①场地:油品分析室。

②仪器、试剂。

表1　仪器设备

名称	规格	数量	名称	规格	数量
闪点测定仪		1台/人	玻璃水银温度计	0 ℃~200 ℃	1支/人

表2　试剂材料

名称	规格	浓度/数量	名称	规格	浓度/数量
柴油		300 mL	无铅汽油		公用

(3)考核时量

90分钟。

(4)考核标准

详见附录17。

13. 试题编号:T-2-13,磷酸三甲苯酯开口闪点的测定

考核技能点编号:J-2-6

(1)任务描述

要求每个抽查的学生在90分钟的时间内独立完成磷酸三甲苯酯开口闪点的测定,最终提交测定结果。参照 GB/T 3536—2008。

①操作步骤。

观察气压计,记录试验期间仪器附近的环境大气压。

试验杯用无铅汽油洗涤后再用空气吹干。将试样倒入试验杯至加料线,然后放入加热室,确保试验杯就位后插入温度计。点燃试验火源,并将火焰直径调节为3~4 mm;在整个试验

期间,试样以 10 ℃/min 的速率升温。在到达闪点前 56 ℃时以 5 ℃/min 的速度升温。

从预期闪点以下 23 ℃±5 ℃开始点火,移动点火器火焰于距试样液面 15～20 mm 出,并沿着试验杯边缘从一边移到另一边,经过时间为 1～2 s。试样每升高 2 ℃重复点火一次。记录火源引起试验杯内产生明显着火的温度,作为试样的观察闪点。继续点火试验,若在下一个温度点能继续闪火,则认为测定结果有效。

②结果计算。

将观察闪点修正到标准大气压(101.3 kPa)下的闪点,T_C:

$$T_C = T_V + (0.001\ 125 T_V + 0.21) \times (101.3 - P)$$

式中:T_V—环境大气压下的观察闪点,℃;P—环境大气压,kPa。

③数据记录。

原始数据记录表

样品编号											
仪器编号						仪器编号					
温度计号						温度计号					
温度	分	秒	温度	分	秒	温度	分	秒	温度	分	秒
闪点视温度(℃)						闪点视温度(℃)					
大气压校正值(℃)						大气压校正值(℃)					
温度计校正值(℃)						温度计校正值(℃)					
闪 点(℃)						闪 点(℃)					
平均值(℃)											

(2)实施条件

①场地:油品分析室。

②仪器、试剂。

表 1　仪器设备

名称	规格	数量	名称	规格	数量
闪点测定仪		1台/人	玻璃水银温度计	0 ℃～200 ℃	1支/人

表 2　试剂材料

名称	规格	浓度/数量	名称	规格	浓度/数量
柴油		300 mL	无铅汽油		公用

(3)考核时量

90 分钟。

(4)考核标准

详见附录 17。

三、化学分析模块

1. 试题编号:T-3-1,脂松香酸值的测定

考核技能点编号:J-3-1

(1)任务描述

采用酸碱滴定法,完成脂松香酸值的测定,最终提交原始检验报告单。具体测定方法参照 GB/T 8146—2003。

①测定步骤。

准确称取去水脂松香粉末 2 g,精确至 0.000 2 g,置于洁净的锥形瓶中,加入中性乙醇 50 mL溶解(可水浴加热助溶,冷却),加入酚酞指示剂 5 滴,用 0.5 mol/L 的氢氧化钾标准溶液滴定至微红色 30 s 不褪色。记下体积 V。平行测定 3 次。

②数据处理。

酸值以氢氧化钾的质量分数 ω 计,单位 mg/g,数值以"‰"表示:

$$\omega = \frac{C \times V \times M}{m \times 1\,000} \times 100\%$$

式中:C—氢氧化钾标准滴定溶液的浓度,mol/L;V—滴定至指示剂变色时消耗氢氧化钾标准滴定溶液的体积,mL;M—氢氧化钾的摩尔质量,g/mol[$M(KOH)=56.11$];m—试样的质量,g。

酸值以氢氧化钾的平均质量分数为准。

$$\bar{\omega} = \frac{\omega_1 + \omega_2 + \omega_3}{3}$$

测定结果的相对平均偏差

$$\bar{d}_{\bar{x}} = \frac{\sum\limits_{i=1}^{n} |x_i - \bar{x}|}{n \times \bar{x}} \times 100\%$$

③数据记录。

原始数据记录表

次数 内容	1	2	3
称量瓶和样品的质量(g)(第一次读数)			
称量瓶和样品的质量(g)(第二次读数)			
样品的质量 m(g)			
滴定消耗氢氧化钾标准溶液的体积 V(mL)			
氢氧化钾标准溶液的浓度 C(mol/L)			
样品中酸值的量 ω(%)			
样品中酸值的平均含量 $\bar{\omega}$(%)			
测定结果的相对平均偏差 $\bar{d}_{\bar{x}}$(%)			

(2)实施条件。

①场地:天平室,化学分析检验室。

②仪器、试剂。

表 1　仪器设备

名称	规格	数量	名称	规格	数量
碱式滴定管	50 mL	1 支/人	量筒	5 mL	1 只/人
电子天平	万分之一	1 台/人	烧杯	100 mL	1 只/人
洗瓶	500 mL	1 只/人	锥形瓶	250 mL	3 只/人
玻璃仪器洗涤用具及其洗涤用试剂		公用	水浴锅		公用

表 2　试剂材料

名称	规格	浓度/数量	名称	规格	浓度/数量
氢氧化钾标准滴定溶液	浓度由考核点标定号	$C(KOH)=0.5$ mol/L 左右	酚酞指示剂		5 g/L
考核试样	脂松香		中性乙醇		500 mL

备注:未注明要求时,试剂均为 AR,水为国家规定的实验室三级用水规格

(3)考核时量

120 分钟。

(4)考核标准

详见附录 1。

2. 试题编号:T-3-2,草酸含量的测量

考核技能点编号:J-3-1

(1)任务描述

用酸碱滴定法测定草酸的含量,最终提交检验报告单。具体测定方法参照 GB/T 1626—2008。

①测定步骤。

称取 1 g 试样,准确至 0.000 2 g,置于 250 mL 锥形瓶中,加 30 mL 无二氧化碳的水溶解,加酚酞指示剂 2~3 滴,摇匀,用已标定的 NaOH 标准溶液滴定至溶液呈微红色,30 s 内不褪色,即为终点。平行测定 3 次。

②数据处理。

草酸的质量浓度 ω,数值以"%"表示:

$$\omega=\frac{C\times V\times M}{m\times 1\,000}\times 100\%$$

式中:C —NaOH 标准滴定溶液的浓度,mol/L;V —NaOH 标准滴定溶液的体积,mL;M —草酸的摩尔质量,g/mol[$M(H_2C_2O_4\cdot 2H_2O)=126.06$];$m$ —草酸样品的质量,g。

草酸平均质量分数

$$\bar{\omega}=\frac{\omega_1+\omega_2+\omega_3}{3}$$

测定结果的相对平均偏差

$$\bar{d}_{\bar{x}}=\frac{\sum\limits_{i=1}^{n}|x_i-\bar{x}|}{n\times\bar{x}}\times 100\%$$

③数据记录。

原始数据记录表

内容 \ 次数	1	2	3
称量瓶和样品的质量(g)(第一次读数)			
称量瓶和样品的质量(g)(第二次读数)			
样品的质量 m(g)			
滴定消耗氢氧化钠标准溶液的体积 V(mL)			
氢氧化钠标准溶液的浓度 C(mol/L)			
样品中草酸含量 ω(%)			
样品中草酸的平均含量 $\bar{\omega}$(%)			
测定结果的相对平均偏差 $\bar{d_x}$(%)			

(2)实施条件

①场地:天平室、化学分析检验室。

②仪器、试剂。

表1 仪器设备

名称	规格	数量	名称	规格	数量
碱式滴定管	50 mL	1支/人	烧杯	250 mL	1只/人
电子天平	万分之一	1台/人	量筒	100 mL	1只/人
洗瓶	500 mL	1只/人	锥形瓶	250 mL	3只/人
玻璃仪器洗涤用具及其洗涤用试剂		公用	滴管		1支/人

表2 试剂材料

名称	规格	浓度/数量	名称	规格	浓度/数量
氢氧化钠标准滴定溶液	浓度由考核点标定好	$C(NaOH)=0.5$ mol/L左右	酚酞指示剂		1%
考核试样	工业草酸		无 CO_2 水		200 mL

备注:未注明要求时,试剂均为AR,水为国家规定的实验室三级用水规格

(3)考核时量

120分钟。

(4)考核标准

详见附录1。

3. 试题编号:T-3-3,烟酸含量的测量

考核技能点编号:J-3-1

(1)任务描述

用酸碱滴定法测定烟酸的含量,最终提交检验报告单。具体测定方法参照 GB/T 7300—2006。

①测定步骤。

称取 0.3 g 试样,准确至 0.000 2 g,置于 250 mL 锥形瓶中,加新煮沸的无二氧化碳的水

50 mL 溶解，加酚酞指示剂 2～3 滴，摇匀，用已标定的 0.1 mol/L 的 NaOH 标准溶液滴定至溶液呈微红色，30 s 内不褪色，即为终点。平行测定 3 次。

②数据处理。

烟酸的质量浓度 ω，数值以"％"表示：

$$\omega = \frac{C \times V \times M}{m \times 1\,000} \times 100\%$$

式中：C—NaOH 标准滴定溶液的浓度，mol/L；V—NaOH 标准滴定溶液的体积，mL；M—烟酸的摩尔质量，g/mol[$M(C_6H_5NO_2) = 123.11$]；m—烟酸样品的质量，g。

烟酸平均质量分数

$$\bar{\omega} = \frac{\omega_1 + \omega_2 + \omega_3}{3}$$

测定结果的相对平均偏差

$$\bar{d}_{\bar{x}} = \frac{\sum\limits_{i=1}^{n} |x_i - \bar{x}|}{n \times \bar{x}} \times 100\%$$

③数据记录。

原始数据记录表

内容 \ 次数	1	2	3
称量瓶和样品的质量（第一次读数）(g)			
称量瓶和样品的质量（第二次读数）(g)			
样品的质量 m(g)			
滴定消耗氢氧化钠标准溶液的体积 V(mL)			
氢氧化钠标准溶液的浓度 C(mol/L)			
样品中烟酸含量 ω(%)			
样品中烟酸的平均含量 $\bar{\omega}$(%)			
测定结果的相对平均偏差 $\bar{d}_{\bar{x}}$(%)			

(2)实施条件

①场地：化学分析检验室。

②仪器、试剂。

表 1　仪器设备

名称	规格	数量	名称	规格	数量
碱式滴定管	50 mL	1 支/人	量筒	100 mL	1 只/人
锥形瓶	250 mL	3 只/人	烧杯	250 mL	1 只/人
洗瓶	500 mL	1 只/人	电子天平	万分之一	1 台/人
玻璃仪器洗涤用具及其洗涤用试剂		公用			

表 2　试剂材料

名称	规格	浓度/数量	名称	规格	浓度/数量
氢氧化钠标准滴定溶液	浓度由考核点标定好	$C(NaOH)=0.5$ mol/L 左右	酚酞指示剂		1%
考核试样	烟酸				

备注:未注明要求时,试剂均为 AR,水为国家规定的实验室三级用水规格

(3)考核时量

120 分钟。

(4)考核标准

详见附录 1。

4. 试题编号:T-3-4,食醋中总酸度的测定

考核技能点编号:J-3-1

(1)任务描述

用酸碱滴定法测定食醋中醋酸的含量,最终提交检验报告单。具体测定方法参照 GB 18187—2000。

①测定步骤。

用移液管从容量瓶中吸取稀释后的食醋试样 25.00 mL,转入至 250 mL 锥形瓶中,加蒸馏水 20 mL 左右,加酚酞指示剂 2~3 滴,摇匀,用已标定的 NaOH 标准溶液滴定至溶液呈微红色,30 s 内不褪色,即为终点。平行测定 3 次。

②数据处理。

食醋的质量体积浓度 ρ,数值以"g/100 mL"表示:

$$\rho = \frac{C \times V \times M}{V_S} \times 10$$

式中:C—NaOH 标准滴定溶液的浓度,mol/L;V—NaOH 标准滴定溶液的体积,mL;M—HAc 的摩尔质量,g/mol[$M(HAc)=60.05$];V_S—吸取食醋样品的体积,mL。

食醋中醋酸的平均含量 $\bar{\rho}$,数值以"g/100 mL"表示:

$$\bar{\rho} = \frac{\rho_1 + \rho_2 + \rho_3}{3}$$

测定结果的相对平均偏差

$$\bar{d}_{\bar{x}} = \frac{\sum\limits_{i=1}^{n} |x_i - \bar{x}|}{n \times \bar{x}} \times 100\%$$

③数据记录。

原始数据记录表

内容 \ 次数	1	2	3
吸取食醋的体积 V_S(mL)			
滴定消耗氢氧化钠标准溶液的体积 V(mL)			
氢氧化钠标准溶液的浓度 C(mol/L)			
食醋中醋酸的含量 ρ(g/L)			

续表

内容 \ 次数	1	2	3
食醋中醋酸的平均含量 $\bar{\rho}$(g/L)			
测定结果的相对平均偏差 $\bar{d}_{\bar{x}}$(%)			

（2）实施条件

①场地：化学分析检验室。

②仪器、试剂。

表 1　仪器设备

名称	规格	数量	名称	规格	数量
碱式滴定管	50 mL	1 支/人	移液管	25 mL	1 只/人
量筒	100 mL	1 只/人	烧杯	250 mL	1 只/人
容量瓶	250 mL	1 只/人	锥形瓶	250 mL	3 只/人
洗瓶	500 mL	1 只/人	玻璃仪器洗涤用具及其洗涤用试剂		公用

表 2　试剂材料

名称	规格	浓度/数量	名称	规格	浓度/数量
氢氧化钠标准滴定溶液	浓度由考核点标定好	$C(NaOH)=0.1$ mol/L 左右	酚酞指示剂		1%
考核试样	食醋				

备注：未注明要求时，试剂均为 AR，水为国家规定的实验室三级用水规格

（3）考核时量

120 分钟。

（4）考核标准

详见附录 2。

5. 试题编号：T-3-5，纯碱总碱量的测定

考核技能点编号：J-3-1

（1）任务描述

采用酸碱滴定法，完成纯碱的测定，最终提交原始检验报告单。具体测定方法参照 GB/T 4348.1—2013。

①测定步骤。

称取三份 0.17 g 于 250 ℃～270 ℃下加热至恒重的试样于 250 mL 锥形瓶中，精确至 0.000 2 g。置于锥形瓶中，用 50 mL 蒸馏水溶解试料，加 10 滴溴甲酚绿-甲基红混合指示液，用盐酸标准滴定溶液滴定至试验溶液由绿色变为暗红色。煮沸 2 min，冷却后继续滴定至暗红色，此时氯化氢消耗体积为 V。计算试样中碳酸钠含量，即为总碱度。测定的各次相对偏差应在±0.5% 以内。

②数据处理。

总碱量以碳酸钠的质量分数 ω 计，数值以"%"表示：

$$\omega = \frac{C \times V \times M}{m \times 1\,000} \times 100\%$$

式中:C—氯化氢标准滴定溶液的浓度,mol/L;V—滴定至指示剂变色时消耗 HCl 标准滴定溶液的体积,mL;M—碳酸钠的摩尔质量,g/mol[$M(\frac{1}{2}Na_2CO_3)=52.99$];$m$—试样的质量,g。

总碱量即碳酸钠的平均质量分数

$$\bar{\omega} = \frac{\omega_1 + \omega_2 + \omega_3}{3}$$

测定结果的相对平均偏差

$$\bar{d}_{\bar{x}} = \frac{\sum_{i=1}^{n} |x_i - \bar{x}|}{n \times \bar{x}} \times 100\%$$

③数据记录。

原始数据记录表

内容 \ 次数	1	2	3
称量瓶和样品的质量(g)(第一次读数)			
称量瓶和样品的质量(g)(第二次读数)			
样品的质量 m(g)			
滴定消耗盐酸标准溶液的体积(mL)			
盐酸标准溶液的浓度 C(mol/L)			
样品中碳酸钠的含量 ω(%)			
样品中碳酸钠的平均含量 $\bar{\omega}$(%)			
测定结果的相对平均偏差 $\bar{d}_{\bar{x}}$(%)			

(2)实施条件

①场地:天平室,化学分析检验室。

②仪器、试剂。

表1 仪器设备

名称	规格	数量	名称	规格	数量
酸式滴定管	50 mL	1 支/人	电子天平	万分之一	1 台/人
量筒	100 mL	1 只/人	烧杯	100 mL	1 只/人
电炉	1 000 W	1 只/人	锥形瓶	250 mL	3 只/人
玻璃仪器洗涤用具及其洗涤用试剂	公用		滴管		1 支/人
			洗瓶	500 mL	1 只/人

表2 试剂材料

名称	规格	浓度/数量	名称	规格	浓度/数量
盐酸标准滴定溶液	浓度由考核点标定好	$C(HCl)=0.1$ mol/L 左右	溴甲酚绿-甲基红指示剂		
考核试样	工业纯碱	5 g			

备注:未注明要求时,试剂均为 AR,水为国家规定的实验室三级用水规格

（3）考核时量

120 分钟。

（4）考核标准

详见附录 1。

6. 试题编号：T-3-6，阿司匹林（乙酰水杨酸）含量的测量

考核技能点编号：J-3-1

（1）任务描述

参考进出口化妆品检验标准 SN/T 2290—2009，完成阿司匹林含量的测定，最终提交阿司匹林原始检验报告单。

①测定步骤。

准确称取阿司匹林粉末 1.000 0 g，置于洁净的锥形瓶中，加入 20 mL 冷藏至 10 ℃以下的中性乙醇溶液，充分溶解样品，加入酚酞指示剂 2～3 滴，用 0.1 mol/L 的氢氧化钠标准溶液滴定至微红色 30 s 不褪色，记下体积 V。平行测定 3 次。

②数据处理。

乙酰水杨酸的质量分数 ω，数值以"%"表示：

$$\omega = \frac{C \times V \times M}{m \times 1\ 000} \times 100\%$$

式中：C—氢氧化钠标准滴定溶液的浓度，mol/L；V—滴定至指示剂变色时消耗氢氧化钠标准滴定溶液的体积，mL；M—乙酰水杨酸的摩尔质量，g/mol[$M(C_9H_8O_4)=180.16$]；m—试样的质量，g。

测定结果的平均质量分数

$$\bar{\omega} = \frac{\omega_1 + \omega_2 + \omega_3}{3}$$

测定结果的相对平均偏差

$$\bar{d}_{\bar{x}} = \frac{\sum\limits_{i=1}^{n} |x_i - \bar{x}|}{n \times \bar{x}} \times 100\%$$

③数据记录。

原始数据记录表

次数 内容	1	2	3
称量瓶和样品的质量(g)（第一次读数）			
称量瓶和样品的质量(g)（第二次读数）			
样品的质量 m(g)			
滴定消耗氢氧化钠标准溶液的体积(mL)			
氢氧化钠标准溶液的浓度 C(mol/L)			
样品中乙酰水杨酸的含量 w(%)			
样品中乙酰水杨酸的平均含量 $\bar{\omega}$(%)			
测定结果的相对平均偏差 $\bar{d}_{\bar{x}}$(%)			

（2）实施条件

①场地:天平室,化学分析检验室。

②仪器、试剂。

表 1　仪器设备

名称	规格	数量	名称	规格	数量
碱式滴定管	50 mL	1 支/人	电子天平	万分之一	1 台/人
量筒	50 mL	1 只/人	烧杯	100 mL	1 只/人
洗瓶	500 mL	1 只/人	锥形瓶	250 mL	3 只/人
玻璃仪器洗涤用具及其洗涤用试剂		公用			

表 2　试剂材料

名称	规格	浓度/数量	名称	规格	浓度/数量
氢氧化钠标准滴定溶液	浓度由考核点标定好	$C(NaOH)=0.1$ mol/L 左右	中性乙醇		95％
酚酞指示剂	1％		考核试样	阿司匹林	

备注:未注明要求时,试剂均为 AR,水为国家规定的实验室三级用水规格

(3)考核时量

120 分钟。

(4)考核标准

详见附录1。

7. 试题编号:T-3-7,工业氯化钙中碱度的测定

考核技能点编号:J-3-1

(1)任务描述

利用过量的盐酸与氢氧化钙反应,加热除去 CO_2,用氢氧化钠回滴过量的酸的方法,完成氯化钙中碱度的测定,最终提交检验报告单。具体测定方法参照 GB/T 23941—2009。

①测定步骤。

称取 10 g 试样,精确至 0.000 2 g,置于 250 mL 锥形瓶中,加适量蒸馏水溶解。加入 2～3 滴溴百里酚蓝指示剂,用滴定管加盐酸标准溶液中和至蓝色变黄色,并过量 5 mL,记下体积。加热煮沸 2 min,再加入 2 滴溴百里酚蓝指示剂,用氢氧化钠标准滴定溶液滴定至溶液由黄色变为蓝色,记下体积 V。平行测定 3 次。

②数据处理。

碱度以 $Ca(OH)_2$ 的质量分数 ω 计,数值以"％"表示:

$$\omega = \frac{(C_1 V_1 - C_2 V_2) \times M}{m \times 1\ 000} \times 100\%$$

式中:V_1—加入盐酸标准滴定溶液的体积,mL;C_1—加入盐酸标准滴定溶液的浓度,mol/L;V_2—消耗氢氧化钠标准滴定溶液的体积,mL;C_2—氢氧化钠标准滴定溶液的浓度,mol/L;M—氢氧化钙的摩尔质量,g/mol$[M \frac{1}{2} Ca(OH)_2 = 37.05]$;$m$—样品的质量,g。

测定结果的相对平均质量分数

$$\bar{\omega} = \frac{\omega_1 + \omega_2 + \omega_3}{3}$$

测定结果的相对平均偏差

$$\bar{d}_{\bar{x}} = \frac{\sum\limits_{i=1}^{n} |x_i - \bar{x}|}{n \times \bar{x}} \times 100\%$$

③数据记录。

原始数据记录表

内容 ＼ 次数	1	2	3
倾样前称量瓶加样品的质量(g)			
倾样后称量瓶加样品的质量(g)			
样品的质量(g)			
加入盐酸标准溶液体积 V_1(mL)			
加入盐酸标准溶液浓度 C_1(mol/L)			
滴定消耗氢氧化钠的体积 V_2(mL)			
氢氧化钠标准溶液的浓度 C_2(mol/L)			
碱度 ω(%)			
平均碱度 $\bar{\omega}$(%)			
测定结果的相对平均偏差 $\bar{d}_{\bar{x}}$(%)			

(2)实施条件

①场地：天平室、化学分析检验室。

②仪器、试剂。

表1　仪器设备

名称	规格	数量	名称	规格	数量
碱式滴定管	50 mL	1支/人	锥形瓶	250 mL	3只/人
酸式滴定管	50 mL	1支/人	量筒	50 mL	1只/人
电子天平	万分之一	1台/人	玻璃仪器洗涤用具及其洗涤用试剂		公用
电炉		公用			

表2　试剂材料

名称	规格	浓度/数量	名称	规格	浓度/数量
氢氧化钠标准滴定溶液	浓度由考核点标定好	0.1 mol/L	溴百里酚蓝		1 g/L
盐酸标准滴定溶液	浓度由考核点标定好	0.1 mol/L	考核试样	工业氯化钙	50 g
备注：未注明要求时,试剂均为AR,水为国家规定的实验室三级用水规格					

(3)考核时量

120分钟。

(4)考核标准

详见附录1。

8. 试题编号:T-3-8,硫酸浓度的测定

考核技能点编号:J-3-1

(1)任务描述

采用酸碱滴定法,完成硫酸浓度的测定,最终提交样品检验报告单。具体测定方法参照GB/T 1250—2014。

①测定步骤。

用滴瓶差减法准确称取0.7 g浓硫酸,置于已经装有50 mL蒸馏水的锥形瓶中,冷却至室温,加2~3滴甲基红-次甲基蓝混合指示剂,用0.1 mol/L的氢氧化钠标准滴定溶液滴定至溶液呈灰绿色为终点。记录滴定管读数V。平行测定3次。

②数据处理。

硫酸的质量分数 ω

$$\omega = \frac{C \times V \times M}{m \times 1\,000} \times 100\%$$

式中:C—氢氧化钠标准滴定溶液浓度,(mol/L);V—滴定耗用的氢氧化钠标准滴定溶液的体积的数值,单位为毫升(mL);m—试料的质量的数值,g;M—硫酸的摩尔质量,g/mol[$M(\frac{1}{2}H_2SO_4) = 49.03$]。

硫酸的平均质量分数

$$\bar{\omega} = \frac{\omega_1 + \omega_2 + \omega_3}{3}$$

测定结果的相对平均偏差

$$\bar{d}_{\bar{x}} = \frac{\sum\limits_{i=1}^{n} |x_i - \bar{x}|}{n \times \bar{x}} \times 100\%$$

③数据记录。

原始数据记录表

次数 内容	1	2	3
称量滴瓶和样品的质量(g)(第一次读数)			
称量滴瓶和样品的质量(g)(第二次读数)			
样品的质量 m(g)			
滴定消耗氢氧化钠标准溶液的体积 V(mL)			
氢氧化钠标准溶液的浓度 C(mol/L)			
样品中硫酸的含量 ω(%)			
样品中硫酸的平均含量 $\bar{\omega}$(%)			
测定结果的相对平均偏差 $\bar{d}_{\bar{x}}$(%)			

(2)实施条件

①场地:天平室、化学分析检验室。

②仪器、试剂。

表 1　仪器设备

名称	规格	数量	名称	规格	数量
碱式滴定管	50 mL	1 支/人	滴瓶	30 mL	1 只/人
量筒	50 mL	1 只/人	烧杯	100 mL	1 只/人
洗瓶	500 mL	1 只/人	锥形瓶	250 mL	3 只/人
电子天平	万分之一	1 台/人	玻璃仪器洗涤用具及其洗涤用试剂		公用

表 2　试剂材料

名称	规格	浓度/数量	名称	规格	浓度/数量
氢氧化钠标准溶液	浓度由考核点标定好	0.1 mol/L	甲基红-次甲基蓝混合指示剂		
考核试样	工业硫酸				

备注:未注明要求时,试剂均为 AR,水为国家规定的实验室三级用水规格

(3)考核时量

120 分钟。

(4)考核标准

详见附录 1。

9. 试题编号:T-3-9,烧碱浓度的测定

考核技能点编号:J-3-1

(1)任务描述

采用酸碱滴定法,完成碱浓度的测定,最终提交原始检验报告单。具体测定方法参照 GB/T 4348.1—2013。

①测定步骤。

用吸量管准确吸取试样 1~4 mL 于三角烧瓶中,加入约 50 mL 蒸馏水,混合均匀,加入 2~3 滴 1 g/L 的酚酞指示剂。用 0.5 mol/L 的硫酸标准溶液滴定至溶液颜色由红色变为无色作为终点,记下硫酸消耗体积 V。平行测定 3 次。

②数据处理。

氢氧化钠的浓度以质量浓度 ρ 计,数值以 g/L 表示:

$$\rho = \frac{C \times V \times M}{V}$$

式中:C—硫酸标准溶液的浓度的数值,mol/L;V—滴定消耗的硫酸标准溶液的体积,mL;V—被测试样体积,mL;M—氢氧化钠的摩尔质量,g/mol[$M(\text{NaOH}) = 40.00$]。

测定结果的平均质量浓度 $\bar{\rho}$

$$\bar{\rho} = \frac{\rho_1 + \rho_2 + \rho_3}{3}$$

测定结果的相对平均偏差

$$\bar{d}_{\bar{x}} = \frac{\sum\limits_{i=1}^{n} |x_i - \bar{x}|}{n \times \bar{x}} \times 100\%$$

③数据记录。

原始数据记录表

内容 \ 次数	1	2	3
移取烧碱的体积(mL)			
滴定消耗硫酸标准溶液的体积 V(mL)			
硫酸标准溶液的浓度 C(mol/L)			
样品中氢氧化钠的含量 ρ(%)			
样品中氢氧化钠的平均含量 $\bar{\rho}$(%)			
测定结果的相对平均偏差 $\bar{d}_x$(%)			

(2)实施条件

①场地:化学分析检验室。

②仪器、试剂。

表1　仪器设备

名称	规格	数量	名称	规格	数量
酸式滴定管	50 mL	1 支/人	刻度吸量管	5 mL	1 支/人
量筒	50 mL	1 只/人	烧杯	100 mL	1 只/人
玻璃仪器洗涤用具及其洗涤用试剂		公用			

表2　试剂材料

名称	规格	浓度/数量	名称	规格	浓度/数量
考核试样	工业烧碱		酚酞指示剂		1 g/L
硫酸标准溶液	浓度由考核点标定好	0.5 mol/L			

备注:未注明要求时,试剂均为AR,水为国家规定的实验室三级用水规格

(3)考核时量

120 分钟。

(4)考核标准

详见附录2。

10. 试题编号:T-3-10,铵盐中氮含量的测定(甲醛法)

考核技能点编号:J-3-1

(1)任务描述

利用弱酸强化的原理,将 NH_4^+ 转化成较强的酸,用已标定的 NaOH 溶液对其进行滴定,利用强碱滴弱酸的酸碱滴定法,完成铵盐中氮含量的测定,最终提交铵盐原始检验报告单。具体测定方法参照 GB/T 3600—2000。

①测定步骤。

称取 1 g 试样,精确至 0.000 2 g,置于 250 mL 锥形瓶中,加 100～120 mL 水溶解,加 15 mL甲醛溶液至试样溶液中,混匀,放置 5 min,再加入 3 滴酚酞指示液,用氢氧化钠标准滴定溶液滴定至酚酞的红色褪去(pH=8.5),记下体积 V。

空白试验:在测定的同时,除不加试样外,按测定完全相同的分析步骤、试剂和用量进行平行操作。再加 1 滴甲基红指示液,观察颜色,如成酸性,用氢氧化钠标准滴定溶液滴定至为橙

色,体积为 V_0。平行测定 3 次。

②数据处理。

氨态氮含量 ω 按下式计算

$$\omega = \frac{C \times (V - V_0) \times M}{m \times 1\,000} \times 100\%$$

式中:V—滴定试样用去氢氧化钠标准滴定溶液的体积,mL;V_0—空白试验用去氢氧化钠标准滴定溶液的体积,mL;C—氢氧化钠标准滴定溶液的浓度,mol/L;m—试样的质量,g;M—氮的摩尔质量,g/mol[$M(\text{N}) = 14.01$]。

测定结果的平均含量

$$\bar{\omega} = \frac{\omega_1 + \omega_2 + \omega_3}{3}$$

测定结果的相对平均偏差

$$\bar{d}_{\bar{x}} = \frac{\displaystyle\sum_{i=1}^{n} |x_i - \bar{x}|}{n \times \bar{x}} \times 100\%$$

③数据记录。

原始数据记录表

次数 内容	1	2	3
倾样前称量瓶加样品的质量(g)			
倾样后称量瓶加样品的质量(g)			
样品的质量 m(g)			
滴定消耗氢氧化钠的体积 V(mL)			
氢氧化钠标准溶液的浓度 C(mol/L)			
铵盐中氮的含量 ω(%)			
铵盐中氮的平均含量 $\bar{\omega}$(%)			
测定结果的相对平均偏差 $\bar{d}_{\bar{x}}$(%)			

(2)实施条件

①场地:天平室、化学分析检验室。

②仪器、试剂。

表 1　仪器设备

名称	规格	数量	名称	规格	数量
碱式滴定管	50 mL	1 支/人	锥形瓶	250 mL	4 只/人
量筒	100 mL	1 只/人	烧杯	250 mL	1 只/人
玻璃仪器洗涤用具及 其洗涤用试剂		公用	量筒	20 mL	1 只/人
			电子天平	万分之一	1 台/人

表 2　试剂材料

名称	规格	浓度/数量	名称	规格	浓度/数量
氢氧化钠标准滴定溶液	浓度由考核点标定好	0.1 mol/L	酚酞指示剂		10 g/L
考核试样	工业硫酸铵	20 g	甲基红指示剂		1 g/L
			甲醛溶液		250 g/L

备注:未注明要求时,试剂均为 AR,水为国家规定的实验室三级用水规格

(3)考核时量

120 分钟。

(4)考核标准

详见附录 1。

11. 试题编号:T-3-11,过氧化氢中游离酸含量的测定

考核技能点编号:J-3-1

(1)任务描述

采用酸碱滴定法,完成过氧化氢中游离酸含量的测定,提交原始检验报告单。具体测定方法参照 GB 1616—2014。

①测定步骤。

准确称取约 3.0 g 试样,精确至 0.000 2 g,置于已经装有 100 mL 不含二氧化碳的水的锥形瓶中,加入 2~3 滴甲基红-次甲基蓝混合指示剂,用氢氧化钠标准滴定溶液滴定至溶液由紫红色变为暗蓝色即为终点,记下体积 V,平行测定 3 次。

②数据处理。

游离酸(以 H_2SO_4 计)的质量分数 ω,数值以%表示:

$$\omega = \frac{V \times C \times M}{m \times 1\,000} \times 100\%$$

式中:V—滴定所消耗的氢氧化钠标准溶液的体积,(mL);C—氢氧化钠标准溶液浓度,(mol / L);m—试样的质量,g;M—硫酸的摩尔质量,g / mol $[M(\frac{1}{2}H_2SO_4) = 49.03]$。

测定结果的平均质量分数

$$\bar{\omega} = \frac{\omega_1 + \omega_2 + \omega_3}{3}$$

测定结果的相对平均偏差

$$\bar{d}_{\bar{x}} = \frac{\sum_{i=1}^{n} |x_i - \bar{x}|}{n \times \bar{x}} \times 100\%$$

③数据记录。

原始数据记录表

内容	次数		
	1	2	3
称量滴瓶和样品的质量(g)(第一次读数)			
称量滴瓶和样品的质量(g)(第二次读数)			
样品的质量 m(g)			

续表

内容 / 次数	1	2	3
滴定消耗氢氧化钠的体积 V(mL)			
氢氧化钠标准溶液的浓度 C(mol/L)			
样品中相当于硫酸的含量 ω(%)			
样品中相当于硫酸的平均含量 $\bar{\omega}$(%)			
测定结果的相对平均偏差 $\bar{d}_{\bar{x}}$(%)			

(2)实施条件

①场地:天平室,化学分析检验室。

②仪器、试剂。

表1 仪器设备

名称	规格	数量	名称	规格	数量
微量滴定管	分度值0.02 mL	1支/人	锥形瓶	250 mL	3只/人
量筒	100 mL	1只/人	烧杯	200 mL	1只/人
玻璃仪器洗涤用具及洗涤用试剂		公用	电子天平	万分之一	1台/人

表2 试剂材料

名称	规格	浓度/数量	名称	规格	浓度/数量
氢氧化钠标准滴定溶液	浓度由考核点标定	C(NaOH)=0.1 mol/L 左右	甲基红-次甲基蓝混合指示剂		
考核试样	双氧水				
备注:未注明要求时,试剂均为AR,水为国家规定的实验室三级用水规格					

(3)考核时量

120分钟。

(4)考核标准

详见附录1。

12. 试题编号:T-3-12,硼酸纯度的测定

考核技能点编号:J-3-1

(1)任务描述

利用强化法测定硼酸含量,最终提交硼酸纯度测定的检验报告单。具体测定方法参照GB/T 12684—2006。

①测定步骤。

准确称取预先在硫酸干燥中干燥好的硼酸样品0.2 g于锥形瓶中,加入中性甘油20 mL,微热使样品溶解,迅速冷却至室温,加酚酞指示剂2滴,用NaOH标准溶液滴定至浅粉红,再加3 mL中性甘油,粉红色不变为终点。平行测定3次。

②数据处理。

硼酸的质量浓度 ω,数值以"%"表示:

$$\omega = \frac{C \times V \times M}{m \times 1\,000} \times 100\%$$

式中：C—氢氧化钠标准滴定溶液的浓度，mol/L；V—氢氧化钠标准滴定溶液的体积，mL；M—硼酸的摩尔质量，g/mol[$M(H_3BO_3)=61.83$]；m—称取硼酸样品的质量，g。

测定结果的平均质量分数

$$\bar{\omega} = \frac{\omega_1 + \omega_2 + \omega_3}{3}$$

测定结果的相对平均偏差

$$\bar{d}_{\bar{x}} = \frac{\sum\limits_{i=1}^{n} |x_i - \bar{x}|}{n \times \bar{x}} \times 100\%$$

③数据记录。

原始数据记录表

次数 内容	1	2	3
倾样前称量瓶加样品的质量(g)			
倾样后称量瓶加样品的质量(g)			
样品的质量 m(g)			
滴定消耗氢氧化钠的体积 V(mL)			
氢氧化钠标准溶液的浓度 C(mol/L)			
硼酸的含量 ω(%)			
硼酸的平均含量 $\bar{\omega}$(%)			
测定结果的相对平均偏差 $\bar{d}_{\bar{x}}$(%)			

(2)实施条件

①场地：天平室、化学分析检验室。

②仪器、试剂。

表1　仪器设备

名称	规格	数量	名称	规格	数量
碱式滴定管	50 mL	1 支/人	洗瓶	500 mL	1 只/人
量筒	20 mL	1 只/人	烧杯	250 mL	1 只/人
电子天平	万分之一	1 台/人	锥形瓶	250 mL	3 只/人
电炉		公用	玻璃仪器洗涤用具 及其洗涤用试剂		公用

表2　试剂材料

名称	规格	浓度/数量	名称	规格	浓度/数量
氢氧化钠 标准滴定溶液	浓度由考核 点标定好	$C(NaOH)=0.1$ mol/L 左右	酚酞指示剂		1%
考核试样	工业硼酸		中性甘油		1+1
备注：未注明要求时，试剂均为 AR，水为国家规定的实验室三级用水规格					

(3)考核时量

120 分钟。

(4)考核标准

详见附录 1。

13. 试题编号:T-3-13,蛋壳粉中碳酸钙含量的测定

考核技能点编号:J-3-1

(1)任务描述

利用返滴定法测定提交蛋壳粉中碳酸钙含量,并提交检验报告单。

①测定步骤。

准确称取 80~100 目的干燥蛋壳粉 0.09~0.11 g 于锥形瓶中,用滴定管逐滴加入盐酸标准溶液 40.00 mL,并放置 30 min,加入甲基橙指示剂 2 滴,用氢氧化钠标准溶液回滴至溶液由红色刚好变成黄色。平行测定 3 次。

②数据处理。

蛋壳粉中碳酸钙含量 ω,数值以"%"表示:

$$\omega = \frac{(C_1 V_1 - C_2 V_2) \times 10^{-3} \times M}{m} \times 100\%$$

式中:C_1—盐酸标准滴定溶液的浓度,mol/L;V_1—盐酸标准滴定溶液的体积,mL;C_2—氢氧化钠标准滴定溶液的浓度,mo/L;V_2—氢氧化钠标准滴定溶液的体积,mL;M—碳酸钙的摩尔质量,g/mol[$M(\frac{1}{2}CaCO_3) = 50.04$];$m$—称取蛋壳粉样品的质量,g。

测定结果的平均含量

$$\bar{\omega} = \frac{\omega_1 + \omega_2 + \omega_3}{3}$$

测定结果的相对平均偏差

$$\bar{d}_{\bar{x}} = \frac{\sum_{i=1}^{n} |x_i - \bar{x}|}{n \times \bar{x}} \times 100\%$$

③数据记录。

原始数据记录表

内容 　　　　　　次数	1	2	3
倾样前称量瓶加样品的质量(g)			
倾样后称量瓶加样品的质量(g)			
样品的质量 m(g)			
加入盐酸标准溶液的体积 V_1(mL)			
盐酸的标准溶液浓度 C_1(mol/L)			
滴定消耗氢氧化钠的体积 V_2(mL)			
氢氧化钠标准溶液的浓度 C(mol/L)			
蛋壳粉中碳酸钙的含量 ω(%)			

续表

内容 \ 次数	1	2	3
蛋壳粉中碳酸钙平均含量 $\bar{\omega}$(%)			
测定结果的相对平均偏差 $\bar{d}_{\bar{x}}$(%)			

（2）实施条件

①场地：天平室、化学分析检验室。

②仪器、试剂。

表1　仪器设备

名称	规格	数量	名称	规格	数量
碱式滴定管	50 mL	1支/人	酸式滴定管	50 mL	1支/人
锥形瓶	250 mL	3只/人	洗瓶	500 mL	1只/人
电子天平	万分之一	公用	玻璃仪器洗涤用具及其洗涤用试剂		公用

表2　试剂材料

名称	规格	浓度/数量	名称	规格	浓度/数量
氢氧化钠标准滴定溶液	浓度由考核点标定好	$C(NaOH)=0.1$ mol/L左右	甲基橙指示剂		1%
盐酸标准溶液	浓度由考核点标定好	$C(HCl)=0.1$ mol/L左右	考核试样	蛋壳粉	

备注：未注明要求时，试剂均为AR，水为国家规定的实验室三级用水规格

（3）考核时量

120分钟。

（4）考核标准

详见附录1。

14. 试题编号：T-3-14，一水合柠檬酸（柠檬酸）的测定

考核技能点编号：J-3-1

（1）任务描述

利用酸碱滴定法测定柠檬酸的含量，提交柠檬酸测定的检验报告单。具体测定方法参照GB/T 8269—2006。

①测定步骤。

准确称取2.5 g样品，置于锥形瓶中，加入100 mL蒸馏水溶解，加2滴酚酞指示剂，用1 mol/L的氢氧化钠标准溶液滴定至溶液呈粉红色，保持3 min不变。平行测定3次。

②数据处理。

柠檬酸的质量浓度 ω，数值以"%"表示：

$$\omega = \frac{C \times V \times M}{m \times 1\ 000} \times 100\%$$

式中：C—氢氧化钠标准滴定溶液的浓度，mol/L；V—氢氧化钠标准滴定溶液的体积，mL；

M—柠檬酸的摩尔质量,g/mol$[M(\frac{1}{3}C_6H_8O_7)=64.04]$;$m$—称取样品的质量,g。

测定结果的平均含量

$$\bar{\omega}=\frac{\omega_1+\omega_2+\omega_3}{3}$$

测定结果的相对平均偏差

$$\bar{d}_{\bar{x}}=\frac{\sum\limits_{i=1}^{n}|x_i-\bar{x}|}{n\times\bar{x}}\times100\%$$

③数据记录。

原始数据记录表

内容 \ 次数	1	2	3
称量瓶和样品的质量(g)(第一次读数)			
称量瓶和样品的质量(g)(第二次读数)			
样品的质量 m(g)			
滴定消耗氢氧化钠标准溶液的体积 V(mL)			
氢氧化钠标准溶液的浓度 C(mol/L)			
样品中柠檬酸的含量 ω(%)			
样品中柠檬酸的平均含量 $\bar{\omega}$(%)			
测定结果的相对平均偏差 $\bar{d}_{\bar{x}}$(%)			

(2)实施条件

①场地:天平室、化学分析检验室。

②仪器、试剂。

表1 仪器设备

名称	规格	数量	名称	规格	数量
碱式滴定管	50 mL	1 支/人	洗瓶	500 mL	1 只/人
量筒	100 mL	1 只/人	锥形瓶	250 mL	3 只/人
电子天平	万分之一	公用	玻璃仪器洗涤用具及其洗涤用试剂		公用

表2 试剂材料

名称	规格	浓度/数量	名称	规格	浓度/数量
氢氧化钠标准滴定溶液	浓度由考核点标定好	$C(NaOH)=1.0$ mol/L 左右	酚酞指示剂		1 g/L
考核试样	柠檬酸				
备注:未注明要求时,试剂均为 AR,水为国家规定的实验室三级用水规格					

(3)考核时量

120 分钟。

(4)考核标准

详见附录1。

15. 试题编号：T-3-15，碳酸钡含量的测量

考核技能点编号：J-3-1

(1)任务描述

利用酸碱滴定法完成碳酸钡含量的测定，最终提交碳酸钡检验报告单。具体测定方法参照 GB 1614—2011。

①测定步骤。

准确称取 2.5 g 碳酸钡样品于锥形瓶中，加入 100 mL 蒸馏水，50.00 mL 盐酸标准溶液(1.0 mol/L)，摇动至样品全部溶解，加入 2 滴甲基橙(1 g/L)指示剂，用氢氧化钠标准溶液(1.0 mol/L)滴定至溶液呈黄色。平行测定 3 次。

②数据处理。

碳酸钡的质量分数 ω，数值以"%"表示：

$$\omega = \frac{(50.00 \times C_1 - V_2 \times C_2) \times M}{m \times 1\,000} \times 100\%$$

式中：50.00—盐酸标准溶液的体积，(mL)；C_1—盐酸标准滴定溶液的浓度，mol/L；V_2—消耗氢氧化钠标准滴定溶液的体积，mL；C_2—氢氧化钠标准滴定溶液的浓度，mol/L；M—碳酸钡的摩尔质量，g/mol[$M(\frac{1}{2}BaCO_3)=98.67$]；$m$—试样的质量，g。

测定结果的平均含量

$$\bar{\omega} = \frac{\omega_1 + \omega_2 + \omega_3}{3}$$

测定结果的相对平均偏差

$$\bar{d}_{\bar{x}} = \frac{\sum\limits_{i=1}^{n} |x_i - \bar{x}|}{n \times \bar{x}} \times 100\%$$

③数据记录。

原始数据记录表

内容 \\ 次数	1	2	3
称量瓶和样品的质量(g)(第一次读数)			
称量瓶和样品的质量(g)(第二次读数)			
样品的质量 m(g)			
加入盐酸标准溶液体积 V_1(mL)			
盐酸标准溶液的浓度 C(mol/L)			
滴定消耗氢氧化钠标准溶液的体积 V_2(mL)			
氢氧化钠标准溶液的浓度 C(mol/L)			
样品中碳酸钡的含量 ω(%)			
样品中碳酸钡的平均含量 $\bar{\omega}$(%)			
测定结果的相对平均偏差 $\bar{d}_{\bar{x}}$(%)			

（2）实施条件

①场地：天平室，化学分析检验室。

②仪器、试剂。

表1　仪器设备

名称	规格	数量	名称	规格	数量
碱式滴定管	50 mL	1支/人	量筒	100 mL	1只/人
酸式滴定管	50 mL	1支/人	烧杯	100 mL	1只/人
洗瓶	500 mL	1只/人	锥形瓶	250 mL	3只/人
电子天平	万分之一	1台/人	玻璃仪器洗涤用具及其洗涤用试剂		公用

表2　试剂材料

名称	规格	浓度/数量	名称	规格	浓度/数量
氢氧化钠标准滴定溶液	浓度由考核点标定好	$C(NaOH)=1.0$ mol/L左右	考核试样	碳酸钠	
盐酸标准滴定溶液	浓度由考核点标定好	$C(HCl)=1.0$ mol/L左右	甲基橙指示剂		1 g/L

备注：未注明要求时，试剂均为AR，水为国家规定的实验室三级用水规格

（3）考核时量

120分钟。

（4）考核标准

详见附录1。

16. 试题编号：T-3-16，盐酸浓度的测定

考核技能点编号：J-3-1

（1）任务描述

采用酸碱滴定法，完成盐酸浓度的测定，最终提交样品原始记录检验报告单。具体测定方法参照 GB 320—2006。

①测定步骤。

用滴瓶称取 3 g 盐酸样品，精确至 0.000 2 g，加入已经装有 50 mL 蒸馏水的具塞锥形瓶中，轻轻摇动，冷却，加入2滴甲基红指示剂，用氢氧化钠标准溶液（1 mol/L）滴定至红色变为橙色。平行测定3次。

②数据处理。

盐酸的质量分数 ω，数值以"%"表示：

$$\omega = \frac{C \times V \times M}{m \times 1\,000} \times 100\%$$

式中：V—消耗氢氧化钠标准滴定溶液的体积，mL；C—氢氧化钠标准滴定溶液的浓度，mol/L；M—盐酸的摩尔质量，g/mol[$M(HCl)=36.46$]；m—样品的质量，g。

测定结果的平均含量（%）

$$\bar{\omega} = \frac{\omega_1 + \omega_2 + \omega_3}{3}$$

测定结果的相对平均偏差

$$\overline{d}_{\overline{x}} = \frac{\sum\limits_{i=1}^{n} \mid x_i - \overline{x} \mid}{n \times \overline{x}} \times 100\%$$

③数据记录。

原始数据记录表

次数 内容	1	2	3
称量瓶和样品的质量(g)(第一次读数)			
称量瓶和样品的质量(g)(第二次读数)			
样品的质量 m(g)			
滴定消耗氢氧化钠标准溶液的体积 V(mL)			
氢氧化钠标准溶液的浓度 C(mol/L)			
样品中盐酸的含量 ω(%)			
样品中盐酸的平均含量 $\overline{\omega}$(%)			
测定结果的相对平均偏差 $\overline{d}_{\overline{x}}$(%)			

(2)实施条件

①场地:天平室、化学分析检验室。

②仪器、试剂。

表1　仪器设备

名称	规格	数量	名称	规格	数量
碱式滴定管	50 mL	1 支/人	烧杯	100 mL	1 只/人
量筒	50 mL	1 只/人	具塞锥形瓶	250 mL	3 只/人
洗瓶	500 mL	1 只/人	滴瓶	30 mL	1 只/人
电子天平	万分之一	公用	玻璃仪器洗涤用具 及其洗涤用试剂		公用

表2　试剂材料

名称	规格	浓度/数量	名称	规格	浓度/数量
氢氧化钠标准溶液	浓度由考核 点标定好	1 mol/L	甲基红指示剂		1 g/L

备注:未注明要求时,试剂均为 AR,水为国家规定的实验室三级用水规格

(3)考核时量

120 分钟。

(4)考核标准

详见附录1。

17. 试题编号:T-3-17,五氧化二磷含量的测定

考核技能点编号:J-3-1

(1)任务描述

采用酸碱滴定法,完成五氧化二磷含量的测定,最终提交原始检验报告单。具体测定方法

参照 GB/T 2305—2000。

①测定步骤。

用差减法准确称量五氧化二磷样品 1 g,精确至 0.000 2 g,置于已经加入 150 mL 蒸馏水的锥形瓶中,加入一漏斗,加热 15 min,冷却。加入 5 滴百里香酚酞(1 g/L)指示剂,用氢氧化钠标准溶液(1 mol/L)滴定至溶液颜色为蓝色。平行测定 3 次。

②数据处理。

五氧化二磷含量以质量浓度 ω 计,数值以"%"表示:

$$\omega = \frac{C \times V \times M}{m \times 1\,000} \times 100\%$$

式中:V—消耗氢氧化钠标准滴定溶液的体积,mL;C—氢氧化钠标准滴定溶液的浓度,mol/L;M—五氧化二磷的摩尔质量,g/mol[$M(\frac{1}{4}P_2O_5) = 35.49$];$m$—样品的质量,g。

测定结果的平均含量

$$\bar{\omega} = \frac{\omega_1 + \omega_2 + \omega_3}{3}$$

测定结果的相对平均偏差

$$\bar{d}_{\bar{x}} = \frac{\sum\limits_{i=1}^{n} |x_i - \bar{x}|}{n \times \bar{x}} \times 100\%$$

③数据记录。

原始数据记录表

次数 内容	1	2	3
称量瓶和样品的质量(g)(第一次读数)			
称量瓶和样品的质量(g)(第二次读数)			
样品的质量 m(g)			
滴定消耗氢氧化钠标准溶液的体积 V(mL)			
氢氧化钠标准溶液的浓度 C(mol/L)			
样品中五氧化二磷的含量 ω(%)			
样品中五氧化二磷的平均含量 $\bar{\omega}$(%)			
测定结果的相对平均偏差 $\bar{d}_{\bar{x}}$(%)			

(2)实施条件

①场地:天平室、化学分析检验室。

②仪器、试剂。

表 1　仪器设备

名称	规格	数量	名称	规格	数量
酸式滴定管	50 mL	1 支/人	锥形瓶	300 mL	3 只/人
电子天平	万分之一	1 台/人	漏斗	300 mL	3 个
量筒	100 mL	1 只/人	玻璃仪器洗涤用具及其洗涤用试剂		公用
电炉	1 000 W	公用			

表2 试剂材料

名称	规格	浓度/数量	名称	规格	浓度/数量
氢氧化钠标准溶液	浓度由考核点标定好	1 mol/L	百里香酚酞指示剂		1 g/L
			考核试样	五氧化二磷	

备注:未注明要求时,试剂均为AR,水为国家规定的实验室三级用水规格

(3)考核时量

120分钟。

(4)考核标准

详见附录1。

18. 试题编号:T-3-18,混合碱(NaOH，Na₂CO₃)含量的测定

考核技能点编号:J-3-2

(1)任务描述

采用双指示剂法完成混合碱(NaOH,Na₂CO₃)含量的测定,提交原始检验报告单。

①混合碱样品的处理。

在天平上准确称取1.5～2.0 g被测样品于烧杯中,用去离子水溶解,用玻璃棒引流转入250 mL容量瓶中,洗涤烧杯5～8次,洗液一并转入容量瓶,用去离子水定容,摇匀。

②混合碱样品的测定。

用移液管移取处理好的混合碱溶液25.00 mL,置于锥形瓶中,加入去离子水50 mL,加入酚酞指示剂2滴,用HCl标准溶液滴定至终点由红色刚好褪色,记下体积V_1;再加入甲基橙指示剂2滴,滴定管调零,在同一个锥形瓶中继续滴定,终点由黄色变为橙色,记下体积V_2。平行测定3次。

③数据处理。

碳酸钠质量分数ω_1,氢氧化钠质量分数ω_2,用%表示

$$\omega_1 = \frac{C \times 2V_2 \times M_1}{m \times \dfrac{25}{250} \times 1\,000} \times 100\%$$

$$\omega_2 = \frac{C \times (V_1 - V_2) \times M_2}{m \times \dfrac{25}{250} \times 1\,000} \times 100\%$$

式中:V_1—用酚酞作指示剂时消耗盐酸标准滴定溶液的体积,mL;V_2—用甲基橙作指示剂时消耗盐酸标准滴定溶液的体积,mL;C—盐酸标准滴定溶液的浓度,mol/L;M_1—碳酸钠的摩尔质量,g/mol[$M(\frac{1}{2}Na_2CO_3)=53.00$];$M_2$—氢氧化钠的摩尔质量,g/mol[$M(NaOH)=40.00$];$m$—混合碱样品的质量,g。

测定结果的平均含量

$$\bar{\omega} = \frac{\omega_1 + \omega_2 + \omega_3}{3}$$

测定结果的相对平均偏差

$$\bar{d}_{\bar{x}} = \frac{\sum\limits_{i=1}^{n} |x_i - \bar{x}|}{n \times \bar{x}} \times 100\%$$

③数据记录。

原始数据记录表

内容 \ 次数	1	2	3
称量瓶和样品的质量(g)(第一次读数)			
称量瓶和样品的质量(g)(第二次读数)			
样品的质量 m(g)			
盐酸浓度 C(mol/L)			
第一次滴定消耗盐酸标准溶液的体积 V_1(mL)			
第二次滴定消耗盐酸标准溶液的体积 V_2(mL)			
碳酸钠的质量分数 ω_1(%)			
氢氧化钠的质量分数 ω_2(%)			
碳酸钠的平均质量分数(%)			
氢氧化钠的平均质量分数(%)			
碳酸钠测定结果的相对平均偏差 $\bar{d}_x$(%)			
氢氧化钠测定结果的相对平均偏差 $\bar{d}_x$(%)			

(2)实施条件

①场地:天平室,化学分析检验室。

②仪器、试剂。

表1　仪器设备

名称	规格	数量	名称	规格	数量
酸式滴定管	50 mL	1支/人	移液管	25 mL	1支/人
量筒	50 mL	1只/人	烧杯	100 mL	1只/人
洗瓶	500 mL	1只/人	锥形瓶	250 mL	3只/人
玻璃仪器洗涤用具及其洗涤用试剂		公用	容量瓶	250 mL	1只/人
			电子天平	万分之一	1台/人

表2　试剂材料

名称	规格	浓度/数量	名称	规格	浓度/数量
氯化氢标准滴定溶液	浓度由考核点标定好	C(HCl)=0.1 mol/L 左右	甲基橙指示剂		1 g/L
考核试样	烧碱	6~8 g/L	酚酞指示剂		1 g/L
备注:未注明要求时,试剂均为 AR,水为国家规定的实验室三级用水规格					

(3)考核时量

150分钟。

(4)考核标准

详见附录8。

19. 试题编号:T-3-19,混合酸中盐酸、醋酸的分别测定

考核技能点编号:J-3-2

(1)任务描述

根据盐酸醋酸不同的反应终点 pH 值,利用双指示剂法测定混合酸中的盐酸和醋酸含量。最终提交检验报告单。

①测定步骤。

准确移取混合酸 25.00 mL 置于 250 mL 容量瓶中,加蒸馏水至刻度,摇匀。移取25.00 mL 稀释后的混合酸置于锥形瓶中,加水 25 mL,加甲基橙(1 g/L)指示剂 2 滴,用氢氧化钠(0.5 mol/L)标准溶液滴定至溶液由红色变为橙色,V_1;再向锥形瓶中加入百里酚酞(1 g/L)2～3滴,滴定管调零,继续滴定至溶液出现蓝色,V_2。平行测定 3 次。

②数据处理。

以氯化氢的质量分数 ρ 计,数值以 g/L 表示:

$$\rho = \frac{C \times (V_1 - V_2) \times M_1}{V}$$

以 HAc 的质量分数 ρ_2 计,数值以 g/L 表示

$$\rho_2 = \frac{C \times V_2 \times M_2}{V}$$

式中:V_1—用甲基橙作指示剂时消耗氢氧化钠标准滴定溶液的体积,mL;V_2—用百里酚酞作指示剂时消耗氢氧化钠标准滴定溶液的体积,mL;C—氢氧化钠标准滴定溶液的浓度,(mol/L);M_1—盐酸的摩尔质量,g/mol[$M(HCL) = 36.46$];M_2—醋酸的摩尔质量,g/mol[$M(HAc) = 60.05$];V—样品的体积,mL。

测定结果的平均含量

$$\bar{\rho} = \frac{\rho_1 + \rho_2 + \rho_3}{3}$$

测定结果的相对平均偏差

$$\bar{d}_{\bar{x}} = \frac{\sum_{i=1}^{n} |x_i - \bar{x}|}{n \times \bar{x}} \times 100\%$$

③数据记录。

原始数据记录表

次数 内容	1	2	3
样品的体积 V(mL)			
滴定消耗氢氧化钠的体积(第一次滴定)V_1(mL)			
滴定消耗氢氧化钠的体积(第二次滴定)V_2(mL)			
氢氧化钠标准溶液的浓度 C(mol/L)			
样品中盐酸的含量 ρ_1(%)			
样品中盐酸的平均含量 $\bar{\rho}$(%)			
盐酸测定结果的相对平均偏差 $\bar{d}_{\bar{x}}$(%)			
样品中醋酸的含量 ρ_2(%)			
样品中醋酸的平均含量 $\bar{\rho}$(%)			

续表

内容＼次数	1	2	3
醋酸测定结果的相对平均偏差 $\bar{d}_x$(%)			

（2）实施条件

①场地：化学分析检验室。

②仪器、试剂。

表 1　仪器设备

名称	规格	数量	名称	规格	数量
碱式滴定管	50 mL	1 支/人	锥形瓶	250 mL	3 只/人
容量瓶	250 mL	1 个/人	移液管	25 mL	1 支/人
量筒	25 mL	1 只/人	烧杯	200 mL	1 只/人
玻璃仪器洗涤用具及其洗涤用试剂		公用			

表 2　试剂材料

名称	规格	浓度/数量	名称	规格	浓度/数量
氢氧化钠标准滴定溶液	浓度由考核点标定	$C(NaOH)=0.5$ mol/L 左右	甲基橙指示剂		1 g/L
			酚酞指示剂		1 g/L
考核试样	盐酸与醋酸的混合酸				

备注：未注明要求时，试剂均为 AR，水为国家规定的实验室三级用水规格

（3）考核时量

150 分钟。

（4）考核标准

详见附录 7。

20. 试题编号：T-3-20,饼干中碳酸钠和碳酸氢钠含量的测定

考核技能点编号：J-3-2

（1）任务描述

采用双指示剂酸碱滴定法,完成饼干中碳酸钠、碳酸氢钠含量的测定,并提交检验报告单。

①饼干的处理。

在电子天平上准确称取 5.0 g 饼干,用不含 CO_2 的水溶解,转入 250 mL 容量瓶中,加水至刻度,摇匀,静置。干过滤于干燥的烧杯中。

②样品测定。

用移液管移取处理好的混合碱溶液 25.00 mL,置于锥形瓶中,去离子水 50 mL,加入酚酞指示剂 2 滴,用 HCl 标准溶液滴定至终点由红色刚好褪色,记下体积 V_1;再加入甲基橙指示剂 2 滴,滴定管调零,在同一个锥形瓶中继续滴定,终点由黄色变为橙色,记下体积 V_2,平行测定 3 次。

③数据处理。

以 Na_2CO_3 的质量分数 ω_1 计,数值以%表示：

$$\omega_1 = \frac{C \times 2V_1 \times M_1}{m \times \frac{25}{250}} \times 100\%$$

以 $NaHCO_3$ 的质量分数 ω_2 计,数值以％表示

$$\omega_2 = \frac{C \times (V_2 - V_1) \times M_2}{m \times \frac{25}{250}} \times 100\%$$

式中:V_1—用酚酞作指示剂时消耗氢氧化钠标准滴定溶液的体积,mL;V_2—用甲基橙作指示剂时消耗氢氧化钠标准滴定溶液的体积,mL;C—氢氧化钠标准滴定溶液的浓度,mol/L;M_1—碳酸钠的摩尔质量,g/mol[$M(\frac{1}{2}Na_2CO_3) = 53.00$];$M_2$—碳酸氢钠的摩尔质量,g/mol[$M(NaHCO_3) = 84.01$];$m$—样品的质量,g。

测定结果的平均含量

$$\bar{\omega} = \frac{\omega_1 + \omega_2 + \omega_3}{3}$$

测定结果的相对平均偏差

$$\bar{d_{\bar{x}}} = \frac{\sum_{i=1}^{n} |x_i - \bar{x}|}{n \times \bar{x}} \times 100\%$$

③数据记录。

原始数据记录表

内容 \ 次数	1	2	3
称量瓶和样品的质量(g)(第一次读数)			
称量瓶和样品的质量(g)(第二次读数)			
样品的质量 m(mg)			
盐酸浓度 C(mol/L)			
第一次滴定消耗盐酸标准溶液的体积 V_1(mL)			
第二次滴定消耗盐酸标准溶液的体积 V_2(mL)			
碳酸钠的质量分数 ω_1(％)			
碳酸钠的平均质量分数 $\bar{\omega_1}$(％)			
碳酸钠测定结果的相对平均偏差 $\bar{d_{\bar{x}}}$(％)			
碳酸氢钠的平均质量分数 ω_2(％)			
碳酸氢钠的平均质量分数 $\bar{\omega_2}$(％)			
碳酸氢钠测定结果的相对平均偏差 $\bar{d_{\bar{x}}}$(％)			

(2)实施条件

①场地:天平室,化学分析检验室。

②仪器、试剂。

表1　仪器设备

名称	规格	数量	名称	规格	数量
酸式滴定管	50 mL	1 支/人	移液管	25 mL	1 只/人
量筒	50 mL	1 只/人	烧杯	100 mL	1 只/人
容量瓶	250 mL	1 只/人	锥形瓶	250 mL	3 只/人
洗瓶	500 mL	1 只/人	滴管		1 支/人
玻璃仪器洗涤用具及其洗涤用试剂		公用	电子天平	万分之一	1 台/人

表2　试剂材料

名称	规格	浓度/数量	名称	规格	浓度/数量
盐酸标准滴定溶液	浓度由考核点标定好	$C(HCl)=0.1$ mol/L 左右	甲基橙指示剂		1 g/L
			酚酞指示剂		1 g/L 的乙醇溶液
考核试样	烧碱				
备注:未注明要求时,试剂均为 AR,水为国家规定的实验室三级用水规格					

(3)考核时量

150 分钟。

(4)考核标准

详见附录 8。

21. 试题编号:T-3-21,碳酸钙纯度的测定

考核技能点编号:J-3-3

(1)任务描述

用 EDTA 直接滴定法测定碳酸钙试剂的纯度,提交分析检测报告。具体测定方法参照 GB 15897—1995。

①测定步骤。

称取 0.15 g 试样,精确至 0.000 1 g,置于 250 mL 锥形瓶中,用 2 mL 水调湿,滴加 20% 盐酸溶液至试样全部溶解,加 50 mL 水和 5 mL 30%三乙醇胺溶液,用 EDTA 标准滴定溶液滴定,标准滴定溶液消耗至 25 mL 时,加 5 mL 100 g/L 氢氧化钠溶液和 10 mg 钙指示剂,继续用 EDTA 标准滴定溶液滴定至溶液由红色变为纯蓝色,同时做空白试验。平行测定 3 次。

②数据处理。

碳酸钙的质量分数 ω,数值以"%"表示:

$$\omega = \frac{C \times (V - V_0) \times 10^{-3} \times M}{m} \times 100\%$$

式中:C—乙二胺四乙酸二钠标准溶液的物质的量浓度,mol/L;V—测定试样消耗乙二胺四乙酸二钠标准溶液的体积,mL;V_0—测定空白消耗乙二胺四乙酸二钠标准溶液的体积,mL;M—碳酸钙的摩尔质量,g/mol[M ($CaCO_3$)= 100.09];m—碳酸钙试样的质量,g。

测定结果的相对平均偏差

$$\bar{d}_{\bar{x}} = \frac{\sum\limits_{i=1}^{n} |x_i - \bar{x}|}{n \times \bar{x}} \times 100\%$$

③数据记录。

原始数据记录表

内容 \ 次数	1	2	3
EDTA标准滴定溶液的浓度 C(mol/L)			
称量瓶和碳酸钙试样的质量(g)(第一次读数)			
称量瓶和碳酸钙试样的质量(g)(第二次读数)			
碳酸钙试样的质量 m(g)			
测定消耗 EDTA标准滴定溶液的体积 V(mL)			
空白溶液消耗 EDTA标准滴定溶液的体积 V_0(mL)			
碳酸钙的含量 ω(%)			
碳酸钙的含量的平均值 $\bar{\omega}$(%)			
测定结果的相对平均偏差(%)			

(2)实施条件

①场地:天平室,化学分析检验室。

①仪器、试剂。

表1　仪器设备

名称	规格	数量	名称	规格	数量
酸式滴定管	50 mL	1支/人	锥形瓶	250 mL	4只/人
量筒	10 mL	3只/人	量筒	50 mL	1只/人
洗瓶	500 mL	1只/人	玻璃仪器洗涤用具及其洗涤用试剂		公用
电子天平	万分之一	1台/人			

表2　试剂材料

名称	规格	浓度/数量	名称	规格	浓度/数量
EDTA标准滴定溶液	浓度由考核点标定好	C(EDTA)=0.05 mol/L左右	钙指示剂		与NaCl按1∶100质量比混合
盐酸	20%		氢氧化钠		100 g/L
三乙醇胺	30%		考核试样	碳酸钙试样	10 g

备注:未注明要求时,试剂均为AR,水为国家规定的实验室三级用水规格

(3)考核时量

120分钟。

(4)考核标准

详见附录1。

22. 试题编号:T-3-22,食品添加剂硫酸钙中硫酸钙含量的测定

考核技能点编号:J-3-3

(1)任务描述

用EDTA直接滴定法测定食品添加剂硫酸钙中硫酸钙的含量,提交分析检测报告。具体

测定方法参照 GB 1892—2007。

①测定步骤。

称取约 0.1 g 预先在 250 ℃干燥至质量恒定的试样,精确至 0.000 2 g,置于 250 mL 锥形瓶中,加 4 mL 盐酸溶液,加水 20 mL,加热溶解。加 1 滴甲基红指示剂,滴加氢氧化钾溶液至溶液显橙红色,并过量 5 mL,加 10 mL 三乙醇胺溶液,和 10 mg 钙指示剂,用 EDTA 标准滴定溶液滴定至溶液由酒红色变为纯蓝色,同时做空白试验。平行测定 3 次。

②数据处理。

硫酸钙的质量分数 ω,数值以"%"表示:

$$\omega = \frac{C \times (V - V_0) \times 10^{-3} \times M}{m} \times 100\%$$

式中:C—乙二胺四乙酸二钠标准溶液的物质的量浓度,mol /L;V—测定试样消耗乙二胺四乙酸二钠标准溶液的体积,mL;V_0—测定空白消耗乙二胺四乙酸二钠标准溶液的体积,mL;M—硫酸钙的摩尔质量,g/mol[$M(CaSO_4) = 136.14$];m—硫酸钙试样的质量,g。

测定结果的相对平均偏差

$$\bar{d}_{\bar{x}} = \frac{\sum\limits_{i=1}^{n} |x_i - \bar{x}|}{n \times \bar{x}} \times 100\%$$

③数据记录。

原始数据记录表

内容 \ 次数	1	2	3
EDTA 标准滴定溶液的浓度 C(mol/L)			
称量瓶和硫酸钙试样的质量(g)(第一次读数)			
称量瓶和硫酸钙试样的质量(g)(第二次读数)			
硫酸钙试样的质量 m(g)			
测定消耗 EDTA 标准滴定溶液的体积 V(mL)			
空白溶液消耗 EDTA 标准滴定溶液的体积 V_0(mL)			
硫酸钙的含量 ω(%)			
硫酸钙的含量的平均值 $\bar{\omega}$(%)			
测定结果的相对平均偏差(%)			

(2)实施条件

①场地:天平室,化学分析检验室。

①仪器、试剂。

表 1　仪器设备

名称	规格	数量	名称	规格	数量
酸式滴定管	50 mL	1 支/人	锥形瓶	250 mL	4 只/人
量筒	10 mL	3 只/人	量筒	50 mL	1 只/人
洗瓶	500 mL	1 只/人	电子天平	万分之一	1 台/人
电炉或电热板		公用	玻璃仪器洗涤用具及其洗涤用试剂		公用

表 2　试剂材料

名称	规格	浓度/数量	名称	规格	浓度/数量
EDTA 标准滴定溶液	浓度由考核点标定好	$C(EDTA)=0.05$ mol/L 左右	钙指示剂		与 NaCl 按 1：100 质量比混合
盐酸		2+3	氢氧化钾		100 g/L
三乙醇胺		2+3	甲基红指示剂		0.1% 乙醇溶液
考核试样	硫酸钙试样	10 g			

备注：未注明要求时，试剂均为 AR，水为国家规定的实验室三级用水规格

（3）考核时量

120 分钟。

（4）考核标准

详见附录 1。

23. 试题编号：T-3-23，硫酸镁纯度的测定

考核技能点编号：J-3-3

（1）任务描述

用 EDTA 直接滴定法测定硫酸镁的含量，提交分析检测报告。具体测定方法参照 GB 671—1998。

①测定步骤。

称取约 0.4 g 试样，精确至 0.000 2 g，溶于 100 mL 水中，加 10 mL pH=10 的氨水-氯化铵缓冲溶液甲，4 滴铬黑 T 指示剂，用 EDTA 标准滴定溶液滴定至溶液由红色变为纯蓝色，记下消耗体积 V，同时做空白试验。平行测定 3 次。

②数据处理。

硫酸镁的质量分数 ω，数值以"%"表示：

$$\omega = \frac{C \times (V-V_0) \times 10^{-3} \times M}{m} \times 100\%$$

式中：C—乙二胺四乙酸二钠标准溶液的物质的量浓度，mol/L；V—测定试样消耗乙二胺四乙酸二钠标准溶液的体积，mL；V_0—测定空白消耗乙二胺四乙酸二钠标准溶液的体积，mL；M—七水合硫酸镁的摩尔质量，g/mol[$M(MgSO_4 \cdot 7H_2O)=246.5$]；m—硫酸镁试样的质量，g。

测定结果的相对平均偏差

$$\overline{d}_{\overline{x}} = \frac{\sum\limits_{i=1}^{n} |x_i - \overline{x}|}{n \times \overline{x}} \times 100\%$$

③数据记录。

原始数据记录表

内容 ＼ 次数	1	2	3
EDTA 标准滴定溶液的浓度 C(mol/L)			
称量瓶和硫酸镁试样的质量(g)(第一次读数)			

续表

内容 \ 次数	1	2	3
称量瓶和硫酸镁试样的质量(g)(第二次读数)			
硫酸镁试样的质量 m(g)			
测定消耗 EDTA 标准滴定溶液的体积 V(mL)			
空白溶液消耗 EDTA 标准滴定溶液的体积 V_0(mL)			
七水合硫酸镁的含量 ω(%)			
七水合硫酸镁的含量的平均值 $\bar{\omega}$(%)			
测定结果的相对平均偏差(%)			

(2)实施条件

①场地：化学分析检验室。

②仪器、试剂。

表 1　仪器设备

名称	规格	数量	名称	规格	数量
酸式滴定管	50 mL	1 支/人	锥形瓶	250 mL	4 只/人
量筒	10 mL	1 只/人	量筒	100 mL	1 只/人
洗瓶	500 mL	1 只/人	玻璃仪器洗涤用具及其洗涤用试剂		公用
电子天平	万分之一	1 台/人			

表 2　试剂材料

名称	规格	浓度/数量	名称	规格	浓度/数量
EDTA 标准滴定溶液	浓度由考核点标定好	$C(\text{EDTA})=0.05$ mol/L 左右	铬黑 T 指示剂		5 g/L
氨-氯化铵缓冲溶液甲		pH＝10	考核试样	硫酸镁试样	5 g

备注：未注明要求时,试剂均为 AR,水为国家规定的实验室三级用水规格

(3)考核时量

120 分钟。

(4)考核标准

详见附录 1。

24. 试题编号：T-3-24,氯化锌纯度的测定

考核技能点编号：J-3-3

(1)任务描述

用 EDTA 直接滴定法测定氯化锌的含量,提交分析检测报告。具体测定方法参照 HG/T 2760—2011。

①测定步骤。

称取约 0.3 g 试样,精确至 0.000 1 g,加 50 mL 水和数滴 20％的盐酸溶液,加入 3 g 四水

合酒石酸钾钠,用氨水中和并过量 1 mL,加 4 滴铬黑 T 指示剂,用 EDTA 标准滴定溶液滴定至溶液由红色变为纯蓝色,记下消耗体积 V。同时做空白试验。平行测定 3 次。

②数据处理。

氯化锌的质量分数 ω,数值以"%"表示:

$$\omega = \frac{C \times (V - V_0) \times 10^{-3} \times M}{m} \times 100\%$$

式中:C—乙二胺四乙酸二钠标准溶液的物质的量浓度,mol/L;V—测定试样消耗乙二胺四乙酸二钠标准溶液的体积,mL;V_0—测定空白消耗乙二胺四乙酸二钠标准溶液的体积,mL;M—氯化锌的摩尔质量,g/mol[M($ZnCl_2$)=136.3];m—氯化锌试样的质量,g。

测定结果的相对平均偏差

$$\bar{d}_{\bar{x}} = \frac{\sum_{i=1}^{n} |x_i - \bar{x}|}{n \times \bar{x}} \times 100\%$$

③数据记录。

原始数据记录表

内容 \ 次数	1	2	3
EDTA 标准滴定溶液的浓度 C(mol/L)			
称量瓶和氯化锌试样的质量(g)(第一次读数)			
称量瓶和氯化锌试样的质量(g)(第二次读数)			
氯化锌试样的质量 m(g)			
测定消耗 EDTA 标准滴定溶液的体积 V(mL)			
空白溶液消耗 EDTA 标准滴定溶液的体积 V_0(mL)			
氯化锌的含量 ω(%)			
氯化锌的含量的平均值 $\bar{\omega}$(%)			
测定结果的相对平均偏差(%)			

(2)实施条件

①场地:天平室,化学分析检验室。

①仪器、试剂。

表 1　仪器设备

名称	规格	数量	名称	规格	数量
酸式滴定管	50 mL	1 支/人	锥形瓶	250 mL	4 只/人
量筒	50 mL	1 只/人	洗瓶	500 mL	1 只/人
电子天平	万分之一	1 台/人	玻璃仪器洗涤用具及其洗涤用试剂		公用
台秤		公用			

表 2　试剂材料

名称	规格	浓度/数量	名称	规格	浓度/数量
EDTA 标准滴定溶液	浓度由考核点标定好	C(EDTA)=0.1 mol/L 左右	铬黑 T 指示剂		5 g/L

续表

名称	规格	浓度/数量	名称	规格	浓度/数量
盐酸		20%	氨水		50 mL
四水合酒石酸钾钠		50 g	考核试样	氯化锌试样	5 g
备注:未注明要求时,试剂均为 AR,水为国家规定的实验室三级用水规格					

(3)考核时量

120 分钟。

(4)考核标准

详见附录 1。

25. 试题编号:T-3-25,工业碱式碳酸锌中锌含量的测定

考核技能点编号:J-3-3

(1)任务描述

用 EDTA 直接滴定法测定工业碱式碳酸锌中锌的含量,提交分析检测报告。具体测定方法参照 HG/T 2523—2007。

①测定步骤。

称取预先于 105 ℃～110 ℃下干燥至恒重的约 2 g 试样,精确至 0.000 1 g,置于 400 mL 高型烧杯中,加少量水润湿,用盐酸溶液溶解。移入 250 mL 容量瓶中,加水稀释至刻度,摇匀。用移液管移取 25.00 mL 试液,置于 250 mL 锥形瓶中,加 70 mL 水,0.1 g 抗坏血酸,2 滴对硝基酚指示液。用氨水溶液调至黄色,再用盐酸溶液调至恰呈无色。加入 20 mL 乙酸-乙酸钠缓冲溶液,5 mL 氟化钠,5 mL 硫代硫酸钠溶液,摇匀,加 5 滴二甲酚橙指示剂,用 EDTA 标准滴定溶液滴定至溶液由紫红色变为亮黄色,记下消耗体积 V。同时做空白试验。平行测定 3 次。

②数据处理。

锌的质量分数 ω,数值以"%"表示:

$$\omega = \frac{C \times (V - V_0) \times 10^{-3} \times M}{m \times \dfrac{25.00}{250.0}} \times 100\%$$

式中:C—乙二胺四乙酸二钠标准溶液的物质的量浓度,mol/L;V—测定试样消耗乙二胺四乙酸二钠标准溶液的体积,mL;V_0—测定空白消耗乙二胺四乙酸二钠标准溶液的体积,mL;M—锌的摩尔质量,g/mol[$M(Zn) = 65.39$];m—碱式碳酸锌试样的质量,g。

测定结果的相对平均偏差

$$\bar{d}_{\bar{x}} = \frac{\displaystyle\sum_{i=1}^{n} |x_i - \bar{x}|}{n \times \bar{x}} \times 100\%$$

③数据记录。

原始数据记录表

内容　　　　次数	1	2	3
EDTA 标准滴定溶液的浓度 C(mol/L)			

续表

内容 \ 次数	1	2	3
称量瓶和碱式碳酸锌试样的质量(g)(第一次读数)			
称量瓶和碱式碳酸锌试样的质量(g)(第二次读数)			
碱式碳酸锌试样的质量 m(g)			
测定消耗 EDTA 标准滴定溶液的体积 V(mL)			
空白溶液消耗 EDTA 标准滴定溶液的体积 V_0(mL)			
锌的含量 ω(%)			
锌的含量的平均值 $\bar{\omega}$(%)			
测定结果的相对平均偏差(%)			

(2)实施条件

①场地:天平室,化学分析检验室。

①仪器、试剂。

表1　仪器设备

名称	规格	数量	名称	规格	数量
酸式滴定管	50 mL	1 支/人	锥形瓶	250 mL	4 只/人
量筒	20 mL	3 只/人	洗瓶	500 mL	1 只/人
	100 mL	1 只/人	滴管		2 支/人
容量瓶	250 mL	1 只/人	移液管	25 mL	1 支/人
烧杯	400 mL	1 只/人	玻璃仪器洗涤用具及其洗涤用试剂		公用
电子天平	万分之一	1 台/人			
电子台秤		公用			

表2　试剂材料

名称	规格	浓度/数量	名称	规格	浓度/数量
EDTA 标准滴定溶液	浓度由考核点标定好	C(EDTA)=0.05 mol/L 左右	二甲酚橙指示剂		2 g/L
乙酸-乙酸钠缓冲溶液		pH=5.5	氨水		2+3
氟化钠		200 g/L	盐酸		1+1
硫代硫酸钠		100 g/L	抗坏血酸		5 g
对硝基苯酚指示剂		1 g/L	考核试样	碱式碳酸锌试样	5 g

备注:未注明要求时,试剂均为 AR,水为国家规定的实验室三级用水规格

(3)考核时量

120 分钟。

(4)考核标准

详见附录 4。

26. 试题编号:T-3-26,饲料添加剂硫酸锌中硫酸锌含量的测定

考核技能点编号:J-3-3

(1)任务描述

用 EDTA 直接滴定法测定饲料添加剂硫酸锌中硫酸锌的含量,提交分析检测报告。具体测定方法参照 GB 25865—2010。

①测定步骤。

称取一水硫酸锌试样约 0.2 g(或七水硫酸锌试样约 0.3 g),精确至 0.000 1 g,置于 250 mL 锥形瓶中,加少量水润湿,滴加 2 滴硫酸溶液使试样溶解,加水 50 mL、氟化铵溶液 10 mL、硫脲溶液 2.5 mL、抗坏血酸 0.2 g,摇匀溶解后加入 15 mL 乙酸-乙酸钠缓冲溶液和 3 滴二甲酚橙指示剂,用 EDTA 标准滴定溶液滴定至溶液由红色变为亮黄色或黄色为终点,记下消耗体积 V。同时做空白试验。平行测定 3 次。

②数据处理。

一水硫酸锌的质量分数 ω_1,数值以"%"表示:

$$\omega_1 = \frac{C \times (V - V_0) \times 10^{-3} \times M_{ZnSO_4 \cdot H_2O}}{m} \times 100\%$$

七水硫酸锌的质量分数 ω_2,数值以"%"表示:

$$\omega_2 = \frac{C \times (V - V_0) \times 10^{-3} \times M_{ZnSO_4 \cdot 7H_2O}}{m} \times 100\%$$

式中:C—乙二胺四乙酸二钠标准溶液的物质的量浓度,mol /L;V—测定试样消耗乙二胺四乙酸二钠标准溶液的体积,mL;V_0—测定空白消耗乙二胺四乙酸二钠标准溶液的体积,mL;$M_{ZnSO_4 \cdot H_2O}$—一水合硫酸锌的摩尔质量,g/mol[M(ZnSO$_4 \cdot$ H$_2$O)=179.5];$M_{ZnSO_4 \cdot 7H_2O}$—七水合硫酸锌的摩尔质量,g/mol[M(ZnSO$_4 \cdot$ 7H$_2$O)=287.6];m—硫酸锌试样的质量,g。

测定结果的相对平均偏差

$$\bar{d}_{\bar{x}} = \frac{\sum\limits_{i=1}^{n} |x_i - \bar{x}|}{n \times \bar{x}} \times 100\%$$

③数据记录。

原始数据记录表

次数 内容	1	2	3
EDTA 标准滴定溶液的浓度 C(mol/L)			
称量瓶和硫酸锌试样的质量(g)(第一次读数)			
称量瓶和硫酸锌试样的质量(g)(第二次读数)			
硫酸锌试样的质量 m(g)			
测定消耗 EDTA 标准滴定溶液的体积 V(mL)			
空白溶液消耗 EDTA 标准滴定溶液的体积 V_0(mL)			
七水(或一水)合硫酸锌的含量 ω(%)			
七水(或一水)合硫酸锌的含量的平均值 $\bar{\omega}$(%)			
测定结果的相对平均偏差(%)			

(2)实施条件

①场地:天平室,化学分析检验室。

①仪器、试剂。

表1　仪器设备

名称	规格	数量	名称	规格	数量
酸式滴定管	50 mL	1支/人	锥形瓶	250 mL	4只/人
量筒	5 mL	1只/人	洗瓶	500 mL	1只/人
	20 mL	2只/人	电子天平	万分之一	1台/人
	50 mL	1只/人			
电子台秤		公用	玻璃仪器洗涤用具及其洗涤用试剂		公用

表2　试剂材料

名称	规格	浓度/数量	名称	规格	浓度/数量
EDTA标准滴定溶液	浓度由考核点标定好	$C(EDTA)=0.05$ mol/L左右	二甲酚橙指示剂		2 g/L
硫酸		1+1	氟化铵		200 g/L
硫脲		100 g/L	抗坏血酸		5 g
乙酸-乙酸钠缓冲溶液		pH=5.5	考核试样	硫酸锌试样	5 g

备注:未注明要求时,试剂均为AR,水为国家规定的实验室三级用水规格

(3)考核时量

150分钟。

(4)考核标准

详见附录1。

27. 试题编号:T-3-27,六水合硝酸锌纯度的测定

考核技能点编号:J-3-3

(1)任务描述

用EDTA直接滴定法测定六水合硝酸锌的纯度,提交分析检测报告。具体测定方法参照GB/T 667—1995。

①测定步骤。

称取试样约0.4 g,精确至0.000 1 g,加水75 mL溶解,加入10 mL氨-氯化铵缓冲溶液甲和4滴铬黑T指示剂,用EDTA标准滴定溶液滴定至溶液由紫色变为纯蓝色为终点,记下消耗体积V,同时做空白试验。平行测定3次。

②数据处理。

六水合硝酸锌的质量分数ω,数值以"%"表示:

$$\omega = \frac{C \times (V - V_0) \times 10^{-3} \times M}{m} \times 100\%$$

式中:C—乙二胺四乙酸二钠标准溶液的物质的量浓度,mol/L;V—测定试样消耗乙二胺四乙酸二钠标准溶液的体积,mL;V_0—测定空白消耗乙二胺四乙酸二钠标准溶液的体积,mL;M—六水合硝酸锌的摩尔质量,g/mol{M [Zn(NO$_3$)$_2$ · 6H$_2$O]=297.5};m—六水合硝酸锌

试样的质量,g。

测定结果的相对平均偏差

$$\bar{d}_{\bar{x}} = \frac{\sum\limits_{i=1}^{n} |x_i - \bar{x}|}{n \times \bar{x}} \times 100\%$$

③数据记录。

原始数据记录表

内容 \ 次数	1	2	3
EDTA 标准滴定溶液的浓度 C(mol/L)			
称量瓶和六水合硝酸锌试样的质量(g)(第一次读数)			
称量瓶和六水合硝酸锌试样的质量(g)(第二次读数)			
六水合硝酸锌试样的质量 m(g)			
测定消耗 EDTA 标准滴定溶液的体积 V(mL)			
空白溶液消耗 EDTA 标准滴定溶液的体积 V_0(mL)			
六水合硝酸锌的含量 ω(%)			
六水合硝酸锌的含量的平均值 $\bar{\omega}$(%)			
测定结果的相对平均偏差(%)			

(2)实施条件

①场地:天平室,化学分析检验室。

①仪器、试剂。

表 1 仪器设备

名称	规格	数量	名称	规格	数量
酸式滴定管	50 mL	1 支/人	锥形瓶	250 mL	4 只/人
量筒	10 mL	1 只/人	洗瓶	500 mL	1 只/人
	100 mL	1 只/人			
电子天平	万分之一	1 台/人	玻璃仪器洗涤用具及其洗涤用试剂		公用

表 2 试剂材料

名称	规格	浓度/数量	名称	规格	浓度/数量
EDTA 标准滴定溶液	浓度由考核点标定好	C(EDTA)=0.05 mol/L 左右	铬黑 T 指示剂		5 g/L
氨-氯化铵缓冲溶液甲		pH=10	考核试样	硝酸锌试样	5 g
备注:未注明要求时,试剂均为 AR,水为国家规定的实验室三级用水规格					

(3)考核时量

120 分钟。

(4)考核标准

详见附录1。

28. 试题编号:T-3-28,氧化锌纯度的测定

考核技能点编号:J-3-3

(1)任务描述

用 EDTA 直接滴定法测定氧化锌的纯度,提交分析检测报告。具体测定方法参照 GB/T 4372.1—2001。

①测定步骤。

准确称取 0.15 g 氧化锌试样,精确至 0.000 1 g,置于 300 mL 烧杯中,加水润湿,加 10 mL 1+3 的硫酸,盖皿,微热至完全溶解,取下稍冷,以水洗表面皿及杯壁。加入 1 滴甲基红,用 1+1 的氨水中和至黄色,再用 1+3 硫酸中和至红色,以水洗杯壁。加入 20 mL 六次甲基四胺-硫酸缓冲溶液,加入 12.5 mL 亚硫酸钠,加入 20 mL 碘化钾,加入 0.1 g 抗坏血酸,加 2~3 滴二甲酚橙指示剂,用 EDTA 标准滴定溶液滴定至亮黄色为终点,记录消耗 EDTA 的体积。同时做空白实验。

②数据处理。

氧化锌的质量分数 ω,数值以"%"表示:

$$\omega = \frac{C \times (V - V_0) \times 10^{-3} \times M}{m} \times 100\%$$

式中:C—乙二胺四乙酸二钠标准溶液的物质的量浓度,mol/L;V—测定样品消耗乙二胺四乙酸二钠标准溶液的体积,mL;V_0—测定空白消耗乙二胺四乙酸二钠标准溶液的体积,mL;M—氧化锌的摩尔质量,g/mol[$M(ZnO) = 81.38$];m—工业氧化锌的质量,g。

测定结果的相对平均偏差

$$\overline{d}_{\bar{x}} = \frac{\sum\limits_{i=1}^{n} |x_i - \bar{x}|}{n \times \bar{x}} \times 100\%$$

③数据记录。

原始数据记录表

内容 \ 次数	1	2	3
EDTA 标准滴定溶液的浓度 C(mol/L)			
称量瓶和氧化锌样品的质量(g)(第一次读数)			
称量瓶和氧化锌样品的质量(g)(第二次读数)			
氧化锌样品的质量 m(g)			
测定消耗 EDTA 标准滴定溶液的体积 V(mL)			
空白溶液消耗 EDTA 标准滴定溶液的体积 V_0(mL)			
氧化锌的含量 ω(%)			
氧化锌的含量的平均值 $\bar{\omega}$(%)			
测定结果的相对平均偏差(%)			

(2)实施条件

①场地:天平室,化学分析检验室。

②仪器、试剂。

表1　仪器设备

名称	规格	数量	名称	规格	数量
酸式滴定管	50 mL	1 支/人	玻璃棒		4 支/人
量筒	25 mL	4 只/人	烧杯	300 mL	4 只/人
表面皿		4 个/人	洗瓶	500 mL	1 只/人
电子天平	万分之一	1 台/人	玻璃仪器洗涤用具及其洗涤用试剂		公用
电炉或电热板		公用			
电子台秤		公用			

表2　试剂材料

名称	规格	浓度/数量	名称	规格	浓度/数量
EDTA标准滴定溶液	浓度由考核点标定好	$C(EDTA)=0.2$ mol/L 左右	甲基红指示剂		1 g/L
			甲基橙指示剂		1 g/L
硫酸		1+3	二甲酚橙指示剂		2 g/L
氨水		1+1	碘化钾		200 g/L
亚硫酸钠		15%+25亚硫酸	六次甲基四胺-硫酸缓冲溶液		pH=5～6
抗坏血酸		5 g	考核试样	工业氧化锌	10 g
备注:未注明要求时,试剂均为 AR,水为国家规定的实验室三级用水规格					

(3)考核时量

150 分钟。

(4)考核标准

详见附录1。

29. 试题编号:T-3-29,工业硫酸铝中铝含量的测定

考核技能点编号:J-3-3

(1)任务描述

用 EDTA 返滴定法测定工业硫酸铝中铝的含量,提交分析检测结果。具体测定方法参照 HG/T 2225—2010。

①测定步骤。

准确称取工业硫酸铝试样 2.5 g 于 250 mL 小烧杯中,加水 100 mL 和 2 mL 盐酸溶液,加热溶解并煮沸 5 min,冷却后定量转入 250 mL 容量瓶中,定容、摇匀。用移液管吸取 25.00 mL 于锥形瓶中,加入 $C(EDTA)=0.05$ mol/L EDTA 标准滴定溶液 30.00 mL,加百里酚蓝指示剂 4 滴,用氨水(1+1)调节恰好呈黄色(pH=3～3.5),煮沸后加六亚甲基四胺 20 mL,流水冷却,加二甲酚橙指示剂 2 滴,用锌离子标准滴定溶液滴定至黄色变成紫红色。同时做空白试验。平行测定 3 次。

②数据处理。

铝的质量分数 ω,数值以"%"表示:

$$\omega=\frac{C_{Zn^{2+}}\times(V_0-V)\times10^{-3}\times M}{m\times\dfrac{25.00}{250.0}}\times100\%$$

式中：$C_{Zn^{2+}}$—锌离子标准溶液的物质的量浓度，mol/L；V_0—空白试验消耗锌离子标准溶液的体积，mL；V—样品消耗锌离子标准溶液的体积，mL；M—三氧化二铝的摩尔质量，g/mol $[M(\frac{1}{2}Al_2O_3)=50.98]$；$m$—工业硫酸铝的质量，$g$。

测定结果的相对平均偏差

$$\bar{d}_{\bar{x}}=\frac{\sum\limits_{i=1}^{n}|x_i-\bar{x}|}{n\times\bar{x}}\times100\%$$

③数据记录。

原始数据记录表

内容 ＼ 次数	1	2	3
锌离子标准溶液的浓度 $C(mol/L)$			
称量瓶和硫酸铝样品的质量（g）（第一次读数）			
称量瓶和硫酸铝样品的质量（g）（第二次读数）			
硫酸铝样品的质量 m(g)			
测定消耗锌离子标准溶液的体积 V(mL)			
空白消耗锌离子标准溶液的体积 V(mL)			
三氧化二铝的含量 ω（%）			
三氧化二铝的含量的平均值 $\bar{\omega}$（%）			
测定结果的相对平均偏差（%）			

（2）实施条件

①场地：天平室，化学分析检验室。

②仪器、试剂。

表1　仪器设备

名称	规格	数量	名称	规格	数量
酸式滴定管	50 mL	2支/人	移液管	25 mL	1支/人
量筒	5 mL	1只/人	烧杯	100 mL	1只/人
	20 mL	1只/人	锥形瓶	250 mL	4只/人
	100 mL	1只/人	洗瓶	500 mL	1只/人
容量瓶	250 mL	1个/人	玻璃仪器洗涤用具及其洗涤用试剂		公用
电子天平	万分之一	1台/人			
电炉或电热板		公用			

表2　试剂材料

名称	规格	浓度/数量	名称	规格	浓度/数量
EDTA标准滴定溶液	浓度由考核点标定好	$C(EDTA)=0.05$ mol/L左右	锌离子标准滴定溶液	浓度由考核点提供	$C(Zn^{2+})=0.025$ mol/L左右

续表

名称	规格	浓度/数量	名称	规格	浓度/数量
氨水	1+1		六亚甲基四胺缓冲溶液		100 mL
百里酚蓝指示剂	1 g/L		二甲酚橙指示剂		2 g/L
盐酸			考核试样	工业硫酸铝	10 g

备注:未注明要求时,试剂均为 AR,水为国家规定的实验室三级用水规格

(3)考核时量

150 分钟。

(4)考核标准

详见附录 4。

30. 试题编号:T-3-30,工业活性氧化铝中三氧化二铝含量的测定

考核技能点编号:J-3-3

(1)任务描述

用 EDTA 返滴定法测定工业活性氧化铝中三氧化二铝的含量,提交分析检测报告。具体测定方法参照 HGT 3927—2007。

①测定步骤。

称取已研细并经(250±10)℃烘干 2 h 的试样约 1.25 g,精确至 0.000 2 g,置于 150 mL 烧杯中。慢慢加入少量水,搅拌至糊状。再加入 10 mL 硫酸溶液,移至电炉上加热溶解至透明,取下冷却。移入 250 mL 容量瓶中,用水稀释至刻度,摇匀,待测。

用移液管吸取上述待测试液 25.00 mL 于锥形瓶中,移取或滴定管排放 $C(\text{EDTA})=$ 0.05 mol/L EDTA 标准滴定溶液 30.00 mL,用水冲洗瓶壁。加入六滴二甲酚橙指示液,用氨水(1+9)调至溶液呈紫红色(pH=5~6),移至电炉上加热煮沸 1 min,取下冷却(若氨水溶液过量,再用盐酸溶液调至亮黄色再过一滴),加 1.5 g 六次甲基四胺。用氯化锌滴定溶液滴定至出现玫瑰红色即为终点。平行测定 3 次。

②数据处理。

三氧化二铝的质量分数 ω,数值以"%"表示:

$$\omega = \frac{(C_1 V_1 - C_2 V_2) \times 10^{-3} \times M}{m \times \dfrac{25.00}{250.0}} \times 100\%$$

式中:C_1—EDTA 标准滴定溶液的物质的量浓度,mol/L;V_1—加入 EDTA 标准滴定溶液的体积,mL;C_2—氯化锌标准溶液的物质的量浓度,mol/L;V_2—样品测定消耗氯化锌标准溶液的体积,mL;M—三氧化二铝的摩尔质量,g/mol[$M(\frac{1}{2}\text{Al}_2\text{O}_3)=50.98$];$m$—工业活性氧化铝的质量,g。

$$\bar{d}_{\bar{x}} = \frac{\displaystyle\sum_{i=1}^{n} |x_i - \bar{x}|}{n \times \bar{x}} \times 100\%$$

③数据记录。

原始数据记录表

内容 \ 次数	1	2	3
EDTA 标准滴定溶液的浓度 C_1(mol/L)			
氯化锌标准溶液的浓度 C_2(mol/L)			
称量瓶和氧化铝样品的质量(g)(第一次读数)			
称量瓶和氧化铝样品的质量(g)(第二次读数)			
氧化铝样品的质量 m(g)			
加入 EDTA 标准滴定溶液的体积 V_1(mL)			
测定消耗氯化锌标准溶液的体积 V_2(mL)			
三氧化二铝的含量 ω(%)			
三氧化二铝的含量的平均值 $\bar{\omega}$(%)			
测定结果的相对平均偏差(%)			

(2)实施条件

①场地：天平室，化学分析检验室。

②仪器、试剂。

表1　仪器设备

名称	规格	数量	名称	规格	数量
酸式滴定管	50 mL	1 支/人	移液管	1 mL	1 支/人
量筒	25 mL、100 mL	各 1 只/人	移液管	25 mL、50 mL	各 1 支/人
容量瓶	500 mL	1 个/人	滴管		1 支/人
锥形瓶	250 mL	4 只/人	洗瓶	500 mL	1 只/人
烧杯	150 mL	1 只/人	玻璃仪器洗涤用具及其洗涤用试剂		公用
电子天平	万分之一	1 台/人			
电炉或电热板		公用	电子台秤		公用

表2　试剂材料

名称	规格	浓度/数量	名称	规格	浓度/数量
EDTA 标准滴定溶液	浓度由考核点标定好	C(EDTA)=0.05 mol/L 左右	氯化锌标准滴定溶液	浓度由考核点提供	C(Zn^{2+})=0.05 mol/L 左右
氨水		1+9	盐酸		1+4
硫酸		1+1	二甲酚橙指示剂		2 g/L
六次甲基四胺		50 g	考核试样	工业氧化铝	10 g

备注：未注明要求时，试剂均为 AR，水为国家规定的实验室三级用水规格

(3)考核时量

150 分钟。

(4)考核标准

详见附录 4。

31. 试题编号:T-3-31,六水合氯化镍纯度的测定

考核技能点编号:J-3-3

(1) 任务描述

用 EDTA 直接滴定法测定六水合氯化镍的纯度,提交分析检测报告。具体测定方法参照 GB/T 15355—2008。

①操作步骤。

称取试样约 0.4 g,精确至 0.000 1 g,加水 70 mL 溶解,加入 10 mL 氨-氯化铵缓冲溶液甲和 0.1 g 紫脲酸铵指示剂,摇匀,用 EDTA 标准滴定溶液滴定至溶液呈蓝紫色为终点,记下消耗体积 V。同时做空白试验。平行测定 3 次。

②结果计算。

六水合硫酸镍的质量分数 ω,数值以"%"表示:

$$\omega = \frac{C \times (V - V_0) \times 10^{-3} \times M}{m} \times 100\%$$

式中:C—乙二胺四乙酸二钠标准溶液的物质的量浓度,mol/L;V—测定试样消耗乙二胺四乙酸二钠标准溶液的体积,mL;V_0—测定空白消耗乙二胺四乙酸二钠标准溶液的体积,mL;M—六水合氯化镍的摩尔质量,g/mol[M(NiCl$_2$·6H$_2$O) = 237.3];m—六水合氯化镍试样的质量,g。

测定结果的相对平均偏差

$$\bar{d}_{\bar{x}} = \frac{\sum_{i=1}^{n} |x_i - \bar{x}|}{n \times \bar{x}} \times 100\%$$

③数据记录。

原始数据记录表

次数 内容	1	2	3
EDTA 标准滴定溶液的浓度 C(mol/L)			
称量瓶和六水合氯化镍试样的质量(g)(第一次读数)			
称量瓶和六水合氯化镍试样的质量(g)(第二次读数)			
六水合氯化镍试样的质量 m(g)			
测定消耗 EDTA 标准滴定溶液的体积 V(mL)			
空白溶液消耗 EDTA 标准滴定溶液的体积 V_0(mL)			
六水合氯化镍的含量 ω(%)			
六水合氯化镍的含量的平均值 $\bar{\omega}$(%)			
测定结果的相对平均偏差(%)			

(2)实施条件

①场地:天平室,化学分析检验室。

②仪器、试剂。

表 1　仪器设备

名称	规格	数量	名称	规格	数量
酸式滴定管	50 mL	1 支/人	锥形瓶	250 mL	4 只/人
量筒	10 mL	1 只/人	洗瓶	500 mL	1 只/人
	100 mL	1 只/人	电子台秤		公用
电子天平	万分之一	1 台/人	玻璃仪器洗涤用具及其洗涤用试剂		公用

表 2　试剂材料

名称	规格	浓度/数量	名称	规格	浓度/数量
EDTA 标准滴定溶液	浓度由考核点标定好	$C(EDTA)=0.05$ mol/L 左右	紫脲酸铵指示剂		与 NaCl 按 1：100 质量比混合
氨-氯化铵缓冲溶液甲		pH=10	考核试样	六水合氯化镍试样	5 g

备注:未注明要求时,试剂均为 AR,水为国家规定的实验室三级用水规格

(3)考核时量

120 分钟。

(4)考核标准

详见附录 1。

32. 试题编号:T-3-32,工业硫酸镍中镍含量的测定

考核技能点编号:J-3-3

(1)任务描述

用 EDTA 返滴定法测定工业硫酸镍中镍的含量,提交分析检测报告。具体测定方法参照 HG/T 2824—2009。

①测定步骤。

称取镍盐试样 0.14 g,精确至 0.000 1 g,加水溶解,定量转入 250 mL 容量瓶中,定容、摇匀。用移液管吸取 25.00 mL 于锥形瓶中,加入 $C(EDTA)=0.02$ mol/L EDTA 标准滴定溶液 30.00 mL,加 HAc-NH₄AC 缓冲溶液 20 mL,煮沸后立即加 10 滴 PAN 指示剂迅速用硫酸铜标准溶液滴定至溶液由绿色变为蓝紫色。同时做空白试验。平行测定 3 份。

②数据处理。

镍的质量分数 ω,数值以"%"表示:

$$\omega = \frac{C \times (V_0 - V) \times 10^{-3} \times M}{m \times \dfrac{25.00}{250.0}} \times 100\%$$

式中:C—硫酸铜标准溶液的物质的量浓度,mol/L;V_0—空白消耗硫酸铜标准溶液的体积,mL;V—样品消耗硫酸铜标准溶液的体积,mL;M—镍的摩尔质量,g/mol[$M(Ni)=58.69$];m—工业硫酸镍的质量,g。

测定结果的相对平均偏差

$$\bar{d}_{\bar{x}} = \frac{\sum\limits_{i=1}^{n} |x_i - \bar{x}|}{n \times \bar{x}} \times 100\%$$

③数据记录。

原始数据记录表

次数 内容	1	2	3
硫酸铜标准溶液的浓度 C(mol/L)			
称量瓶和硫酸镍样品的质量(g)(第一次读数)			
称量瓶和硫酸镍样品的质量(g)(第二次读数)			
硫酸镍样品的质量 m(g)			
测定消耗硫酸铜标准溶液的体积 V(mL)			
空白消耗硫酸铜标准溶液的体积 V_0(mL)			
镍的含量 ω(%)			
镍的含量的平均值 $\bar{\omega}$(%)			
测定结果的相对平均偏差(%)			

（2）实施条件

①场地：天平室，化学分析检验室。

②仪器、试剂。

表 1　仪器设备

名称	规格	数量	名称	规格	数量
酸式滴定管	50 mL	2 支/人	移液管	25 mL	1 支/人
量筒	20 mL	1 只/人	烧杯	100 mL	1 只/人
容量瓶	250 mL	1 个/人	锥形瓶	250 mL	4 只/人
洗瓶	500 mL	1 只/人	滴管		1 支/人
电子天平	万分之一	1 台/人	玻璃仪器洗涤用具 及其洗涤用试剂		公用
电炉或电热板		公用			

表 2　试剂材料

名称	规格	浓度/数量	名称	规格	浓度/数量
EDTA 标准 滴定溶液	浓度由考核 点标定好	C(EDTA)=0.02 mol/L 左右	硫酸铜标准 滴定溶液	浓度由考核 点提供	C(Cu^{2+})= 0.02 mol/L 左右
HAc-NH_4AC 缓冲溶液		pH=5 左右	PAN 指示剂		1 g/L
考核试样	工业硫酸镍	10 g			

备注：未注明要求时，试剂均为 AR，水为国家规定的实验室三级用水规格

（3）考核时量

180 分钟。

（4）考核标准

详见附录 4。

33. 试题编号：T-3-33，七水合硫酸钴纯度的测定

考核技能点编号：J-3-3

（1）任务描述

用 EDTA 直接滴定法测定七水合硫酸钴的纯度，提交分析检测报告。具体测定方法参照

HG/T 2631—2005。

①测定步骤。

称取试样约 0.5 g，精确至 0.000 1 g，加水 50 mL 溶解，用 EDTA 标准滴定溶液滴定至终点前约 1 mL 时，加入 10 mL 氨-氯化铵缓冲溶液甲和 0.2 g 紫脲酸铵指示剂，继续滴定溶液呈紫红色为终点，记下消耗体积 V。同时做空白试验。平行测定 3 次。

②数据处理。

七水硫酸钴的质量分数 ω，数值以"%"表示：

$$\omega = \frac{C \times (V - V_0) \times 10^{-3} \times M}{m} \times 100\%$$

式中：C—乙二胺四乙酸二钠标准溶液的物质的量浓度，mol/L；V—测定试样消耗乙二胺四乙酸二钠标准溶液的体积，mL；V_0—测定空白消耗乙二胺四乙酸二钠标准溶液的体积，mL；M—七水合硫酸钴的摩尔质量，g/mol[$M(CoSO_4 \cdot 7H_2O) = 281.1$]；$m$—七水合硫酸钴试样的质量，g。

测定结果的相对平均偏差

$$\bar{d}_{\bar{x}} = \frac{\sum_{i=1}^{n} |x_i - \bar{x}|}{n \times \bar{x}} \times 100\%$$

③数据记录。

原始数据记录表

内容 \ 次数	1	2	3
EDTA 标准滴定溶液的浓度 C(mol/L)			
称量瓶和七水合硫酸钴试样的质量(g)(第一次读数)			
称量瓶和七水合硫酸钴试样的质量(g)(第二次读数)			
七水合硫酸钴试样的质量 m(g)			
测定消耗 EDTA 标准滴定溶液的体积 V(mL)			
空白溶液消耗 EDTA 标准滴定溶液的体积 V_0(mL)			
七水合硫酸钴的含量 ω(%)			
七水合硫酸钴的含量的平均值 $\bar{\omega}$(%)			
测定结果的相对平均偏差(%)			

(2)实施条件

①场地：天平室，化学分析检验室。

②仪器、试剂。

表1 仪器设备

名称	规格	数量	名称	规格	数量
酸式滴定管	50 mL	1支/人	锥形瓶	250 mL	4只/人
量筒	10 mL	1只/人	洗瓶	500 mL	1只/人
	50 mL	1只/人	电子台秤		公用

续表

名称	规格	数量	名称	规格	数量
电子天平	万分之一	1 台/人	玻璃仪器洗涤用具及其洗涤用试剂		公用

表 2　试剂材料

名称	规格	浓度/数量	名称	规格	浓度/数量
EDTA 标准滴定溶液	浓度由考核点标定好	$C(EDTA)=0.05$ mol/L 左右	紫脲酸铵指示剂		与 NaCl 按 1：100 质量比混合
氨-氯化铵缓冲溶液甲		pH=10	考核试样	七水合硫酸钴试样	5 g
备注：未注明要求时，试剂均为 AR，水为国家规定的实验室三级用水规格					

(3)考核时量

120 分钟。

(4)考核标准

详见附录 1。

34. 试题编号：T-3-34，工业乙酸钴中乙酸钴含量的测定

考核技能点编号：J-3-3

(1)任务描述

用 EDTA 直接滴定法测定工业乙酸钴中乙酸钴的含量，提交分析检测报告。具体测定方法参照 HG/T 2032—1999。

①测定步骤。

称取试样约 0.5 g，精确至 0.000 1 g，加少量水溶解，移入 250 mL 容量瓶中，加 36％乙酸 5 mL，加水稀释至刻度，摇匀。准确移取 25.00 mL 试液置于 250 mL 锥形瓶中，加水 75 mL 后，加入 0.2 g 紫脲酸铵指示剂，滴加氨水溶液，使溶液呈黄色，用 EDTA 标准滴定溶液滴定，当溶液呈现橙红色时，再滴加氨水溶液，使溶液呈黄色，继续滴定溶液变为玫瑰色即为终点，记下消耗体积 V。同时做空白试验。平行测定 3 次。

②数据处理。

乙酸钴的质量分数 ω，数值以"％"表示：

$$\omega = \frac{C \times (V-V_0) \times 10^{-3} \times M}{m \times \dfrac{25.00}{250.0}} \times 100\%$$

式中：C—乙二胺四乙酸二钠标准溶液的物质的量浓度，mol/L；V—测定试样消耗乙二胺四乙酸二钠标准溶液的体积，mL；V_0——测定空白消耗乙二胺四乙酸二钠标准溶液的体积，mL；M—四水合乙酸钴的摩尔质量，g/mol$\{M[Co(CH_3COO)_2 \cdot 4H_2O]=249.1\}$；m—工业乙酸钴试样的质量，g。

测定结果的相对平均偏差

$$\bar{d}_{\bar{x}} = \frac{\sum\limits_{i=1}^{n} |x_i - \bar{x}|}{n \times \bar{x}} \times 100\%$$

③数据记录。

原始数据记录表

内容 \ 次数	1	2	3
EDTA 标准滴定溶液的浓度 C(mol/L)			
称量瓶和工业乙酸钴试样的质量(g)(第一次读数)			
称量瓶和工业乙酸钴试样的质量(g)(第二次读数)			
工业乙酸钴试样的质量 m(g)			
测定消耗 EDTA 标准滴定溶液的体积 V(mL)			
空白溶液消耗 EDTA 标准滴定溶液的体积 V_0(mL)			
四水合乙酸钴的含量 ω(%)			
四水合乙酸钴的含量的平均值 $\bar{\omega}$(%)			
测定结果的相对平均偏差(%)			

(2)实施条件

①场地:天平室,化学分析检验室。

②仪器、试剂。

表1　仪器设备

名称	规格	数量	名称	规格	数量
酸式滴定管	50 mL	1支/人	锥形瓶	250 mL	4只/人
量筒	10 mL	1只/人	洗瓶	500 mL	1只/人
	100 mL	1只/人	移液管	25 mL	1支/人
容量瓶	250 mL	1只/人	滴管		1支/人
烧杯	100 mL	1只/人	玻璃仪器洗涤用具及其洗涤用试剂		公用
电子天平	万分之一	1台/人			
电子台秤		公用			

表2　试剂材料

名称	规格	浓度/数量	名称	规格	浓度/数量
EDTA 标准滴定溶液	浓度由考核点标定好	C(EDTA)=0.01 mol/L 左右	紫脲酸铵指示剂		与 NaCl 按 1:100 质量比混合
氨水		1+10	乙酸		30%
考核试样	工业乙酸钴试样	5 g			

备注:未注明要求时,试剂均为 AR,水为国家规定的实验室三级用水规格

(3)考核时量

120分钟。

（4）考核标准

详见附录4。

35. 试题编号：T-3-35，硝酸铜纯度的测定

考核技能点编号：J-3-3

（1）任务描述

用EDTA直接滴定法测定硝酸铜的纯度，提交分析检测报告。具体测定方法参照HG/T 3443—2014。

①测定步骤。

称取试样约0.6 g，精确至0.000 1 g，加少量水溶解，移入100 mL容量瓶中，加水稀释至刻度，摇匀。准确移取25.00 mL试液置于250 mL锥形瓶中，加水75 mL，15 mL氨-氯化铵缓冲溶液乙及0.2 g紫脲酸铵指示剂，用EDTA标准滴定溶液滴定至溶液呈蓝紫色即为终点，记下消耗体积V。同时做空白试验。平行测定3次。

②数据处理。

硝酸铜的质量分数ω，数值以"%"表示：

$$\omega = \frac{C \times (V - V_0) \times 10^{-3} \times M}{m \times \dfrac{25.00}{100.0}} \times 100\%$$

式中：C—乙二胺四乙酸二钠标准溶液的物质的量浓度，mol/L；V—测定试样消耗乙二胺四乙酸二钠标准溶液的体积，mL；V_0—测定空白消耗乙二胺四乙酸二钠标准溶液的体积，mL；M—三水合硝酸铜的摩尔质量，g/mol$\{M[Cu(NO_3)_2 \cdot 3H_2O] = 241.6\}$；$m$—硝酸铜试样的质量，g。

测定结果的相对平均偏差

$$\bar{d}_{\bar{x}} = \frac{\sum\limits_{i=1}^{n} |x_i - \bar{x}|}{n \times \bar{x}} \times 100\%$$

③数据记录。

原始数据记录表

次数 内容	1	2	3
EDTA标准滴定溶液的浓度C(mol/L)			
称量瓶和硝酸铜试样的质量(g)(第一次读数)			
称量瓶和硝酸铜试样的质量(g)(第二次读数)			
硝酸铜试样的质量m(g)			
测定消耗EDTA标准滴定溶液的体积V(mL)			
空白溶液消耗EDTA标准滴定溶液的体积V_0(mL)			
三水合硝酸铜的含量ω(%)			
三水合硝酸铜含量的平均值$\bar{\omega}$(%)			
测定结果的相对平均偏差(%)			

（2）实施条件

①场地：天平室，化学分析检验室。

②仪器、试剂。

表1 仪器设

名称	规格	数量	名称	规格	数量
酸式滴定管	50 mL	1支/人	锥形瓶	250 mL	4只/人
量筒	25 mL	1只/人	洗瓶	500 mL	1只/人
	100 mL	1只/人	移液管	25 mL	1支/人
容量瓶	100 mL	1只/人	烧杯	100 mL	1只/人
电子天平	万分之一	1台/人	玻璃仪器洗涤用具		公用
电子台秤		公用	及其洗涤用试剂		

表2 试剂材料

名称	规格	浓度/数量	名称	规格	浓度/数量
EDTA标准滴定溶液	浓度由考核点标定好	$C(EDTA)=0.02$ mol/L左右	紫脲酸铵指示剂		与NaCl按1：100质量比混合
氨-氯化铵缓冲溶液乙		pH=10	考核试样	硝酸铜试样	5 g
备注：未注明要求时，试剂均为AR，水为国家规定的实验室三级用水规格					

（3）考核时量

120分钟。

（4）考核标准

详见附录4。

36. 试题编号：T-3-36，硝酸钡纯度的测定

考核技能点编号：J-3-3

（1）任务描述

用EDTA直接滴定法测定硝酸钡的纯度，提交分析检测报告。具体测定方法参照GB/T 653—2011。

①测定步骤。

称取试样约0.3 g，精确至0.000 1 g，加无二氧化碳水50 mL溶解，加5 mL乙二胺，50 mg甲基百里香酚蓝指示剂，立即用EDTA标准滴定溶液滴定至溶液由蓝色变为灰白色，记下消耗体积V。同时做空白试验。平行测定三次。

②数据处理。

硝酸钡的质量分数ω，数值以"%"表示：

$$\omega = \frac{C \times (V - V_0) \times 10^{-3} \times M}{m} \times 100\%$$

式中：C—乙二胺四乙酸二钠标准溶液的物质的量浓度，mol/L；V—测定试样消耗乙二胺四乙酸二钠标准溶液的体积，mL；V_0—测定空白消耗乙二胺四乙酸二钠标准溶液的体积，mL；M—硝酸钡的摩尔质量，g/mol{$M[Ba(NO_3)_2]=261.3$}；m—硝酸钡试样的质量，g。

测定结果的相对平均偏差

$$\bar{d}_{\bar{x}} = \frac{\sum\limits_{i=1}^{n} |x_i - \bar{x}|}{n \times \bar{x}} \times 100\%$$

③数据记录。

原始数据记录表

内容 \ 次数	1	2	3
EDTA 标准滴定溶液的浓度 $C(mol/L)$			
称量瓶和硝酸钡试样的质量(g)(第一次读数)			
称量瓶和硝酸钡试样的质量(g)(第二次读数)			
硝酸钡试样的质量 $m(g)$			
测定消耗 EDTA 标准滴定溶液的体积 $V(mL)$			
空白溶液消耗 EDTA 标准滴定溶液的体积 $V_0(mL)$			
硝酸钡的含量 $\omega(\%)$			
硝酸钡的含量的平均值 $\bar{\omega}(\%)$			
测定结果的相对平均偏差(%)			

(2)实施条件

①场地:天平室,化学分析检验室。

②仪器、试剂。

表1　仪器设备

名称	规格	数量	名称	规格	数量
酸式滴定管	50 mL	1 支/人	锥形瓶	250 mL	4 只/人
量筒	5 mL	1 只/人	洗瓶	500 mL	1 只/人
	50 mL	1 只/人	电子台秤		公用
电子天平	万分之一	1 台/人	玻璃仪器洗涤用具及其洗涤用试剂		公用

表2　试剂材料

名称	规格	浓度/数量	名称	规格	浓度/数量
EDTA 标准滴定溶液	浓度由考核点标定好	$C(EDTA)=0.05$ mol/L 左右	甲基百里香酚蓝指示剂		与 KNO_3 按 1:100 质量比混合
乙二胺		50 mL	考核试样	硝酸钡试剂	5 g
备注:未注明要求时,试剂均为 AR,水为国家规定的实验室三级用水规格					

(3)考核时量

120 分钟。

(4)考核标准

详见附录1。

37. 试题编号:T-3-37,工业循环冷却水垢中铁含量的测定

考核技能点编号:J-3-3

(1)任务描述

用 EDTA 直接滴定法测定工业循环冷却水垢中铁含量,提交分析检测报告。具体测定方法参照 HG/T 3534—2011。

①测定步骤。

移取已分解后的试液 20～30 mL（若白色或灰白色垢样吸取 50 mL，棕色垢样吸取 25 mL，棕红色或黑色垢样吸取 20 mL）于 400 mL 烧杯中，加 100～200 mL 水稀释（若白色或灰白色垢样可加 100 mL 水，棕色垢样可加 150 mL 水，棕红色或黑色垢可加 200 mL 水），加 1 滴磺基水杨酸指示剂，然后逐滴加入氨水溶液至溶液突变为棕色，立即用盐酸溶液回滴至溶液呈红色（约 10 滴），再加入 6～7 滴，用玻璃棒蘸少许上述溶液在精密 pH 试纸上，检验溶液的 pH 是否在 1.8～2.0 之间，若 pH>2.0，则再用盐酸溶液调至 pH1.8～2.0 之间。将溶液在电炉上加热至 70 ℃左右，取下，补加 9 滴磺基水杨酸指示剂，立即用 EDTA 标准滴定溶液慢慢滴定至溶液由紫红色转变为亮黄色（或无色）为终点，记下消耗体积 V。同时做空白试验。平行测定 3 次。

②数据处理。

铁的质量浓度 ρ，数值以"mg /L"表示：

$$\rho = \frac{C \times (V - V_0) \times \frac{1}{2} M \times 1\,000}{V}$$

式中：C—乙二胺四乙酸二钠标准溶液的物质的量浓度，mol /L；V—测定试样消耗乙二胺四乙酸二钠标准溶液的体积，mL；V_0—测定空白消耗乙二胺四乙酸二钠标准溶液的体积，mL；M—氧化铁的摩尔质量，g/mol[$M(Fe_2O_3)$=159.69]；V—试液的体积，mL。

测定结果的相对平均偏差

$$\overline{d_{\bar{x}}} = \frac{\sum\limits_{i=1}^{n} |x_i - \bar{x}|}{n \times \bar{x}} \times 100\%$$

③数据记录。

原始数据记录表

次数 内容	1	2	3
EDTA 标准滴定溶液的浓度 C(mol/L)			
移取试液的体积(mL)			
测定消耗 EDTA 标准滴定溶液的体积 V(mL)			
空白溶液消耗 EDTA 标准滴定溶液的体积 V_0(mL)			
三氧化二铁的含量 ρ(mg/L)			
三氧化二铁的含量的平均值 $\bar{\rho}$(mg/L)			
测定结果的相对平均偏差(%)			

(2)实施条件

①场地：化学分析检验室。

②仪器、试剂。

表 1　仪器设备

名称	规格	数量	名称	规格	数量
酸式滴定管	50 mL	1 支/人	烧杯	400 mL	4 只/人
量筒	10 mL	1 只/人	洗瓶	500 mL	1 只/人
	100 mL	1 只/人	玻璃棒		4 支/人
移液管	25 mL	1 支/人	移液管	50 mL	1 支/人
精密 pH 试纸		公用	玻璃仪器洗涤用具		公用
电炉或电热板		公用	及其洗涤用试剂		

表 2　试剂材料

名称	规格	浓度/数量	名称	规格	浓度/数量
EDTA 标准滴定溶液	浓度由考核点标定好	$C(EDTA)=0.01$ mol/L 左右	磺基水杨酸指示剂		100 g/L
盐酸		1+1	氨水		1+1
			考核试样	含铁试液	10%
备注:未注明要求时,试剂均为 AR,水为国家规定的实验室三级用水规格					

(3)考核时量

150 分钟。

(4)考核标准

详见附录 2。

38. 试题编号:T-3-38,工业冷却循环水中钙、镁离子的测定

考核技能点编号:J-3-4

(1)任务描述

用 EDTA 沉淀掩蔽法分别滴定工业冷却循环水中钙、镁离子含量,提交分析检测报告。具体测定方法参照 GB/T 15452—2009。

①测定步骤。

移取工业冷却循环水样 50.00 mL,加 5 mol/L NaOH 溶液 5 mL,加水 25 mL,钙指示剂适量,用 EDTA 标准滴定溶液滴定至溶液由红色变为纯蓝色,记下体积 V_1。再同样取水样 50.00 mL 于锥形瓶中,加 10 mL pH=10 的氨水-氯化铵缓冲溶液甲,铬黑 T 指示剂 4 滴,用 EDTA 标准滴定溶液滴定至溶液由红色变为纯蓝色,记下体积 V_2。

②数据处理。

钙离子和镁离子的质量浓度 ρ,数值以"mg /L"表示:

$$\rho_{钙}=\frac{C \times V_1 \times 10^3 \times M_1}{V}$$

$$\rho_{镁}=\frac{C \times (V_2-V_1) \times 10^3 \times M_2}{V}$$

式中 C—乙二胺四乙酸二钠标准溶液的物质的量浓度,mol /L;V_1—测定钙离子消耗乙二胺四乙酸二钠标准溶液的体积,mL;V_2—测定钙镁离子消耗乙二胺四乙酸二钠标准溶液的体积,mL;M_1—钙的摩尔质量,g/mol[$M(Ca)=40.08$];M_2—镁的摩尔质量,g/mol[$M(Mg)=24.31$];V—水样的体积,mL。

测定结果的相对平均偏差

$$\overline{d}_{\overline{x}} = \frac{\sum_{i=1}^{n} |x_i - \overline{x}|}{n \times \overline{x}} \times 100\%$$

③数据记录。

原始数据记录表

内容　　　　　　　次数	1	2	3
EDTA 标准滴定溶液的浓度 C(mol/L)			
移取水样的体积 V (mL)			
测定钙离子消耗 EDTA 标准滴定溶液的体积 V_1(mL)			
钙离子的含量 $\rho_{钙}$(mg/L)			
钙离子的含量的平均值 $\overline{\rho}_{钙}$(mg/L)			
测定结果的相对平均偏差(%)			
测定钙镁离子消耗 EDTA 标准滴定溶液的体积 V_2(mL)			
镁离子的含量 $\rho_{镁}$(mg/L)			
镁离子的含量的平均值 $\overline{\rho}_{镁}$(mg/L)			
测定结果的相对平均偏差(%)			

(2)实施条件

①场地:化学分析检验室。

②仪器、试剂。

表1　仪器设备

名称	规格	数量	名称	规格	数量
酸式滴定管	50 mL	1 支/人	锥形瓶	250 mL	6 只/人
量筒	5 mL	1 只/人	洗瓶	500 mL	1 只/人
	10 mL	1 只/人	量筒	25 mL	1 只/人
移液管	50 mL	1 支/人	玻璃仪器洗涤用具及其洗涤用试剂		公用

表2　试剂材料

名称	规格	浓度/数量	名称	规格	浓度/数量
EDTA 标准滴定溶液	浓度由考核点标定好	C(EDTA)=0.01 mol/L 左右	氨-氯化铵缓冲溶液甲		pH=10
氢氧化钠		5 mol/L	铬黑T指示剂		1 g/L
钙指示剂		1∶100 NaCl	考核试样	工业冷却循环水	300 mL

备注:未注明要求时,试剂均为 AR,水为国家规定的实验室三级用水规格

(3)考核时量

150 分钟。

(4)考核标准

详见附录6。

39. 试题编号:T-3-39,工业氯化镁中钙、镁含量的测定

考核技能点编号:J-3-4

(1)任务描述

用沉淀掩蔽法分别测定工业氯化镁中钙和镁的含量,提交分析检测报告。具体测定方法参照 QB/T 2605—2003。

①操作步骤。

称取约 10.00 g 试样,精确至 0.000 1 g,溶解,转移至 100 mL 容量瓶,稀释至刻度,摇匀。吸取上述溶液 20.00 mL 于 250 mL 容量瓶中,稀释至刻度,摇匀,待测。

吸取 10.00 mL 的待测溶液,置于 250 mL 锥形瓶中,加水至 25 mL,加入 2 mL 氢氧化钠溶液和约 10 mg 钙指示剂,用 EDTA 标准滴定溶液滴定至溶液由红色变为纯蓝色,记下体积 V_1。平行测定 3 次。

另吸取 10.00 mL 的待测溶液,于 250 mL 锥形瓶中,加水至 25 mL,加入 5 mL pH=10 的氨水-氯化铵缓冲溶液甲,4 滴铬黑 T 指示剂,用 EDTA 标准滴定溶液滴定至溶液由红色变为纯蓝色,记下体积 V_2。平行测定 3 次。

②数据处理。

钙离子和镁离子的质量分数 ω,数值以"%"表示:

$$\omega_{Ca} = \frac{C \times V_1 \times 10^{-3} \times M_{Ca}}{m \times \dfrac{10.00}{1\,250.0}} \times 100\%$$

$$\omega_{Mg} = \frac{C \times (V_2 - V_1) \times 10^{-3} \times M_{Mg}}{m \times \dfrac{10.00}{1\,250.0}} \times 100\%$$

式中:C—乙二胺四乙酸二钠标准溶液的物质的量浓度,mol/L;V_1—测定钙时消耗乙二胺四乙酸二钠标准溶液的体积,mL;V_2—测定钙镁总量时消耗乙二胺四乙酸二钠标准溶液的体积,mL;M_{Ca}—钙的摩尔质量,g/mol[$M(Ca) = 40.08$];M_{Mg}—镁的摩尔质量,g/mol [$M(Mg) = 24.30$];m—氯化镁试样的质量,g。

测定结果的相对平均偏差

$$\overline{d}_{\bar{x}} = \frac{\displaystyle\sum_{i=1}^{n} |x_i - \bar{x}|}{n \times \bar{x}} \times 100\%$$

③数据记录。

原始数据记录表

内容	次数 1	2	3
EDTA 标准滴定溶液的浓度 C(mol/L)			
称量瓶和氯化镁试样的质量(g)(第一次读数)			
称量瓶和氯化镁试样的质量(g)(第二次读数)			
氯化镁试样的质量 m(g)			
测定钙消耗 EDTA 标准滴定溶液的体积 V_1(mL)			
钙的含量 ω_{Ca}(%)			

续表

次数 内容	1	2	3
钙的含量的平均值 $\bar{\omega}_{Ca}$(%)			
测定结果的相对平均偏差(%)			
测定钙镁总量消耗 EDTA 标准滴定溶液的体积 V_2(mL)			
镁的含量 ω_{Mg}(%)			
镁的含量的平均值 $\bar{\omega}_{Mg}$(%)			
测定结果的相对平均偏差(%)			

(2)实施条件

①场地:天平室,化学分析检验室。

②仪器、试剂。

表1　仪器设备

名称	规格	数量	名称	规格	数量
酸式滴定管	50 mL	1 支/人	移液管	10 mL	1 支/人
量筒	5 mL	2 只/人	移液管	20 mL	1 支/人
	20 mL	1 只/人	烧杯	100 mL	1 只/人
容量瓶	100 mL	1 个/人	锥形瓶	250 mL	4 只/人
	250 mL	1 个/人	滴管		1 支/人
洗瓶	500 mL	1 只/人	玻璃仪器洗涤用具 及其洗涤用试剂		公用
电子天平	万分之一	1 台/人			

表2　试剂材料

名称	规格	浓度/数量	名称	规格	浓度/数量
EDTA 标准 滴定溶液	浓度由考核 点标定好	$C(EDTA)=0.02$ mol/L 左右	氨-氯化铵缓冲溶液甲		pH=10
氢氧化钠		2 mol/L	铬黑 T 指示剂		2 g/L
钙指示剂		质量比 1： 100 NaCl	考核试样	氯化镁试样	20 g

备注:未注明要求时,试剂均为 AR,水为国家规定的实验室三级用水规格

(3)考核时量

150 分钟。

(4)考核标准

详见附录8。

40. 试题编号:T-3-40,二水合氯化亚锡含量的测定

考核技能点编号:J-3-5

(1)任务描述

采用氧化还原滴定法,完成二水合氯化亚锡的测定,提交分析检验报告单。具体测定方法参照 GB/T 638—2007。

①测定步骤。

称取 15 g 硫酸铁铵(Ⅲ),溶于 150 mL 盐酸溶液(10%)中。

称取 0.4 g 样品,精确至 0.000 1 g,迅速置于预先盛有 25.00 mL 硫酸铁铵(Ⅲ)溶液的锥形瓶中,煮沸,用无氧的水稀释至 300 mL,加入 8 mL 硫酸锰溶液(按 GB/T 603—2002 配制),用高锰酸钾标准滴定溶液$[C(\frac{1}{5}KMnO_4)=0.1 \text{ mol/L}]$滴定至溶液呈粉红色,保持 30 s。同时做空白试验。平行测定 3 次。

②数据处理。

二水合氯化亚锡的质量分数 ω,数值以"%"表示:

$$\omega = \frac{(V_1 - V_2) \times C \times M}{m \times 1\ 000} \times 100\%$$

式中:V_1—高锰酸钾标准滴定溶液的体积,mL;V_2—空白试验高锰酸钾标准滴定溶液的体积,mL;C—高锰酸钾标准滴定溶液的浓度,mol/L;M—二水合氯化亚锡的摩尔质量,g/mol$[M(\frac{1}{2}SnCl_2 \cdot 2H_2O)=112.8]$;$m$—样品的质量,g。

测定结果的相对平均偏差

$$\overline{d_{\bar{x}}} = \frac{\sum\limits_{i=1}^{n} |x_i - \bar{x}|}{n \times \bar{x}} \times 100\%$$

③数据记录。

原始数据记录表

内容 \ 次数	1	2	3
称量瓶和样品质量(g)(第一次读数)			
称量瓶和样品质量(g)(第二次读数)			
样品的质量 m(g)			
实际消耗高锰酸钾标准溶液的体积 V_1(mL)			
空白试验消耗高锰酸钾标准溶液的体积 V(mL)			
高锰酸钾标准溶液的浓度 C(mol/L)			
样品中二水合氯化亚锡的含量 ω(%)			
样品中二水合氯化亚锡的平均含量 $\bar{\omega}$(%)			
测定结果的相对平均偏差(%)			

(2)实施条件

①场地:天平室,化学分析检验室。

②仪器、试剂。

表 1　仪器设备

名称	规格	数量	名称	规格	数量
碱式滴定管	50 mL	1 支/人	锥形瓶	500 mL	3 只/人
量筒	100 mL	1 只/人	洗瓶	500 mL	1 只/人
	10 mL	1 只/人			

续表

名称	规格	数量	名称	规格	数量
移液管	25 mL	1 支/人	烧杯	250 mL	1 只/人
			玻璃仪器洗涤用具及其洗涤用试剂		公用

表 2　试剂材料

名称	规格	浓度/数量	名称	规格	浓度/数量
高锰酸钾标准溶液 $C(\frac{1}{5}KMnO_4)$	浓度由考核点标定好	约 0.1 mol/L 250 mL	硫酸铁铵（Ⅲ）		15 g
二水合氯化亚锡样品		2 g	硫酸		1.84 g/mL
无氧的水		1 200 mL	磷酸		1.69 g/mL
硫酸锰溶液		50 mL	盐酸溶液		10%

备注：未注明要求时，试剂均为 AR，水为国家规定的实验室三级用水规格

（3）考核时量

120 分钟。

（4）考核标准

详见附录 1。

41. 试题编号：T-3-41，次氯酸钙中有效氯含量的测定

考核技能点编号：J-3-8

（1）任务描述

采用氧化还原滴定法，完成次氯酸钙中有效氯含量的测定，提交分析检验报告单。具体测定方法参照 GB/T 10666—2008。

①测定步骤。

称取 1.7 g 样品，精确至 0.000 1 g，置于研钵中，加少量水，研磨呈均匀乳液，然后全部移入 250 mL 容量瓶中，用水稀释至刻度，摇匀。准确移取 25.00 mL 该试液，置于碘量瓶中，加 20 mL 碘化钾溶液（100 g/L）和 10 mL 硫酸溶液（3＋100），在暗处放置 5 min，用硫代硫酸钠标准滴定溶液 $[C(Na_2S_2O_3)=0.1\ mol/L]$ 滴定至浅黄色，加 1 mL 淀粉指示液（10 g/L），继续滴定至溶液蓝色消失为终点。平行测定 3 次。

②数据处理。

有效氯的质量分数 ω，数值以"％"表示：

$$\omega = \frac{V \times C \times M}{m \times \dfrac{25}{250} \times 1\,000} \times 100\%$$

式中：V—硫代硫酸钠标准滴定溶液的体积，mL；C—硫代硫酸钠标准滴定溶液的浓度，mol/L；M—氯的摩尔质量，g/mol$[M(\frac{1}{2}Cl_2)=35.453]$；$m$—样品的质量，g。

测定结果的相对平均偏差

$$\bar{d_x} = \frac{\sum\limits_{i=1}^{n} |x_i - \bar{x}|}{n \times \bar{x}} \times 100\%$$

③数据记录。

原始数据记录表

内容＼次数	1	2	3
称量瓶和样品的质量(g)(第一次读数)			
称量瓶和样品的质量(g)(第二次读数)			
样品的质量 m(g)			
实际消耗硫代硫酸钠标准溶液的体积 V(mL)			
硫代硫酸钠标准溶液的浓度 C(mol/L)			
样品中有效氯的含量 ω(%)			
样品中有效氯的平均含量 $\bar{\omega}$(%)			
测定结果的相对平均偏差(%)			

(2)实施条件

①场地：天平室，化学分析检验室。

②仪器、试剂。

表1 仪器设备

名称	规格	数量	名称	规格	数量
酸式滴定管	50 mL	1 支/人	容量瓶	250 mL	1 只/人
量筒	10 mL	1 只/人	移液管	25 mL	1 支/人
	20 mL	1 只/人	烧杯	50 mL	1 只/人
	2 mL	1 只/人	研钵		1 个/人
洗瓶	500 mL	1 只/人	碘量瓶	250 mL	3 只/人
电子天平	万分之一	1 台/人	玻璃仪器洗涤用具及其洗涤用试剂		公用

表2 试剂材料

名称	规格	浓度/数量	名称	规格	浓度/数量
硫代硫酸钠标准滴定溶液 $[C(Na_2S_2O_3)]$	浓度由考核点标定好	约 0.1 mol/L 250 mL	硫酸溶液		(3＋100)
次氯酸钙样品		有效氯 60%～70%	淀粉指示剂		10 g/L
碘化钾溶液		100 g/L			

备注：未注明要求时，试剂均为 AR，水为国家规定的实验室三级用水规格

(3)考核时量

120 分钟。

(4)考核标准

详见附录4。

42. 试题编号:T-3-42,氯酸钾含量的测定

考核技能点编号:J-3-6

(1)任务描述

采用氧化还原滴定法,完成氯酸钾含量的测定,提交分析检验报告单。具体测定方法参照 GB/T 645—2011。

①测定步骤。

称取 0.6 g 样品,精确至 0.000 1 g,置于烧杯中,加水溶解,移入 250 mL 容量瓶中,稀释至刻度,摇匀。移取 25.00 mL,注入磨口锥形瓶中,加 50.00 mL 硫酸亚铁铵标准滴定溶液 $\{C[(NH_4)_2Fe(SO_4)_2=0.1\ mol/L]\}$,缓缓加入 20 mL 硫酸和 5 mL 磷酸,冷却。在室温下放置 10 min,稀释至 300 mL,加 5 滴二苯胺磺酸钠指示液(5 g/L),用重铬酸钾标准滴定液 $[C(\frac{1}{6}K_2Cr_2O_7)=0.1\,mol/L]$ 滴定至溶液呈紫色。同时做空白试验。平行测定 3 次。

②数据处理。

氯酸钾的质量分数 ω,数值以"%"表示:

$$\omega=\frac{(V_1-V_2)\times c\times M}{m\times\frac{25}{250}\times 1\ 000}\times 100\%$$

式中:V_1—空白试验消耗重铬酸钾标准滴定溶液的体积,mL;V_2—实际消耗重铬酸钾标准滴定溶液的体积,mL;C—重铬酸钾标准滴定溶液的浓度,mol/L;M—氯酸钾的摩尔质量,g/mol$[M(\frac{1}{6}KClO_3)=20.42]$;$m$—样品的质量,g。

测定结果的相对平均偏差

$$\overline{d_{\bar{x}}}=\frac{\sum_{i=1}^{n}|\ x_i-\bar{x}\ |}{n\times\bar{x}}\times 100\%$$

③数据记录。

原始数据记录表

次数 内容	1	2	3
称量瓶和样品的质量(g)(第一次读数)			
称量瓶和样品的质量(g)(第二次读数)			
样品的质量 m(g)			
实际消耗重铬酸钾标准溶液的体积 V_2(mL)			
空白实际消耗重铬酸钾标准溶液的体积 V_1(mL)			
重铬酸钾标准溶液的浓度 C(mol/L)			
样品中氯酸钾的含量 ω(%)			
样品中氯酸钾的平均含量 $\bar{\omega}$(%)			
测定结果的相对平均偏差(%)			

(2)实施条件

①场地:天平室,化学分析检验室。

②仪器、试剂。

表1　仪器设备

名称	规格	数量	名称	规格	数量
酸式滴定管	50 mL	1支/人	移液管	25 mL 50 mL	1支/人 1支/人
量筒	20 mL	1只/人	洗瓶	500 mL	1只/人
	5 mL	1只/人	烧杯	50 mL	1只/人
磨口锥形瓶	500 mL	4只/人	容量瓶	250 mL	1个/人
电子天平	万分之一	1台/人	玻璃仪器洗涤用具 及其洗涤用试剂		公用

表2　试剂材料

名称	规格	浓度/数量	名称	规格	浓度/数量
重铬酸钾标准滴定溶液的 $[C(\frac{1}{6}K_2Cr_2O_7)]$	浓度由考核 点标定好	约0.1 mol/L 250 mL	硫酸亚铁铵标准滴定溶液 $C[(NH_4)_2Fe(SO_4)_2]$	浓度由考核 点标定好	约0.1 mol/L 250 mL
氯酸钾样品		2 g	磷酸		1.69 g/L
硫酸		1.84 g/L	二苯胺磺酸钠指示剂		5 g/L

备注:未注明要求时,试剂均为AR,水为国家规定的实验室三级用水规格

(3)考核时量

120分钟。

(4)考核标准

详见附录4。

43. 试题编号:T-3-43,十二水合硫酸铁铵含量的测定

考核技能点编号:J-3-8

(1)任务描述

采用氧化还原滴定法,完成十二水合硫酸铁铵含量的测定,提交分析检验报告单。具体测定方法参照GB/T 1279—2008。

①测定步骤。

称取1.2 g样品,精确至0.000 1 g,置于碘量瓶中,加50 mL水溶解,加3 g碘化钾及3 mL盐酸,于暗处放置30 min,加100 mL水,用硫代硫酸钠标准滴定溶液$[C(Na_2S_2O_3)=0.1\ mol/L]$滴定,近终点时,加3 mL淀粉指示液(5 g/L),继续滴定至溶液蓝色消失。同时做空白试验。平行测定3次。

②数据处理。

十二水合硫酸铁铵的质量分数ω,数值以"%"表示:

$$\omega = \frac{(V_1-V_2)\times C\times M}{m\times 1\ 000}\times 100\%$$

式中:V_1—硫代硫酸钠标准滴定溶液的体积,mL;V_2—空白试验消耗硫代硫酸钠标准滴定溶液的体积,mL;C—硫代硫酸钠标准滴定溶液的浓度,mol/L;M—十二水合硫酸铁铵的摩尔质量,g/mol{$M[NH_4Fe(SO_4)_2\cdot 12H_2O]=485.19$};$m$—样品的质量,g。

测定结果的相对平均偏差

$$\overline{d_{\bar{x}}} = \frac{\sum_{i=1}^{n} |x_i - \bar{x}|}{n \times \bar{x}} \times 100\%$$

③数据记录。

原始数据记录表

内容 \ 次数	1	2	3
称量瓶和样品的质量(g)(第一次读数)			
称量瓶和样品的质量(g)(第二次读数)			
样品的质量 m(g)			
实际消耗硫代硫酸钠标准溶液的体积 V_1(mL)			
空白消耗硫代硫酸钠标准溶液的体积 V_2(mL)			
硫代硫酸标准溶液的浓度 C(mol/L)			
样品中十二水合硫酸铁铵的含量 ω(%)			
样品中十二水合硫酸铁铵的平均含量 $\bar{\omega}$(%)			
测定结果的相对平均偏差(%)			

(2)实施条件

①场地:天平室,化学分析检验室。

②仪器、试剂。

表1 仪器设备

名称	规格	数量	名称	规格	数量
酸式滴定管	50 mL	1 支/人	碘量瓶	250 mL	4 只/人
量筒	100 mL	1 只/人	洗瓶	500 mL	1 只/人
	3 mL	2 只/人	电子台秤		公用
电子天平	万分之一	1 台/人	玻璃仪器洗涤用具及其洗涤用试剂		公用

表2 试剂材料

名称	规格	浓度/数量	名称	规格	浓度/数量
硫代硫酸钠标准滴定溶液 $[C(Na_2S_2O_3)]$		约 0.1 mol/L 250 mL	盐酸		1.19 g/L
十二水合硫酸铁铵样品		6 g	淀粉指示剂		5 g/L
碘化钾		12 g			

备注:未注明要求时,试剂均为 AR,水为国家规定的实验室三级用水规格

(3)考核时量

120 分钟。

(4)考核标准

详见附录1。

44. 试题编号:T-3-44,过硫酸铵含量的测定

考核技能点编号:J-3-8

(1)任务描述

采用氧化还原滴定法,完成过硫酸铵含量的测定,提交分析检验报告单。具体测定方法参照 GB/T 655—2011。

①测定步骤。

称取 0.3 g 样品,精确至 0.000 1 g,置于碘量瓶中,加 30 mL 水、4 g 碘化钾,摇匀,放置暗处 30 min,加 2 mL 乙酸溶液(36%),用硫代硫酸钠标准滴定溶液$[C(Na_2S_2O_3)]$滴定,近终点时,加 3 mL 淀粉指示液(10 g/L),继续滴定至溶液蓝色消失。同时做空白试验。平行测定 3 次。

②数据处理。

过硫酸铵的质量分数 ω,数值以"%"表示:

$$\omega = \frac{(V_1 - V_2) \times C \times M}{m \times 1\,000} \times 100\%$$

式中:V_1—硫代硫酸钠标准滴定溶液的体积,mL;V_2—空白试验消耗硫代硫酸钠标准滴定溶液的体积,mL;C—硫代硫酸钠标准滴定溶液的浓度,mol/L;M—过硫酸铵的摩尔质量,g/mol$\{M[\frac{1}{2}(NH_4)_2S_2O_8] = 114.1\}$;$m$—样品的质量,g。

测定结果的相对平均偏差

$$\overline{d}_{\bar{x}} = \frac{\sum\limits_{i=1}^{n} |x_i - \bar{x}|}{n \times \bar{x}} \times 100\%$$

③数据记录。

原始数据记录表

次数 内容	1	2	3
称量瓶和样品的质量(第一次读数)(g)			
称量瓶和样品的质量(第二次读数)(g)			
样品的质量 m(g)			
实际消耗硫代硫酸钠标准溶液的体积 V_1(mL)			
硫代硫酸钠标准溶液的浓度 C(mol/L)			
空白消耗硫代硫酸钠标准溶液的体积 V_2(mL)			
样品中过硫酸铵的含量 ω(%)			
样品中过硫酸铵的平均含量 $\bar{\omega}$(%)			
测定结果相对平均偏差(%)			

(2)实施条件

①场地:天平室,化学分析检验室。

②仪器、试剂。

表1 仪器设备

名称	规格	数量	名称	规格	数量
酸式滴定管	50 mL	1 支/人	碘量瓶	250 mL	4 只/人
量筒	50 mL	1 只/人	洗瓶	500 mL	1 只/人
	5 mL	2 只/人	电子台秤		公用
电子天平	万分之一	1 台/人	玻璃仪器洗涤用具及其洗涤用试剂		公用

表2 试剂材料

名称	规格	浓度/数量	名称	规格	浓度/数量
硫代硫酸钠标准滴定溶液 $[C(Na_2S_2O_3)]$	浓度由考核点标定好	约 0.1 mol/L 250 mL	淀粉指示液		10 g/L
过硫酸铵样品		2 g	乙酸溶液		36%
碘化钾		16 g			

备注：未注明要求时，试剂均为 AR，水为国家规定的实验室三级用水规格

(3)考核时量

120 分钟。

(4)考核标准

详见附录 1。

45. 试题编号：T-3-45，二水合氯化铜含量的测定

考核技能点编号：J-3-8

(1)任务描述

采用氧化还原滴定法，完成二水合氯化铜含量的测定，提交分析检验报告单。具体测定方法参照 GB/T 15901—1995。

①测定步骤。

称取 0.5 g 样品，精确至 0.000 1 g，置于碘量瓶中，加 50 mL 水溶解，加 3 g 碘化钾及 5 mL 硫酸溶液(20%)，摇匀，放置暗处 10 min，加水 100 mL，用硫代硫酸钠标准滴定溶液 $[C(Na_2S_2O_3)=0.1\ mol/L]$ 滴定，近终点时，加 3 mL 淀粉指示液(10 g/L)，继续滴定至溶液蓝色消失。同时做空白试验。平行测定 3 次。

②数据处理。

二水合氯化铜的质量分数 ω，数值以"%"表示：

$$\omega = \frac{(V_1 - V_2) \times c \times M}{m \times 1\ 000} \times 100\%$$

式中：V_1—硫代硫酸钠标准滴定溶液的体积，mL；V_2—空白消耗硫代硫酸钠标准滴定溶液的体积，mL；C—硫代硫酸钠标准滴定溶液的浓度，mol/L；M—二水合氯化铜的摩尔质量，g/mol $[M(CuCl_2 \cdot 2H_2O)=170.48]$；$m$—样品的质量，g。

测定结果的相对平均偏差

$$\bar{d}_{\bar{x}} = \frac{\sum\limits_{i=1}^{n} |x_i - \bar{x}|}{n \times \bar{x}} \times 100\%$$

③数据记录。

原始数据记录表

内容 \ 次数	1	2	3
称量瓶和样品的质量(g)(第一次读数)			
称量瓶和样品的质量(g)(第二次读数)			
样品的质量 m(g)			
实际消耗硫代硫酸钠标准溶液的体积 V_1(mL)			
空白消耗硫代硫酸钠标准溶液的体积 V_2(mL)			
硫代硫酸钠标准溶液的浓度 C(mol/L)			
样品中二水合氯化铜的含量 ω(%)			
样品中二水合氯化铜的平均含量 $\bar{\omega}$(%)			
测定结果相对平均偏差(%)			

(2)实施条件

①场地:天平室,化学分析检验室。

②仪器、试剂。

表 1 仪器设备

名称	规格	数量	名称	规格	数量
碱式滴定管	50 mL	1 支/人	碘量瓶	250 mL	4 只/人
量筒	100 mL	1 只/人	洗瓶	500 mL	1 只/人
	5 mL	2 只/人	电子台秤		公用
电子天平	万分之一	1 台/人	玻璃仪器洗涤用具及其洗涤用试剂		公用

表 2 试剂材料

名称	规格	浓度/数量	名称	规格	浓度/数量
硫代硫酸钠标准滴定溶液[$C(Na_2S_2O_3)$]	浓度由考核点标定好	约 0.1 mol/L 250 mL	硫酸溶液		20%
二水合氯化铜样品		3 g	淀粉指示液		10 g/L

备注:未注明要求时,试剂均为 AR,水为国家规定的实验室三级用水规格

(3)考核时量

120 分钟。

(4)考核标准

详见附录1。

46. 试题编号:T-3-46,草酸钠含量的测定

考核技能点编号:J-3-5

(1)任务描述

采用氧化还原滴定法,完成草酸钠含量的测定,提交分析检验报告单。

①测定步骤。

称取 0.2 g 样品,精确至 0.000 1 g,置于锥形瓶中,加 100 mL 硫酸溶液(8+92)溶解,用高锰酸钾标准滴定溶液滴定,近终点时,加热至 65 ℃,继续滴定至溶液呈粉红色,保持 30 s。

同时作空白试验。平行测定 3 次。

②数据处理。

草酸钠的质量分数 ω，数值以"%"表示：

$$\omega = \frac{(V_1 - V_2) \times C \times M}{m \times 1\,000} \times 100\%$$

式中：V_1—高锰酸钾标准滴定溶液的体积，mL；V_2—空白试验消耗高锰酸钾标准滴定溶液的体积，mL；c—高锰酸钾标准滴定溶液的浓度，mol/L；M—草酸钠的摩尔质量，g/mol[$M(\frac{1}{2}$ $Na_2C_2O_4) = 67.00$]；m—样品的质量，g。

测定结果的相对平均偏差

$$\overline{d_{\bar{x}}} = \frac{\sum\limits_{i=1}^{n} |x_i - \bar{x}|}{n \times \bar{x}} \times 100\%$$

③数据记录。

原始数据记录表

内容 \ 次数	1	2	3
称量瓶和样品的质量(g)(第一次读数)			
称量瓶和样品的质量(g)(第二次读数)			
样品的质量 m(g)			
实际消耗高锰酸钾标准溶液的体积 V_1(mL)			
空白消耗高锰酸钾标准溶液的体积 V_2(mL)			
高锰酸钾标准溶液的浓度 C(mol/L)			
样品中草酸钠的含量 ω(%)			
样品草酸钠的平均含量 $\bar{\omega}$(%)			
测定结果的相对平均偏差(%)			

(2)实施条件

①场地：天平室，化学分析检验室。

②仪器、试剂。

表1　仪器设备

名称	规格	数量	名称	规格	数量
碱式滴定管	50 mL	1 支/人	锥形瓶	250 mL	4 只/人
量筒	100 mL	1 只/人	洗瓶	500 mL	1 只/人
电子天平	万分之一	1 台/人	玻璃仪器洗涤用具及其洗涤用试剂		公用

表2　试剂材料

名称	规格	浓度/数量	名称	规格	浓度/数量
高锰酸钾标准溶液 $C(\frac{1}{5}KMnO_4)$	浓度由考核点标定好	约 0.1 mol/L 250 mL	硫酸溶液		(8+92)

续表

名称	规格	浓度/数量	名称	规格	浓度/数量
草酸钠样品		3 g			

备注:未注明要求时,试剂均为 AR,水为国家规定的实验室三级用水规格

（3）考核时量

120 分钟。

（4）考核标准

详见附录 1。

47. 试题编号:T-3-47,过氧化氢含量的测定

考核技能点编号:J-3-5

（1）任务描述

采用氧化还原滴定法,完成过氧化氢含量的测定,提交分析检验报告单。具体测定方法参照 GB/T 6684—2002。

①测定步骤。

称取 0.2 g(0.18 mL)样品,精确至 0.000 1 g,加 25 mL 水,加 10 mL 硫酸溶液(质量分数为 20%),用高锰酸钾标准滴定溶液$[C(\frac{1}{5}KMnO_4)=0.1 \text{ mol/L}]$滴定至溶液呈粉红色,保持 30 s。平行测定 3 次。

②数据处理。

过氧化氢的质量分数 ω,数值以"%"表示:

$$\omega = \frac{V \times C \times M}{m \times \frac{25}{250} \times 1\,000} \times 100\%$$

式中:V—高锰酸钾标准滴定溶液的体积,mL;C—高锰酸钾标准滴定溶液的浓度,mol/L;M—过氧化氢的摩尔质量,g/mol$[M(\frac{1}{2}H_2O_2)=17.01]$;$m$—样品的质量,g。

测定结果的相对平均偏差

$$\bar{d}_{\bar{x}} = \frac{\sum_{i=1}^{n} |x_i - \bar{x}|}{n \times \bar{x}} \times 100\%$$

③数据记录。

原始数据记录表

内容 \ 次数	1	2	3
滴瓶和样品质量(g)(第一次读数)			
滴瓶和样品质量(g)(第二次读数)			
样品的质量 m(g)			
实际消耗高锰酸钾标准溶液的体积 V(mL)			
高锰酸钾标准溶液的浓度 C(mol/L)			

续表

内容 \ 次数	1	2	3
样品中过氧化氢的含量 $\omega(\%)$			
样品中过氧化氢的平均含量 $\bar{\omega}(\%)$			
测定结果的相对平均偏差(%)			

(2)实施条件

①场地:天平室,化学分析检验室。

②仪器、试剂。

表 1 仪器设备

名称	规格	数量	名称	规格	数量
碱式滴定管	50 mL	1 支/人	锥形瓶	250 mL	3 只/人
量筒	50 mL	1 只/人	洗瓶	500 mL	1 只/人
	10 mL	1 只/人			
电子天平	万分之一	1 台/人	玻璃仪器洗涤用具及其洗涤用试剂		公用

表 2 试剂材料

名称	规格	浓度/数量	名称	规格	浓度/数量
高锰酸钾标准溶液 $C(\frac{1}{5}KMnO_4)$	浓度由考核点标定好	约 0.1 mol/L 250 mL	硫酸溶液		20%
过氧化氢样品		30%			

备注:未注明要求时,试剂均为 AR,水为国家规定的实验室三级用水规格

(3)考核时量

120 分钟。

(4)考核标准

详见附录1。

48. 试题编号:T-3-48,七水合硫酸亚铁(硫酸亚铁)含量的测定

考核技能点编号:J-3-5

(1)任务描述

采用氧化还原滴定法,完成硫酸亚铁含量的测定,提交分析检验报告单。具体测定方法参照 GB/T 664—2011。

①测定步骤。

称取 1 g 样品,精确至 0.000 1 g,溶于 100 mL 无氧的水中,加 10 mL 硫酸、5 mL 磷酸,立即用高锰酸钾标准滴定溶液 $[C(\frac{1}{5}KMnO_4)=0.1 \text{ mol/L}]$ 滴定至溶液呈粉红色,保持 30 s。平行测定 3 次。

②数据处理。

七水硫酸亚铁的质量分数 ω,数值以"%"表示:

$$\omega = \frac{V \times C \times M}{m \times 1\,000} \times 100\%$$

式中：V—高锰酸钾标准滴定溶液的体积，mL；C—高锰酸钾标准滴定溶液的浓度，mol/L；M—七水合硫酸亚铁的摩尔质量，g/mol[$M(FeSO_4 \cdot 7H_2O) = 278.0$]；$m$—样品的质量，g。

测定结果的相对平均偏差

$$\overline{d}_{\overline{x}} = \frac{\sum_{i=1}^{n} |x_i - \overline{x}|}{n \times \overline{x}} \times 100\%$$

③数据记录。

原始数据记录表

内容　　　　　　　　　　次数	1	2	3
称量瓶和样品的质量(g)(第一次读数)			
称量瓶和样品的质量(g)(第二次读数)			
样品的质量 m(g)			
实际消耗高锰酸钾标准溶液的体积 V(mL)			
高锰酸钾标准溶液的浓度 C(mol/L)			
样品中七水合硫酸亚铁的含量 ω(%)			
样品中七水合硫酸亚铁的平均含量 $\overline{\omega}$(%)			
测定结果的相对平均偏差(%)			

(2)实施条件

①场地：天平室，化学分析检验室。

②仪器、试剂。

表1　仪器设备

名称	规格	数量	名称	规格	数量
酸式滴定管	50 mL	1支/人	锥形瓶	250 mL	3只/人
量筒	100 mL	1只/人	洗瓶	500 mL	1只/人
	10 mL	2只/人			
电子天平	万分之一	1台/人	玻璃仪器洗涤用具及其洗涤用试剂		公用

表2　试剂材料

名称	规格	浓度/数量	名称	规格	浓度/数量
高锰酸钾标准溶液 $C(\frac{1}{5}KMnO_4)$	浓度由考核点标定好	约0.1 mol/L 250 mL	硫酸		1.84 g/mL

续表

名称	规格	浓度/数量	名称	规格	浓度/数量
七水合硫酸亚铁样品		5 g	磷酸		1.69 g/mL
无氧的水		500 mL			

备注:未注明要求时,试剂均为 AR,水为国家规定的实验室三级用水规格

(3)考核时量

120 分钟。

(4)考核标准

详见附录 1。

49. 试题编号:T-3-49,碘酸钾含量的测定

考核技能点编号:J-3-8

(1)任务描述

采用氧化还原滴定法,完成碘酸钾含量的测定,提交分析检验报告单。具体测定方法参照 GB/T 651—2011。

①测定步骤。

称取 1.2 样品,精确至 0.000 1 g,溶于水,移入 250 mL 容量瓶中,加水稀释至刻度,摇匀。移取 25.00 mL,注入 500 mL 碘量瓶中,加 3 g 碘化钾及 5 mL 盐酸溶液(20%),摇匀,于暗处放置 5 min,加 150 mL 水(不超过 10 ℃),用硫代硫酸钠标准滴定溶液[$C(NaS_2O_3)=0.1$ mol/L]滴定,近终点时,加 3 mL 淀粉指示液(5 g/L),继续滴定至溶液蓝色消失。同时做空白试验。平行测定 3 次。

②数据处理。

碘酸钾的质量分数 ω,数值以"%"表示:

$$\omega=\frac{(V_1-V_2)\times C\times M}{m\times\frac{25}{250}\times 1\ 000}\times 100\%$$

式中:V_1—硫代硫酸钠标准滴定溶液的体积,mL;V_2—空白实验消耗硫代硫酸钠标准滴定溶液的体积,mL;C—硫代硫酸钠标准滴定溶液的浓度,mol/L;M—碘酸钾的摩尔质量,g/mol [$M(\frac{1}{6}KIO_3)=35.67$];$m$—样品的质量,g。

测定结果的相对平均偏差

$$\bar{d}_{\bar{x}}=\frac{\sum_{i=1}^{n}|x_i-\bar{x}|}{n\times\bar{x}}\times 100\%$$

③数据记录。

原始数据记录表

内容 \ 次数	1	2	3
称量瓶和样品的质量(g)(第一次读数)			
称量瓶和样品的质量(g)(第二次读数)			
样品的质量 m(g)			

续表

次数 内容	1	2	3
实际消耗硫代硫酸钠标准溶液的体积 V(mL)			
空白消耗硫代硫酸钠标准溶液的体积 V(mL)			
硫代硫酸钠标准溶液的浓度 C(mol/L)			
样品中碘酸钾的含量 ω(%)			
样品中碘酸钾的平均含量 $\bar{\omega}$(%)			
测定结果的相对平均偏差(%)			

(2)实施条件

①场地:天平室,化学分析检验室。

②仪器、试剂。

表 1　仪器设备

名称	规格	数量	名称	规格	数量
酸式滴定管	50 mL	1 支/人	容量瓶	250 mL	1 只/人
量筒	100 mL	1 只/人	移液管	25 mL	1 支/人
	5 mL	2 只/人	电子台秤		公用
洗瓶	500 mL	1 只/人	碘量瓶	500 mL	4 只/人
烧杯	100 mL	1 只/人	玻璃仪器洗涤用具 及其洗涤用试剂		公用
电子天平	万分之一	1 台/人			

表 2　试剂材料

名称	规格	浓度/数量	名称	规格	浓度/数量
硫代硫酸钠标准滴定 溶液[$C(Na_2S_2O_3)$]	浓度由考核 点标定好	约 0.1 mol/L 250 mL	盐酸溶液		20%
碘酸钾样品		3 g	淀粉指示剂		5 g/L
碘化钾		10 g			

备注:未注明要求时,试剂均为 AR,水为国家规定的实验室三级用水规格

(3)考核时量

120 分钟。

(4)考核标准

详见附录4。

50.试题编号:T-3-50,五水合硫酸铜含量的测定

考核技能点编号:J-3-8

(1)任务描述

采用氧化还原滴定法,完成硫酸铜含量的测定,提交分析检验报告单。具体测定方法参照 GB/T 665—2007。

①测定步骤。

称取 0.8 g 样品,精确至 0.000 1 g,置于 500 mL 碘量瓶中,溶于 60 mL 水,加 5 mL 硫酸溶液(20%)及 3 g 碘化钾,摇匀,于暗处放置 10 min 后,用硫代硫酸钠标准滴定溶液 [$C(Na_2S_2O_3)=0.1$ mol/L]滴定,近终点时,加 3 mL 淀粉指示液(10 g/L),继续滴定至溶液

蓝色消失。同时做空白试验。平行测定 3 次。

②数据处理。

五水合硫酸铜的质量分数 ω，数值以"%"表示：

$$\omega = \frac{(V_1 - V_2) \times C \times M}{m \times 1\,000} \times 100\%$$

式中：V_1—硫代硫酸钠标准滴定溶液的体积，mL；V_2—空白实验消耗硫代硫酸钠标准滴定溶液的体积，mL；C—硫代硫酸钠标准滴定溶液的浓度[$C(Na_2S_2O_3)$]，mol/L；M—五水合硫酸铜的摩尔质量，g/mol[$M(CuSO_4 \cdot 5H_2O) = 249.7$]；$m$—样品的质量，g。

测定结果的相对平均偏差

$$\bar{d}_{\bar{x}} = \frac{\sum_{i=1}^{n} |x_i - \bar{x}|}{n \times \bar{x}} \times 100\%$$

③数据记录。

原始数据记录表

内容 \ 次数	1	2	3
称量瓶和样品的质量(g)(第一次读数)			
称量瓶和样品的质量(g)(第二次读数)			
样品的质量 m(g)			
实际消耗硫代硫酸钠标准溶液的体积 V(mL)			
空白消耗硫代硫酸钠标准溶液的体积 V(mL)			
硫代硫酸钠标准溶液的浓度(mol/L)			
样品中五水合硫酸铜的含量 ω(%)			
样品中五水合硫酸铜的平均含量 $\bar{\omega}$(%)			
测定结果的相对平均偏差(%)			

(2)实施条件

①场地：天平室，化学分析检验室。

②仪器、试剂。

表 1　仪器设备

名称	规格	数量	名称	规格	数量
酸式滴定管	50 mL	1 支/人	碘量瓶	500 mL	4 只/人
量筒	100 mL	1 只/人	洗瓶	500 mL	1 只/人
	5 mL	2 只/人	电子台秤		公用
电子天平	万分之一	1 台/人	玻璃仪器洗涤用具及其洗涤用试剂		公用

表 2　试剂材料

名称	规格	浓度/数量	名称	规格	浓度/数量
硫代硫酸钠标准滴定溶液[$C(Na_2S_2O_3)$]	浓度由考核点标定好	约 0.1 mol/L 250 mL	碘化钾		12 g
五水合硫酸铜样品		5 g	淀粉指示剂		10 g/L

续表

名称	规格	浓度/数量	名称	规格	浓度/数量
硫酸溶液		20%			
备注:未注明要求时,试剂均为 AR,水为国家规定的实验室三级用水规格					

(3)考核时量

120 分钟。

(4)考核标准

详见附录1。

51. 试题编号:T-3-51,高锰酸钾含量的测定

考核技能点编号:J-3-8

(1)任务描述

采用氧化还原滴定法,完成高锰酸钾含量的测定,提交分析检验报告单。具体测定方法参照 GB/T 643—2008。

①测定步骤。

称取 0.5 g 样品,精确至 0.000 1 g,溶于水,移入 250 mL 容量瓶中,加水稀释至刻度,混匀,移取 25.00 mL,加 15 mL 碘化钾溶液(200 g/L)和 15 mL 硫酸溶液(20%),摇匀,用硫代硫酸钠标准滴定溶液 $[C(Na_2S_2O_3)=0.1\ mol/L]$ 滴定,近终点时,加 2 mL 淀粉指示液(10 g/L),继续滴定至溶液蓝色消失。同时做空白试验。平行测定 3 次。

②数据处理。

高锰酸钾的质量分数 ω,数值以"%"表示:

$$\omega = \frac{(V_1 - V_2) \times C \times M}{m \times \frac{25}{250} \times 1\ 000} \times 100\%$$

式中:V_1—硫代硫酸钠标准滴定溶液的体积,mL;V_2—空白实验消耗硫代硫酸钠标准滴定溶液的体积,mL;C—硫代硫酸钠标准滴定溶液的浓度,mol/L;M—高锰酸钾的摩尔质量,g/mol $[M(\frac{1}{5}KMnO_4)=31.61]$;$m$—样品的质量,g。

测定结果的相对平均偏差

$$\overline{d_{\bar{x}}} = \frac{\sum_{i=1}^{n} |x_i - \bar{x}|}{n \times \bar{x}} \times 100\%$$

③数据记录。

原始数据记录表

内容 \ 次数	1	2	3
称量瓶和样品的质量(g)(第一次读数)			
称量瓶和样品的质量(g)(第二次读数)			
样品的质量 m(g)			
实际消耗硫代硫酸钠标准溶液的体积 V_1(mL)			
空白消耗硫代硫酸钠标准溶液的体积 V_2(mL)			

续表

内容 \ 次数	1	2	3
硫代硫酸标准溶液的浓度 C(mol/L)			
样品中高锰酸钾的含量 ω(%)			
样品中高锰酸钾的平均含量 $\bar{\omega}$(%)			
测定结果的相对平均偏差(%)			

(2)实施条件

①场地:天平室,化学分析检验室。

②仪器、试剂。

表1 仪器设备

名称	规格	数量	名称	规格	数量
酸式滴定管	50 mL	1 支/人	容量瓶	250 mL	1 只/人
量筒	100 mL	1 只/人	移液管	25 mL	1 支/人
	15 mL	2 只/人	碘量瓶	250 mL	4 只/人
	5 mL	1 只/人	电子天平	万分之一	1 台/人
洗瓶	500 mL	1 只/人	玻璃仪器洗涤用具及其洗涤用试剂		公用
烧杯	50 mL	1 只/人			

表2 试剂材料

名称	规格	浓度/数量	名称	规格	浓度/数量
硫代硫酸钠标准滴定溶液[C(Na$_2$S$_2$O$_3$)]	浓度由考核点标定好	约 0.1 mol/L 250 mL	硫酸溶液		20%
高锰酸钾样品		5 g	淀粉指示剂		10 g/L
碘化钾溶液		200 g/L			

备注:未注明要求时,试剂均为AR,水为国家规定的实验室三级用水规格

(3)考核时量

120分钟。

(4)考核标准

详见附录4。

52. 试题编号:T-3-52,五水合硫代硫酸钠含量的测定

考核技能点编号:J-3-7

(1)任务描述

采用氧化还原滴定法,完成硫代硫酸钠含量的测定,提交分析检验报告单。具体测定方法参照 GB/T 637—2006。

①测定步骤。

称取 1 g 样品,精确至 0.000 1 g,溶于 70 mL 无二氧化碳的水中,用碘标准滴定溶液[$C(\frac{1}{2}I_2)=0.1$ mol/L]滴定至近终点时,加 3 mL 淀粉指示液(10 g/L),继续滴至溶液呈蓝色。平行测定 3 次。

②数据处理。

五水合硫代硫酸钠的质量分数 ω，数值以"%"表示：

$$\omega = \frac{V \times C \times M}{m \times 1\,000} \times 100\%$$

式中：V—碘标准滴定溶液的体积，mL；C—碘标准滴定溶液的浓度，mol/L；M—五水合硫代硫酸钠的摩尔质量，g/mol[$M(Na_2S_2O_3 \cdot 5H_2O) = 248.18$]；$m$—样品的质量，g。

测定结果的相对平均偏差

$$\bar{d}_{\bar{x}} = \frac{\sum_{i=1}^{n} |x_i - \bar{x}|}{n \times \bar{x}} \times 100\%$$

③数据记录。

原始数据记录表

内容 次数	1	2	3
称量瓶和样品的质量(g)(第一次读数)			
称量瓶和样品的质量(g)(第二次读数)			
样品的质量 m(g)			
实际消耗碘标准溶液的体积 V(mL)			
碘标准溶液的浓度 C(mol/L)			
样品中五水合硫代硫酸钠的含量 ω(%)			
样品中五水合硫代硫酸钠的平均含量 $\bar{\omega}$(%)			
测定结果相对平均偏差(%)			

(2)实施条件

①场地：天平室，化学分析检验室。

②仪器、试剂。

表1　仪器设备

名称	规格	数量	名称	规格	数量
酸式滴定管	50 mL	1支/人	洗瓶	500 mL	1只/人
量筒	100 mL	1只/人	电子天平	万分之一	1台/人
	5 mL	1只/人			
锥形瓶	250 mL	3只/人	玻璃仪器洗涤用具及其洗涤用试剂		公用

表2　试剂材料

名称	规格	浓度/数量	名称	规格	浓度/数量
碘标准滴定溶液 $[C(\frac{1}{2}I_2)]$	浓度由考核点标定好	约0.1 mol/L 250 mL	淀粉指示液		10 g/L
五水合硫代硫酸钠样品		3 g	无二氧化碳的水		300 mL

备注：未注明要求时，试剂均为AR，水为国家规定的实验室三级用水规格

（3）考核时量

120 分钟。

（4）考核标准

详见附录 1。

53. 试题编号：T-3-53，抗坏血酸（维生素 C）含量的测定

考核技能点编号：J-3-7

（1）任务描述

采用氧化还原滴定法，完成维生素 C 含量的测定，提交分析检验报告单。具体测定方法参照 GB/T 15347—94。

①测定步骤

称取 0.3 g 样品，精确至 0.000 1 g，溶于 80 mL 水，加 2 mL 硫酸溶液（20%），摇匀，立即用碘标准滴定溶液 $[C(\frac{1}{2}I_2)=0.1\ \text{mol/L}]$ 滴定，近终点时，加 3 mL 淀粉指示液（10 g/L），继续滴定至溶液显蓝色，保持 30 s。平行测定 3 次。

②数据处理。

抗坏血酸的质量分数 ω，数值以"%"表示：

$$\omega = \frac{V \times C \times M}{m \times 1\,000} \times 100\%$$

式中：V—碘标准滴定溶液的体积，mL；C—碘标准滴定溶液的浓度，mol/L；M—抗坏血酸的摩尔质量，g/mol $[M(\frac{1}{2}C_5H_8O_6)=88.06]$；$m$—样品的质量，g。

测定结果的相对平均偏差

$$\overline{d}_{\bar{x}} = \frac{\sum_{i=1}^{n} |x_i - \bar{x}|}{n \times \bar{x}} \times 100\%$$

③数据记录。

原始数据记录表

次数 内容	1	2	3
称量瓶和样品的质量(g)（第一次读数）			
称量瓶和样品的质量(g)（第二次读数）			
样品的质量 m(g)			
实际消耗碘标准溶液的体积 V(mL)			
碘标准溶液的浓度 C(mol/L)			
样品中抗坏血酸的含量 ω(%)			
样品中抗坏血酸的平均含量 $\bar{\omega}$(%)			
测定结果相对平均偏差(%)			

（2）实施条件

①场地：天平室，化学分析检验室。

②仪器、试剂。

表1　仪器设备

名称	规格	数量	名称	规格	数量
酸式滴定管	50 mL	1 支/人	锥形瓶	250 mL	3 只/人
量筒	100 mL	1 只/人	洗瓶	500 mL	1 只/人
	5 mL	2 只/人			
电子天平	万分之一		玻璃仪器洗涤用具及其洗涤用试剂		公用

表2　试剂材料

名称	规格	浓度/数量	名称	规格	浓度/数量
碘标准滴定溶液 $[C(\frac{1}{2}I_2)]$	浓度由考核点标定好	约 0.1 mol/L 250 mL	硫酸溶液		20%
抗坏血酸样品		3 g	淀粉指示液		10 g/L

备注：未注明要求时，试剂均为 AR，水为国家规定的实验室三级用水规格

（3）考核时量

120 分钟。

（4）考核标准

详见附录1。

54. 试题编号：T-3-54，二水合草酸（草酸）含量的测定

考核技能点编号：J-3-5

（1）任务描述

采用氧化还原滴定法，完成二水合草酸含量的测定，提交分析检验报告单。具体测定方法参照 GB/T 9854—2008。

①测定步骤。

称取 0.2 g 样品，精确至 0.000 1 g，溶于 100 mL 含有 8 mL 硫酸的水中，用高锰酸钾标准滴定溶液 $[C(\frac{1}{5}KMnO_4)=0.1 \ mol/L]$ 滴定，近终点时，加热至 65 ℃，继续滴定至溶液呈粉红色，保持 30 s。同时作空白试验。平行测定 3 次。

②数据处理。

二水合草酸的质量分数 ω，数值以"%"表示：

$$\omega = \frac{(V_1 - V_2) \times C \times M}{m \times 1\ 000} \times 100\%$$

式中：V_1—高锰酸钾标准滴定溶液的体积，mL；V_2—空白实验消耗高锰酸钾标准滴定溶液的体积，mL；C—高锰酸钾标准滴定溶液的浓度，mol/L；M—二水合草酸的摩尔质量，g/mol[$M(\frac{1}{2}H_2C_2O_4 \cdot 2H_2O)=63.04$]；$m$—样品的质量，g。

测定结果的相对平均偏差

$$\bar{d}_{\bar{x}} = \frac{\sum\limits_{i=1}^{n} |x_i - \bar{x}|}{n \times \bar{x}} \times 100\%$$

③数据记录。

原始数据记录表

内容 \ 次数	1	2	3
称量瓶和样品的质量(g)(第一次读数)			
称量瓶和样品的质量(g)(第二次读数)			
样品的质量 m(g)			
实际消耗高锰酸钾标准溶液的体积 V(mL)			
空白消耗高锰酸钾标准溶液的体积 V(mL)			
高锰酸钾标准溶液的浓度 C(mol/L)			
样品中二水合草酸的含量 ω(%)			
样品中二水合草酸的平均含量 $\bar{\omega}$(%)			
测定结果的相对平均偏差(%)			

(2)实施条件

①场地:天平室,化学分析检验室。

②仪器、试剂。

表1　仪器设备

名称	规格	数量	名称	规格	数量
碱式滴定管	50 mL	1 支/人	锥形瓶	250 mL	4 只/人
量筒	100 mL	1 只/人	洗瓶	500 mL	1 只/人
电子天平	万分之一		玻璃仪器洗涤用具及其洗涤用试剂		公用

表2　试剂材料

名称	规格	浓度/数量	名称	规格	浓度/数量
高锰酸钾标准溶液 $C(\frac{1}{5}KMnO_4)$	浓度由考核点标定好	约 0.1 mol/L 250 mL	硫酸溶液		(8+92)
二水合草酸样品		3 g			

备注:未注明要求时,试剂均为AR,水为国家规定的实验室三级用水规格

(3)考核时量

120 分钟。

(4)考核标准

详见附录1。

55. 试题编号:T-3-55,软锰矿中二氧化锰含量的测定

考核技能点编号:J-3-5

(1)任务描述

采用氧化还原滴定法,完成二氧化锰含量的测定,提交分析检验报告单。

①测定步骤。

准确称取软锰矿样品 0.5 g,三份,分别放入 400 mL 烧杯中,再准确称取固体草酸钠约 0.7 g,三份,分别放入原烧杯中,加入 25 mL 蒸馏水,再加入 3 mol/L H_2SO_4 溶液 50 mL,盖上

表面皿,缓慢加热至样品全部溶解,冲洗表面皿,溶液稀释至约 200 mL,加热 75 ℃～85 ℃,趁热用高锰酸钾标准溶液滴定至粉红色 30 s 不褪,记下消耗标准溶液体积。平行测定 3 份。

②数据处理。

二氧化锰的质量分数 ω,数值以"%"表示:

$$\omega = \frac{\left[\dfrac{m_{Na_2C_2O_4}}{M_{\frac{1}{2}Na_2C_2O_4}} - \dfrac{C_{\frac{1}{5}KMnO_4} \times V_{KMnO_4}}{1\ 000}\right] \times M_{\frac{1}{2}MnO_2}}{m} \times 100\%$$

式中:$V_{\frac{1}{5}KMnO_4}$—高锰酸钾标准滴定溶液的体积,mL;$C_{\frac{1}{5}KMnO_4}$—高锰酸钾标准滴定溶液的浓度,mol/L;$M_{\frac{1}{2}Na_2C_2O_4}$—草酸钠的基本单元,g/mol$[M(\frac{1}{2}Na_2C_2O_4)=49.02]$;$m_{Na_2C_2O_4}$—草酸钠的质量,g;$M_{\frac{1}{2}MnO_2}$—二氧化锰的基本单元,g/mol$[M(\frac{1}{2}MnO_2)=43.47]$;$m$—样品的质量,g。

测定结果的相对平均偏差

$$\bar{d}_{\bar{x}} = \frac{\sum\limits_{i=1}^{n}|x_i - \bar{x}|}{n \times \bar{x}} \times 100\%$$

③数据记录。

原始数据记录表

内容 ＼ 次数	1	2	3
称量瓶和样品的质量(g)(第一次读数)			
称量瓶和样品的质量(g)(第二次读数)			
样品的质量 m(g)			
称量瓶和草酸钠的质量(g)(第一次读数)			
称量瓶和草酸钠的质量(g)(第二次读数)			
草酸钠的质量 m(g)			
实际消耗高锰酸钾标准溶液的体积 V(mL)			
高锰酸钾标准溶液的浓度 C(mol/L)			
软锰矿中二氧化锰的含量 ω(%)			
样品中二氧化锰的平均含量 $\bar{\omega}$(%)			
测定结果的相对平均偏差(%)			

(2)实施条件

①场地:天平室,化学分析检验室。

②仪器、试剂:

表 1 仪器设备

名称	规格	数量	名称	规格	数量
酸式滴定管	50 mL	1 支/人	烧杯及表面皿	250 mL	3 只/人
量筒	100 mL	1 只/人	洗瓶	500 mL	1 只/人
	10 mL	2 只/人			

续表

名称	规格	数量	名称	规格	数量
电子天平	万分之一	1台/人	玻璃仪器洗涤用具及其洗涤用试剂		公用

表 2　试剂材料

名称	规格	浓度/数量	名称	规格	浓度/数量
高锰酸钾标准溶液 $C(\frac{1}{5}KMnO_4)$	浓度由考核点标定好	约 0.1 mol/L 250 mL	硫酸		3 mol/L
软锰矿样品		5 g	草酸钠		基准物
无氧的水		500 mL			

备注:未注明要求时,试剂均为 AR,水为国家规定的实验室三级用水规格

（3）考核时量

150 分钟。

（4）考核标准

详见附录1。

56. 试题编号:T-3-56,锅炉用水中可溶性氯化物的测定

考核技能点编号:J-3-9

（1）任务描述

用莫尔法测定锅炉用水中可溶性氯化物的含量,提交分析检测报告。具体操作方法参照 GB/T 15453—2008。

①测定步骤。

准确移取 50.00 mL 水样于 250 mL 锥形瓶中,加 2 滴酚酞指示剂,用氢氧化钠溶液或硝酸溶液调节水样 pH 值,使红色刚好变为无色,加 1 mL 铬酸钾指示剂,在不断摇动下,用硝酸银标准溶液滴定至砖红色沉淀刚出现为终点,记录消耗的硝酸银标准溶液的体积 V。同时做空白试验。平行测定 3 次。

②数据处理。

氯离子的质量浓度 ρ,数值以"mg/L"表示:

$$\rho = \frac{C \times (V - V_0) \times M \times 10^3}{V}$$

式中:C—硝酸银标准溶液的浓度,mol/L;V—水样消耗硝酸银标准溶液的体积,mL;V_0—空白消耗硝酸银标准溶液的体积,mL;M—氯的摩尔质量,g/mol[M(Cl)=35.45];V—水样的体积,mL。

测定结果的相对平均偏差

$$\bar{d}_{\bar{x}} = \frac{\sum\limits_{i=1}^{n} |x_i - \bar{x}|}{n \times \bar{x}} \times 100\%$$

③数据记录。

原始数据记录表

内容 \ 次数	1	2	3
硝酸银标准溶液的浓度 C(mol/L)			
移取水样的体积 V（mL）			
测定消耗硝酸银标准溶液的体积 V(mL)			
测定空白消耗硝酸银标准溶液的体积 V_0(mL)			
氯的含量 ρ(mg/L)			
氯的含量的平均值 $\bar{\rho}$(mg/L)			
测定结果的相对平均偏差(%)			

（2）实施条件

①场地：化学分析检验室。

②仪器、试剂。

表1　仪器设备

名称	规格	数量	名称	规格	数量
棕色酸式滴定管	50 mL	1 支/人	移液管	50 mL	1 支/人
量筒	5 mL	1 只/人	洗瓶	500 mL	1 只/人
玻璃仪器洗涤用具及其洗涤用试剂		公用	锥形瓶	250 mL	4 只/人

表2　试剂材料

名称	规格	浓度/数量	名称	规格	浓度/数量
硝酸银标准滴定溶液	浓度由考核点标定好	$C(AgNO_3)=0.01$ mol/L 左右	酚酞指示剂		10 g/L 乙醇溶液
硝酸溶液		1+300	氢氧化钠溶液		2 g/L
铬酸钾		5%水溶液	考核试样	水样	200 mL

备注：未注明要求时，试剂均为 AR，水为国家规定的实验室三级用水规格

（3）考核时量

120 分钟。

（4）考核标准

详见附录 2。

57. 试题编号：T-3-57，工业氢氧化钠中氯化钠含量的测定

考核技能点编号：J-3-9

（1）任务描述

用莫尔法测定工业氢氧化钠中氯化钠的含量，提交分析检测报告。具体操作方法参照 DL 425.5—1991 和 DL 425.6—1991。

①测定步骤。

迅速称取约 8.8 g 试样，精确至 0.000 1 g，定容于 250 mL 容量瓶中。移取上述溶液 25.00 mL 于 250 mL 锥形瓶中，加去离子水 50 mL，加 2～3 滴 1‰酚酞指示剂，用硫酸溶液中和至无色，再加 1 mL 铬酸钾指示剂，在不断摇动下，用硝酸银标准溶液滴定至砖红色沉淀刚

出现为终点,记录消耗的硝酸银标准溶液的体积 V。同时做空白试验。平行测定 3 次。

②数据处理。

氯化钠的质量分数 ω,数值以"%"表示:

$$\omega = \frac{C \times (V - V_0) \times M \times 10^{-3}}{m \times \dfrac{25.00}{250.0}} \times 100\%$$

式中:C—硝酸银标准溶液的浓度,mol/L;V—样品消耗硝酸银标准溶液的体积,mL;V_0—空白消耗硝酸银标准溶液的体积,mL;M—氯化钠的摩尔质量,g/mol[M (NaCl)$=58.44$];m—氯化钠样品的质量,g。

测定结果的相对平均偏差

$$\overline{d}_{\overline{x}} = \frac{\sum\limits_{i=1}^{n} |x_i - \overline{x}|}{n \times \overline{x}} \times 100\%$$

③数据记录。

原始数据记录表

内容 \ 次数	1	2	3
硝酸银标准溶液的浓度 C(mol/L)			
称量瓶和氯化钠样品的质量(g)(第一次读数)			
称量瓶和氯化钠样品的质量(g)(第二次读数)			
氯化钠样品的质量 m(g)			
测定消耗硝酸银标准溶液的体积 V(mL)			
测定空白消耗硝酸银标准溶液的体积 V_0(mL)			
氯化钠的含量 ω(%)			
氯化钠的含量的平均值 $\overline{\omega}$(%)			
相对平均偏差(%)			

(2)实施条件

①场地:天平室,化学分析检验室。

②仪器、试剂。

表 1　仪器设备

名称	规格	数量	名称	规格	数量
棕色酸式滴定管	50 mL	1 支/人	移液管	25 mL	1 只/人
量筒	50 mL	1 只/人	容量瓶	250 mL	1 只/人
	5 mL	1 只/人	洗瓶	500 mL	1 只/人
锥形瓶	250 mL	4 只/人	玻璃仪器洗涤用具及其洗涤用试剂		公用
滴管		1 支/人			
电子天平	万分之一	1 台/人			

表 2　试剂材料

名称	规格	浓度/数量	名称	规格	浓度/数量
硝酸银标准滴定溶液	浓度由考核点标定好	$C(AgNO_3)=0.03$ mol/L 左右	考核试样	工业氢氧化钠样品	20 g
铬酸钾		5％水溶液	酚酞指示剂		10 g/L
硫酸溶液		0.05 mol/L			
备注:未注明要求时,试剂均为 AR,水为国家规定的实验室三级用水规格					

（3）考核时量

120 分钟。

（4）考核标准

详见附录 4。

58. 试题编号:T-3-58,硝酸银含量的测定

考核技能点编号:J-3-10

（1）任务描述

用福尔哈德法测定硝酸银的纯度,提交分析检测报告。具体操作方法参照 GB/T 670—2007。

①测定步骤。

称取硝酸银样品约 0.5 g,精确至 0.000 1 g,加 100 mL 水溶解于锥形瓶中,加 5 mL 硝酸溶液,再加铁铵矾指示剂 2 mL,用硫氰酸钠标准溶液滴定至溶液呈淡红色为终点,记下消耗的硫氰酸铵标准溶液的体积 V(mL)。同时做空白试验。平行测定 3 次。

②数据处理。

硝酸银的质量分数 ω,数值以"％"表示:

$$\omega = \frac{C(V-V_0) \times 10^{-3} \times M}{m} \times 100\%$$

式中:C—硫氰酸钠标准滴定溶液的浓度,mol/L;V_0—空白实验消耗硫氰酸钠标准滴定溶液的体积,mL;V—测定试样时滴定消耗硫氰酸钠标准滴定溶液的体积,mL;M—硝酸银的摩尔质量 ,g/mol[$M(AgNO_3)=169.9$];m—硝酸银样品的质量,g。

测定结果的相对平均偏差

$$\overline{d_{\bar{x}}} = \frac{\sum\limits_{i=1}^{n} |x_i - \bar{x}|}{n \times \bar{x}} \times 100\%$$

③数据记录。

原始数据记录表

内容 ＼ 次数	1	2	3
硫氰酸钠标准溶液的浓度 C(mol/L)			
称量瓶和硝酸银样品的质量(g)(第一次读数)			
称量瓶和硝酸银样品的质量(g)(第二次读数)			
硝酸银的质量 m(g)			
测定消耗硫氰酸钠标准溶液的体积 V(mL)			

续表

内容 \ 次数	1	2	3
空白消耗硫氰酸钠标准溶液的体积 V_0 (mL)			
硝酸银的含量 ω (%)			
硝酸银的含量的平均值 $\bar{\omega}$ (%)			
测定结果的相对平均偏差(%)			

(2)实施条件

①场地:天平室,化学分析检验室。

②仪器、试剂。

表1　仪器设备

名称	规格	数量	名称	规格	数量
酸式滴定管	50 mL	1支/人	锥形瓶	250 mL	4只/人
量筒	100 mL	1只/人	洗瓶	500 mL	1只/人
	5 mL	2只/人	玻璃仪器洗涤用具及其洗涤用试剂		公用
电子天平	万分之一	1台/人			

表2　试剂材料

名称	规格	浓度/数量	名称	规格	浓度/数量
硫氰酸钠标准滴定溶液	浓度由考核点标定好	$C(NaSCN)=0.1$ mol/L 左右	硝酸溶液		4 mol/L
铁铵矾指示剂		4%水溶液	考核试样	硝酸银	5 g
备注:未注明要求时,试剂均为AR,水为国家规定的实验室三级用水规格					

(3)考核时量

120分钟。

(4)考核标准

详见附录1。

59. 试题编号:T-3-59,硫氰酸铵纯度的测定

考核技能点编号:J-3-10

(1)任务描述

用福尔哈德法测定硫氰酸铵的纯度,提交分析检测报告。具体操作方法参照 GB 660—2015。

①测定步骤。

称取 0.3 g 硫氰酸铵样品,精确至 0.000 1 g,溶于 50 mL 水中,加入 5 mL 25%硝酸溶液,在摇动下滴加 50.00 mL 硝酸银标准滴定溶液,加入 1 mL 硫酸铁铵指示剂,用硫氰酸铵标准滴定溶液滴定,终点前摇动溶液至完全清亮后,继续滴加滴定至溶液呈浅棕红色,保持 30 s。同时做空白实验。平行测定 3 次。

②数据处理。

硫氰酸铵的质量分数 ω,数值以"%"表示:

$$\omega = \frac{C(V_0 - V) \times 10^{-3} \times M}{m} \times 100\%$$

式中：C—硫氰酸铵标准滴定溶液的浓度，mol/L；V_0—测定空白时滴定消耗硫氰酸铵标准滴定溶液的体积，mL；V—测定试样时滴定消耗硫氰酸铵标准滴定溶液的体积，mL；M—硫氰酸铵的摩尔质量，g/mol[$M(NH_4SCN) = 76.11$]；m—硫氰酸铵样品的质量，g。

测定结果的相对平均偏差

$$\bar{d}_{\bar{x}} = \frac{\sum\limits_{i=1}^{n} | x_i - \bar{x} |}{n \times \bar{x}} \times 100\%$$

③数据记录。

原始数据记录表

内容 \ 次数	1	2	3
硫氰酸铵标准溶液的浓度 C(mol/L)			
称量瓶和硫氰酸铵样品的质量(g)(第一次读数)			
称量瓶和硫氰酸铵样品的质量(g)(第二次读数)			
硫氰酸铵样品的质量 m(g)			
测定消耗硫氰酸铵标准溶液的体积 V(mL)			
空白消耗硫氰酸铵标准溶液的体积 V_0(mL)			
硫氰酸铵的含量 ω(%)			
硫氰酸铵的含量的平均值 $\bar{\omega}$(%)			
测定结果的相对平均偏差(%)			

(2)实施条件

①场地：天平室，化学分析检验室。

②仪器、试剂。

表1　仪器设备

名称	规格	数量	名称	规格	数量
酸式滴定管	50 mL	2 支/人	锥形瓶	250 mL	4 只/人
量筒	50 mL	1 只/人	洗瓶	500 mL	1 只/人
	5 mL	2 只/人			
电子天平	万分之一	1 台/人	玻璃仪器洗涤用具及其洗涤用试剂		公用

表2　试剂材料

名称	规格	浓度/数量	名称	规格	浓度/数量
硝酸银标准滴定溶液	浓度由考核点标定好	$C(AgNO_3) = 0.1$ mol/L 左右	硫氰酸铵标准滴定溶液	浓度由考核点标定好	$C(NH_4SCN) = 0.1$ mol/L 左右
硫酸铁铵指示剂		80 g/L	HNO_3 溶液		25%
考核试样	工业硫氰酸铵	10 g			
备注：未注明要求时，试剂均为 AR，水为国家规定的实验室三级用水规格					

(3)考核时量

120 分钟。

（4）考核标准

详见附录 1。

60. 试题编号：T-3-60，碘化钾纯度的测定

考核技能点编号：J-3-11

（1）任务描述

用法扬司法测定碘化钾的纯度，提交分析检测报告。具体操作方法参照 GB/T 1272—2007。

①测定步骤。

称取碘化钾试样 0.5 g，精确至 0.000 2 g，置于锥形瓶中，加 50 mL 纯水溶解，加 1 mol/L 醋酸溶液 10 mL，曙红指示液 2～3 滴，用硝酸银标准滴定溶液滴定至溶液由黄色变为玫瑰红色即为终点。同时做空白试验。平行测定 3 次。

②数据处理。

碘化钾的质量分数 ω，数值以"%"表示：

$$\omega = \frac{C(V - V_0) \times 10^{-3} \times M}{m} \times 100\%$$

式中：C—硝酸银标准滴定溶液的浓度，mol/L；V—滴定样品时消耗硝酸银标准滴定溶液的体积，mL；V_0—滴定空白时消耗硝酸银标准滴定溶液的体积，mL；M—碘化钾的摩尔质量，g/mol[M（KI）=166.0]；m—称取碘化钾试样的质量，g。

测定结果的相对平均偏差

$$\overline{d}_{\overline{x}} = \frac{\sum\limits_{i=1}^{n} |x_i - \overline{x}|}{n \times \overline{x}} \times 100\%$$

③数据记录。

原始数据记录表

内容 \ 次数	1	2	3
硝酸银标准溶液的浓度 C(mol/L)			
称量瓶和碘化钾样品的质量(g)(第一次读数)			
称量瓶和碘化钾样品的质量(g)(第二次读数)			
碘化钾样品的质量 m(g)			
测定消耗硝酸银标准溶液的体积 V(mL)			
空白消耗硝酸银标准溶液的体积 V_0(mL)			
碘化钾的含量 ω(%)			
碘化钾的含量的平均值 $\overline{\omega}$(%)			
测定结果的相对平均偏差(%)			

（2）实施条件

①场地：天平室，化学分析检验室。

②仪器、试剂。

表1　仪器设备

名称	规格	数量	名称	规格	数量
棕色酸式滴定管	50 mL	1 支/人	锥形瓶	250 mL	4 只/人
量筒	50 mL	1 只/人	洗瓶	500 mL	1 只/人
	10 mL	1 只/人			
电子天平	万分之一	1 台/人	玻璃仪器洗涤用具及其洗涤用试剂		公用

表2　试剂材料

名称	规格	浓度/数量	名称	规格	浓度/数量
硝酸银标准滴定溶液	浓度由考核点标定好	$C(AgNO_3)=0.1$ mol/L 左右	曙红指示液		5 g/L 的 70% 的乙醇溶液
醋酸溶液		5% 水溶液	考核试样	KI 试样	5 g

备注:未注明要求时,试剂均为 AR,水为国家规定的实验室三级用水规格

(3)考核时量

120 分钟。

(4)考核标准

详见附录 1。

61. 试题编号:T-3-61,溴化钠纯度的测定

考核技能点编号:J-3-11

(1)任务描述

用法扬司法测定溴化钠的纯度,提交分析检测报告。具体操作方法参照 GB/T 1265—2003。

①操作步骤。

称取溴化钠试样约 0.3 g,精确至 0.000 1 g,置于锥形瓶中,加 100 mL 纯水溶解,加 5% 醋酸溶液 10 mL,曙红指示液 2~3 滴,用硝酸银标准滴定溶液滴定至溶液为红色。同时做空白试验。平行测定 3 次。

②数据处理。

溴化钠的质量分数 ω,数值以"%"表示:

$$\omega = \frac{C(V-V_0) \times 10^{-3} \times M}{m} \times 100\%$$

式中:C—硝酸银标准滴定溶液的浓度,mol/L;V—滴定样品时消耗硝酸银标准滴定溶液的体积,mL;V_0—滴定空白时消耗硝酸银标准滴定溶液的体积,mL;M—溴化钠的摩尔质量,g/mol[$M(NaBr)=102.89$];m—称取溴化钠试样的质量,g。

测定结果的相对平均偏差

$$\bar{d}_{\bar{x}} = \frac{\sum\limits_{i=1}^{n} |x_i - \bar{x}|}{n \times \bar{x}} \times 100\%$$

③数据记录。

原始数据记录表

内容 \\ 次数	1	2	3
硝酸银标准溶液的浓度 C(mol/L)			
称量瓶和溴化钠样品的质量(g)(第一次读数)			
称量瓶和溴化钠样品的质量(g)(第二次读数)			
溴化钠样品的质量 m(g)			
测定消耗硝酸银标准溶液的体积 V(mL)			
空白消耗硝酸银标准溶液的体积 V_0(mL)			
溴化钠的含量 ω(%)			
溴化钠的含量的平均值 $\bar{\omega}$(%)			
测定结果的相对平均偏差(%)			

(2)实施条件

①场地:天平室,化学分析检验室。

②仪器、试剂。

表1 仪器设备

名称	规格	数量	名称	规格	数量
棕色酸式滴定管	50 mL	1支/人	锥形瓶	250 mL	4只/人
量筒	100 mL	1只/人	洗瓶	500 mL	1只/人
	10 mL	1只/人			
电子天平	万分之一	1台/人	玻璃仪器洗涤用具及其洗涤用试剂		公用

表2 试剂材料

名称	规格	浓度/数量	名称	规格	浓度/数量
硝酸银 标准滴定溶液	浓度由考核点标定好	$C(AgNO_3)=0.1$ mol/L左右	曙红指示液		2 g/L的70%的乙醇溶液
醋酸溶液		5%	考核试样	溴化钠试样	5 g

备注:未注明要求时,试剂均为 AR,水为国家规定的实验室三级用水规格

(3)考核时量

120 分钟。

(4)考核标准

详见附录1。

62. 试题编号:T-3-62,食品添加剂硫酸铝钾中水不溶物的测定

考核技能点编号:J-3-12

(1)任务描述

用沉淀质量法测定食品添加剂硫酸铝钾中水不溶物的含量,提交分析检测报告。具体操作方法参照 GB/T 1895—2004。

①测定步骤。

称取约 20 g 试样,精确至 0.000 1 g,置于 250 mL 沸水,搅拌溶解,用于 105 ℃～110 ℃烘干至恒重的玻璃砂芯坩埚减压过滤,用沸水洗涤残渣至滤液不含硫酸根(用 10 g/L 氯化钡溶液检查),将坩埚于 105 ℃～110 ℃烘干至恒重。

②数据处理。

水不溶物的质量分数 ω,数值以"%"表示:

$$\omega = \frac{m_2 - m_1}{m_s} \times 100\%$$

式中:m_1—空坩埚的质量,g;m_2—空坩埚+沉淀的质量,g;m_s—试样的质量,g。

③数据记录。

原始数据记录表

内容	次数 1
称量瓶和硫酸铝钾样品的质量(g)(第一次读数)	
称量瓶和硫酸铝钾样品的质量(g)(第二次读数)	
硫酸铝钾样品的质量 m_s(g)	
空坩埚的质量 m_1(g)	
空坩埚+沉淀的质量 m_2(g)	
水不溶物的质量 m(g)	
水不溶物的含量(%)	

(2)实施条件

①场地:天平室,化学分析检验室。

②仪器、试剂。

表 1 仪器设备

名称	规格	数量	名称	规格	数量
烧杯	250 mL	1 只/人	量筒	100 mL	1 只/人
玻璃棒		1 根/人	玻璃砂芯坩埚		1 只/人
洗瓶	500 mL	1 只/人	电子天平	万分之一	1 台/人
减压抽滤装置		公用	玻璃仪器洗涤用具及其洗涤用试剂		公用
电炉及烘箱		公用			

表 2 试剂材料

名称	规格	浓度/数量	名称	规格	浓度/数量
氯化钡		10 g/L	测试样品	硫酸铝钾	30 g

备注:未注明要求时,试剂均为 AR,水为国家规定的实验室三级用水规格

(3)考核时量

180 分钟。

(4)考核标准

详见附录 18。

63. 试题编号:T-3-63,氯化钾纯度的测定

考核技能点编号:J-3-12

(1)任务描述

用沉淀质量法测定氯化钾中氧化钾的含量,提交分析检测报告。具体操作方法参照 GB 6549—2011。

①测定步骤。

称取约 5 g 试样,精确至 0.000 1 g,置于 250 mL 烧杯中,加水 100 mL,在不断搅拌下加热,微沸 5 min,冷却至室温,移入 500 mL 容量瓶中,定容,摇匀。此为溶液 A。干过滤溶液 A,弃去最初少量滤液,移取 25.00 mL 滤液于 250 mL 容量瓶中,定容,摇匀。此为溶液 B。

移取 50.00 mL 溶液 B 于 250 mL 烧杯中,加入 10 mLEDTA 溶液,2～3 滴酚酞指示剂,在搅拌下逐滴加入氢氧化钠溶液至红色出现,并过量 1 mL,加热煮沸 5 min,溶液保持红色,体积保持 50 mL 左右。

取下烧杯,用少许水冲洗杯壁,在不断搅拌下,缓慢滴加 12 mL 四苯硼酸钠溶液,继续搅拌 1 min,在流水中迅速冷却至室温,放置 10 min。

用预先在 120 ℃干燥至恒重的玻璃坩埚式过滤器中减压抽滤。先抽清液,再用四苯硼酸钠洗涤液用倾斜洗涤沉淀 4～5 次,并转移沉淀至过滤器中,直至转移完全,继续用洗涤液洗涤过滤器中沉淀 3～4 次,每次用洗涤液约 5 mL,最后用水洗涤沉淀两次,每次用水约 5 mL。

将盛有沉淀的过滤器置于烘箱中,在 120 ℃干燥 90 min,取出,放入干燥器冷却至室温,称重,并恒重。

②数据处理。

氧化钾的质量分数 ω,数值以"%"表示:

$$\omega = \frac{(m_2 - m_1) \times M_{\frac{1}{2}K_2O}}{m_s \times 2M_{KB(C_6H_5)_4} \times \frac{25}{500} \times \frac{50}{250}} \times 100\%$$

式中:m_1—空坩埚的质量,g;m_2—空坩埚＋四苯硼钾沉淀的质量,g;$M_{\frac{1}{2}K_2O}$—氧化钾的摩尔质量,g/mol[$M(\frac{1}{2}K_2O) = 94.2$];$M_{KB(C_6H_5)_4}$—四苯硼钾的摩尔质量,g/mol{$M[KB(C_6H_5)_4] = 342.24$};$m_s$—试样的质量,g。

③数据记录。

原始数据记录表

内容	次数 1
称量瓶和氯化钾样品的质量(g)(第一次读数)	
称量瓶和氯化钾样品的质量(g)(第二次读数)	
氯化钾的质量 m_s(g)	
空坩埚的质量 m_1(g)	
空坩埚＋四苯硼钾沉淀的质量 m_2(g)	
四苯硼钾的质量 m(g)	
氧化钾的含量 ω(%)	

(2)实施条件

①场地:天平室,化学分析检验室。

②仪器、试剂。

表1 仪器设备

名称	规格	数量	名称	规格	数量
烧杯	250 mL	3个/人	量筒	10 mL、100 mL	各1只/人
表面皿		1个/人	滴管		1只/人
定量滤纸	90 mm		长颈漏斗		1只/人
玻璃棒		1根/人	洗瓶	50 mL	1个/人
移液管	50 mL、25 mL、10 mL	各1支/人	容量瓶	500 mL、250 mL	各1只/人
玻璃砂芯坩埚		1只/人	电子天平	万分之一	1台/人
电炉及烘箱		公用	玻璃仪器洗涤用具及其洗涤用试剂		公用
减压抽滤装置		公用			

表2 试剂材料

名称	规格	浓度/数量	名称	规格	浓度/数量
氢氧化钠		200 g/L	四苯硼酸钠		30 g/L
EDTA		40 g/L	四苯硼酸钠洗液		1 g/L
酚酞指示剂		5 g/L	测试样品	氯化钾样品	5 g
硝酸银		10 g/L			

备注:未注明要求时,试剂均为AR,水为国家规定的实验室三级用水规格

(3)考核时量

240分钟。

(4)考核标准

详见附录18。

64. 试题编号:T-3-64,镍盐中镍含量的测定

考核技能点编号:J-3-12

(1)任务描述

用沉淀质量法测定硫酸镍等镍盐中的镍含量,提交分析检测报告。具体操作方法参照GB/T 21933.1—2008。

①测定步骤。

准确称量样品七水硫酸镍0.15～0.2 g,置于烧杯中(烧杯容积250～500 mL),加几滴稀盐酸防镍盐水解,加去离子水约100 mL溶解样品,加5 mL 200 g/L的氯化铵和5 mL 200 g/L的柠檬酸,加热至沸腾,立即用去离子水约20～30 mL洗涤烧杯内壁,至温度70 ℃～80 ℃,边搅拌边缓慢加入10 g/L的丁二酮肟酒精溶液40 mL,滴加1＋1氨水至pH值为9,再过量2 mL氨水,在70 ℃～80 ℃保温陈化30 min,准备过滤。

用预先在140 ℃干燥至恒重的玻璃坩埚式过滤器中减压抽滤。先抽清液,再用柠檬酸洗液洗涤烧杯和沉淀8～10次,再用温热水洗涤沉淀至无Cl^-为止(检查Cl^-时,可将滤液以稀硝酸酸化,用硝酸银检查)。

将盛有沉淀的过滤器置于烘箱中,140 ℃干燥1 h,取出,冷却称重,并恒重。

②数据处理。

镍的质量分数 ω，数值以"％"表示：

$$\omega = \frac{(m_2 - m_1) \times M_{Ni}}{m_s \times M_{Ni(HD)_2}} \times 100\%$$

式中：m_1——空坩埚的质量，g；m_2——空坩埚＋丁二酮肟镍沉淀的质量，g；M_{Ni}——镍的摩尔质量，g/mol[$M(Ni)=58.69$]；$M_{Ni(HD)_2}$——丁二酮肟镍的摩尔质量，g/mol{$M[Ni(HD)_2]=288.91$}；m_s——试样的质量，g。

③数据记录。

原始数据记录表

次数 内容	1
称量瓶和硫酸镍样品的质量(g)(第一次读数)	
称量瓶和硫酸镍样品的质量(g)(第二次读数)	
硫酸镍的质量 m_s(g)	
空坩埚的质量 m_1(g)	
空坩埚＋丁二酮肟镍沉淀的质量 m_2(g)	
丁二酮肟镍的质量 m(g)	
镍的含量 ω(%)	

(2)实施条件

①场地：天平室，化学分析检验室。

②仪器、试剂。

表1 仪器设备

名称	规格	数量	名称	规格	数量
烧杯	500 mL	1个/人	量筒	10 mL、100 mL	各1只/人
表面皿		1个/人	滴管		1支/人
定量滤纸	90 mm		长颈漏斗		1只/人
玻璃棒		1根/人	洗瓶	50 mL	1个/人
玻璃砂芯坩埚		1只/人	电子天平	万分之一	1台/人
电热板及烘箱		公用	玻璃仪器洗涤用具		公用
减压抽滤装置		公用	及其洗涤用试剂		

表2 试剂材料

名称	规格	浓度/数量	名称	规格	浓度/数量
盐酸		1+10	氯化铵		200 g/L
柠檬酸		200 g/L	丁二酮肟		10 g/L酒精溶液
柠檬酸		20 g/L(热)	氨水		
硝酸银		10 g/L	测试样品	工业硫酸镍	5 g

备注：未注明要求时，试剂均为AR，水为国家规定的实验室三级用水规格

(3)考核时量

240 分钟。

(4)考核标准

详见附录 18。

65. 试题编号:T-3-65,铝盐中铝含量的测定

考核技能点编号:J-3-12

(1)任务描述

用沉淀质量分析法测定工业硫酸铝等铝盐中铝的含量,提交分析检测报告。具体操作方法参照 GB/T 4701.6—1984。

①测定步骤。

准确称取铝盐样品(含铝 0.15～0.2 g)于烧杯中,加水溶解后定容于 250 mL 溶液中。吸取上述溶液 25.00 mL 于 400 mL 烧杯中,加水稀释至 100 mL,加入 5 mL 6 mol/L 氯化氢溶液,加入 30 mL 40 g/L 8-羟基喹啉溶液,加热至 70 ℃～80 ℃,在不断搅拌下滴加缓慢 2 mol/L NH₄Ac 溶液至沉淀不再析出,再过量 20 mL(每份共用 NH₄Ac 溶液约 40 mL),此时沉淀上层清液应该呈黄色。在水浴上陈化 30 min 后趁热用倾泻法将沉淀转移已于 150 ℃下烘至恒重的玻璃砂芯坩埚抽滤,用热水洗涤 2 次,后用冷水洗涤至无氯离子(用硝酸银检验)。

将坩埚置于 150 ℃烘箱中烘干 1 小时,冷却,称量,恒重。

②数据处理。

铝的质量分数 ω,数值以"%"表示:

$$\omega = \frac{(m_2 - m_1) \times M_{Al}}{m_s \times M_{Al(C_9H_6NO)_3}} \times 100\%$$

式中:m_1—空坩埚的质量,g;m_2—空坩埚+8-羟基喹啉铝沉淀的质量,g;M_{Al}—铝的摩尔质量,g/mol [M(Al) = 26.98];$M_{Al(C_9H_6NO)_3}$—8-羟基喹啉铝的摩尔质量,g/mol $\{M[Al(C_9H_6NO)_3] = 459.44\}$;$m_s$—被测样品的质量,g。

③数据记录。

原始数据记录

次数 内容	1
称量瓶和硫酸铝样品的质量(g)(第一次读数)	
称量瓶和硫酸铝样品的质量(g)(第二次读数)	
硫酸铝样品的质量 m_s(g)	
空坩埚的质量 m_1(g)	
空坩埚+8-羟基喹啉铝沉淀的质量 m_2(g)	
铝的含量 ω(%)	

(2)实施条件

①场地:天平室、化学分析检验室。

②仪器、试剂。

表1　仪器设备

名称	规格	数量	名称	规格	数量
烧杯	100 mL、500 mL	各1个/人	量筒	10 mL、50 mL	各1只/人
表面皿		1个/人	滴管		1支/人
移液管	25 mL	1支/人	容量瓶	250 mL	1只/人
玻璃棒		1根/人	洗瓶	500 mL	1个/人
玻璃砂芯坩埚		1只/人	减压抽滤装置		公用
电子天平	万分之一	1台/人	玻璃仪器洗涤用具及其洗涤用试剂		公用
电热板及烘箱		公用			

表2　试剂材料

名称	规格	浓度/数量	名称	规格	浓度/数量
8-羟基喹啉		40 g/L	盐酸		6 mol/L
硝酸银		10 g/L	醋酸铵		2 mol/L
测试样品	工业硫酸铝	10 g			

备注：未注明要求时，试剂均为AR，水为国家规定的实验室三级用水规格

（3）考核时量

240分钟。

（4）考核标准

详见附录18。

四、仪器分析模块

1. 试题编号：T-4-1，可见分光光度法测缩二脲含量的曲线绘制

考核技能点编号：J-4-1

（1）任务描述

采用可见分光光度法，完成缩二脲标准溶液的吸收曲线和标准曲线绘制，最终提交原始记录单。参照GB/T 2441.2—2010。

①标准溶液的配制。

用移液管分别移取0.00 mL，2.50 mL，10.00 mL，15.00 mL，20.00 mL，30.00 mL缩二脲标准溶液至6个100 mL容量瓶，依次加入20.0 mL酒石酸钾钠的碱性溶液和20.0 mL硫酸铜溶液摇匀，稀释至刻度，把容量瓶浸入30 ℃±5 ℃的水浴中约20 min，不时摇动。

②吸收曲线的绘制。

以空白做参比，取上述20.00 mL容量瓶中缩二脲标准溶液，用3 cm比色皿，从500～540 nm每隔10 nm，540～560 nm每隔5 nm，560～590 nm每隔10 nm测定其吸光度值，并以吸光度作为纵坐标，波长作为横坐标绘制吸收曲线，确定溶液最大吸收波长。

③工作曲线的绘制。

以试剂空白为参比，用3 cm比色皿于最大吸收波长处测定上述6个标准溶液的吸光度，每个实验点重复2次，以缩二脲标液浓度（μg/mL）作为横坐标，吸光度A平均值作为纵坐标，

绘制工作曲线,用计算机算出回归方程和相关系数 R。

④数据记录。

开始时间:_____ 结束时间:_____

缩二脲标液不同吸收波长下的吸光度

波长/nm										
吸光度										

结论:最大吸收波长为_____

吸收曲线:

最大吸收波长下不同浓度缩二脲标液吸光度及其线性关系

试样编号	1	2	3	4	5	6
2.00 g/L 缩二脲标液加入量(mL)						
缩二脲标液浓度(μg/L)						
比色皿校正值 A_0						
校正后吸光度 A						
相关系数 R						
回归方程						

工作曲线:

(2)实施条件

①场地:分光光度室。

②仪器、试剂。

表 1 仪器设备

名 称	规格	数量	名 称	规格	数量
可见分光光度计		1 台/人	吸量管	20 mL	2 只/人
玻璃比色皿	3 cm	2 个/人	胶头滴管		1 支/人
容量瓶	100 mL	6 个/人	玻璃仪器洗涤用具及其洗涤用试剂		公用
量筒	20 mL	2 只/人	洗瓶	500 mL	1 只/人

表2 试剂材料

名　称	规格	浓度/数量	名　称	规格	浓度/数量
硫酸铜溶液		15 g/L(考点配制)	缩二脲标准溶液		2.00 g/L (考点配制)
酒石酸钾钠碱性溶液		50 g/L(考点配制)	考核试样		

备注:未注明要求时,试剂均为AR,水为国家规定的实验室三级用水规格

(3)考核时量

120分钟。

(4)考核标准

详见附录19。

2. 试题编号:T-4-2,锅炉用水硝酸盐紫外曲线绘制

考核技能点编号:J-4-1

(1)任务描述

采用紫外分光光度法,完成锅炉用水中硝酸盐紫外曲线绘制,提交分析检验报告单。操作方法参照GB/T 6912.1—2006。

①硝酸钾标准溶液配制(1 mL含0.1 mgNO_3^-)

准确吸取25 mL硝酸钾储备液(1 mL含0.4 mgNO_3^-)于100 mL容量瓶中,用蒸馏水稀释至刻度,摇匀备用。

②吸收曲线的绘制。

移取上述1 mL含0.4 mgNO_3^-标液2.00 mL于50 mL容量瓶中,用蒸馏水稀释至标线,摇匀,以蒸馏水为参比,用1 cm石英比色皿在220～360 nm波长区间,测定其吸光度,绘制硝酸根溶液吸收曲线,找出最大吸收波长。

③工作曲线的绘制。

准确吸取0.00 mL,2.00 mL,4.00 mL,6.00 mL,8.00 mL,10.00 mL硝酸钾标准溶液(1 mL含0.1 mgNO_3^-),分别加入到5个50 mL容量瓶中,用蒸馏水稀释至刻度,摇匀备用。以空白溶液做参比,在最大吸收波长处,用1 cm石英比色皿测定其吸光度,以吸光度作为纵坐标,硝酸根的质量(mg)为横坐标绘制工作曲线。用计算机excel等软件计算出回归方程和相关系数R。

④数据记录。

开始时间:＿＿＿＿＿＿＿＿＿　　　　　　　结束时间:＿＿＿＿＿＿＿＿＿

硝酸根标液不同吸收波长吸光度

波长/ nm											
吸光度											

结论:最大吸收波长为＿＿＿＿＿＿＿＿＿＿＿＿＿＿＿＿＿＿＿＿＿

吸收曲线:

最大吸收波长下不同浓度硝酸根标液吸光度及其曲线相关性

试样编号	1	2	3	4	5	6
硝酸根标液加入量(mL)						
硝酸根标液质量(mg)						
比色皿校正值 A_0						
校正后吸光度 A						
相关系数 R						
回归方程						

工作曲线:

(2)实施条件

①场地:分光光度室。

②仪器、试剂。

表 1　仪器设备

名　称	规格	数量	名　称	规格	数量
紫外-可见分光光度计	7530 等	1 台/人	移液管	25 mL	1 支/人
石英比色皿	1 cm	2 个/人	移液管	10 mL	1 支/人
容量瓶	50 mL	7 只/人	容量瓶	100 mL	1 只/人
洗瓶	500 mL	1 个/人	电脑		公用
烧杯	500 mL	1 个/人	玻璃仪器洗涤用具及其洗涤用试剂		公用
胶头滴管		1 个/人			

表 2　试剂材料

名　称	规格	浓度/数量	名　称	规格	浓度/数量
硝酸钾标液	由考核点配置	1 mL 含 0.4 mg NO_3^-	蒸馏水		

备注:未注明要求时,试剂均为 AR,水为国家规定的实验室三级用水规格

(3)考核时量

120 分钟。

(4)考核标准

详见附录 19。

3. 试题编号:T-4-3,邻菲啰啉分光光度法测铁曲线绘制

考核技能点编号:J-4-1

(1)任务描述

采用可见分光光度法,完成邻菲啰啉测铁曲线绘制,提交分析检验报告单。参照 GB/T 2441.4—2010。

①标准溶液的配制。

分别移取铁的标准溶液(10 μg/mL)0.00 mL,2.00 mL,4.00 mL,6.00 mL,8.00 mL,10.00 mL 于 6 只 50 mL 容量瓶中,依次分别加入 5.0 mL HAc-NaAc 缓冲液、2.5 mL 盐酸羟胺、5.0 mL 邻菲啰啉溶液,用蒸馏水稀释至刻度,摇匀,放置 10 min。

②吸收曲线的绘制。

取上述 8.00 mL 铁标样溶液,以空白溶液为参比,放置 10 min,用 1 cm 比色皿在 400～600 nm 波长区间,测定其吸光度,绘制吸收曲线,并找出最大吸收波长。

③工作曲线的绘制。

以空白溶液为参比,用 1 cm 比色皿,在最大吸收波长处,测定系列标准溶液的吸光度,每个实验点重复 2 次,以每个容量瓶中铁标准溶液浓度(μg/mL)作为横坐标,吸光度 A 平均值作为纵坐标,绘制工作曲线。用计算机 excel 等软件计算出回归方程和相关系数 R。

④数据记录。

开始时间:＿＿＿＿＿＿＿＿＿　　　　　　　　　结束时间:＿＿＿＿＿＿＿＿＿

铁标液不同吸收波长吸光度

波长/ nm										
吸光度										

结论:最大吸收波长为＿＿＿＿＿＿＿＿＿

吸收曲线:

最大吸收波长下不同浓度铁标液吸光度及其曲线相关性

试样编号	1	2	3	4	5	6
铁标液加入量(mL)						
铁标液浓度(μg/mL)						
比色皿校正值 A_0						
校正后吸光度 A						
回归方程						
相关系数 R						

工作曲线：

(2)实施条件

①场地：分光光度室。

②仪器、试剂。

表 1　仪器设备

名　称	规格	数量	名　称	规格	数量
容量瓶	50 mL	6 只/人	移液管	10 mL	1 支/人
洗瓶	500 mL	1 只/人	移液管	5 mL	3 支/人
电脑	不限	公用	可见分光光度计		1 台/人
玻璃比色皿	1 cm	2 个/人	胶头滴管		1 支/人
烧杯	500 mL	1 只/人	玻璃仪器洗涤用具及其洗涤用试剂		公用

表 2　试剂材料

名　称	规格	浓度/数量	名　称	规格	浓度/数量
铁标液	由考核点配置	10 μg/mL	HAc-NaAc 缓冲液		pH=4.6
盐酸羟胺	新配	10%	邻菲啰啉	新配	0.15%
乙醇		98%			

备注：未注明要求时，试剂均为 AR，水为国家规定的实验室三级用水规格

(3)考核时量

120 分钟。

(4)考核标准

详见附录 19。

4. 试题编号：T-4-4，丁二酮肟分光光度法测镍的曲线绘制

考核技能点编号：J-4-1

(1)任务描述

采用丁二酮肟可见分光光度法完成镍标准溶液吸收曲线和工作曲线的绘制，提交分析检验报告单。参照 GB 11910—89。

①标准溶液的配制。

准确移取 5.00 mL 镍标准储备液(1 mg/mL)于 250 mL 容量瓶中，用水稀释制备得到 20 mg/L 镍标准液。

准确移取上述 20 mg/L 镍标准液 0.00 mL，2.00 mL，4.00 mL，6.00 mL，8.00 mL，

10.00 mL 于 50 mL 容量瓶中,加水至 20.0 mL,依次加入 500 g/L 柠檬酸铵溶液 4 mL,0.05 mol/L 碘溶液 2 mL,加水至约 40 mL,再加 4 mL 丁二酮肟溶液,混匀,再加入 4 mL 乙二胺四乙酸钠溶液,用水定容至标线,摇匀,待用。

②吸收曲线的绘制。

取上述 8.00 mL 镍标准液,以空白溶液做参比,用 1 cm 比色皿,从 400~500 nm,每隔 10 nm 测定其吸光值,绘制吸收曲线,确定溶液最大吸收波长。

③工作曲线的绘制。

以试剂空白为参比,用 1 cm 比色皿于最大吸收波长处测定系列标准溶液吸光度,每个实验点重复 2 次,以镍标液浓度(mg/L)作为横坐标,吸光度 A 平均值作为纵坐标,绘制工作曲线,计算机算出回归方程和相关系数 R。

④数据记录。

开始时间:＿＿＿＿＿＿＿＿＿　　　　结束时间:＿＿＿＿＿＿＿＿＿

镍标液不同吸收波长下的吸光度

波长/ nm										
吸光度										

结论:最大吸收波长为＿＿＿＿＿＿＿＿＿＿＿＿＿＿＿＿

吸收曲线:

最大吸收波长下不同浓度镍标液吸光度及其线性关系

试样编号	1	2	3	4	5	6
20 mg/L 镍标液加入量(mL)						
镍标液浓度(mg/L)						
比色皿校正值 A_0						
校正后吸光度 A						
相关系数 R						
回归方程						

工作曲线:

(2)实施条件

①场地:分光光度室。

②仪器、试剂。

表 1　仪器设备

名　称	规格	数量	名　称	规格	数量
容量瓶	50.0 mL	7 只/人	移液管	5 mL	3 支/人
容量瓶	250 mL	2 只/人	移液管	10 mL	1 支/人
量筒	5 mL	2 只/人	洗瓶	500 mL	1 只/人
可见分光光度计	不限	1 台/人	玻璃仪器洗涤用具及其洗涤用试剂		公用

表 2　试剂材料

名　称	规格	浓度/数量	名　称	规格	浓度/数量
镍标准溶液	金属镍 >99.9%（硝酸溶解）	1 mg/mL	氨水-氯化铵缓冲溶液		pH＝10±0.2
丁二酮肟	（氨水溶液）	5 g/L	乙二胺四乙酸钠		50 g/L
柠檬酸铵		500 g/L	碘溶液		0.05 mol/L

备注:未注明要求时,试剂均为 AR,水为国家规定的实验室三级用水规格

（3）考核时量

120 分钟。

（4）考核标准

详见附录 19。

5. 试题编号:T-4-5，1,10-菲啰啉分光光度法测锅炉水中铁

考核技能点编号:J-4-2

（1）任务描述

采用 1,10-菲啰啉分光光度法,完成锅炉水中铁含量的测定,提交分析检验报告单。参照 GB/T 14427—2008。

①工作曲线的绘制。

用 10 mL 移液管分别移取 0.00 mL,2.00 mL,4.00 mL,6.00 mL,8.00 mL,10.00 mL 10 μg/mL 铁标准溶液于 6 个 50 mL 容量瓶中,再用 5 mL 移液管依次分别加入 5.0 mL HAc - NaAc 缓冲液、2.5 mL 盐酸羟胺、5.0 mL 邻菲啰啉溶液,用蒸馏水稀释至刻度,摇匀,放置 10 min。放置不少于 15 min。选择 1 cm 比色皿,于最大吸收波长（约 510 nm）处,以 0.00 mL 溶液为参比,测量溶液吸光度,以 Fe 质量（μg）为横坐标,对应的吸光度为纵坐标,绘制工作曲线。

②样品的测定。

用 5 mL 移液管准确吸取 5.00 mL 考核试液定量转移至 50 mL 的容量瓶内,从"加5 mL HAc-NaAc 缓冲液……"开始进行操作,测定试液的吸光度,平行测定 2 次。

③数据处理。

水中铁的质量浓度按下式计算:

$$X_1=\frac{m_1}{V}$$

式中：X_1—试样中铁含量，$\mu g/mL$；m_1—从工作曲线上查得铁含量，μg；V—试样的体积，mL。

④数据记录。

开始时间：_____　　　　　　　　　结束时间：_____

铁标准溶液工作曲线数据表

容量瓶编号	1	2	3	4	5	6
铁标液体积 mL						
铁含量 μg						
吸光度 A_1						
比色皿校正值 A_0						
校正后吸光度 A_2						

1,10-菲啰啉分光光度法测锅炉水中铁分析结果

测定次数	1	2
试样体积(mL)		
试样吸光度 A_3		
比色皿校正值 A_0		
试样校正后吸光度 A_4		
铁含量(mg/L)		
测定结果(算术平均值)		
测定结果的相对平均偏差(%)		

(2)实施条件

①场地：分光光度室。

②仪器、试剂。

表1　仪器设备

名　称	规格	数量	名　称	规格	数量
可见分光光度计(附1 cm比色皿)	722型等	1台/人	移液管	10 mL	1支/人
烧杯	100 mL	1只/人	移液管	5 mL	4支/人
容量瓶	50 mL	8只/人	滴管		1支/人
玻璃仪器洗涤用具及其洗涤用试剂		公用			

表2 试剂材料

名　称	规格	浓度/数量	名　称	规格	浓度/数量
铁标液	由考核点配置	10 μg/mL	HAc‐NaAc缓冲液		pH=4.6
盐酸羟胺	新配	10%	邻菲啰啉	新配	0.15%
乙醇		98%	考核试样		≤20 mg/L

备注:未注明要求时,试剂均为AR,水为国家规定的实验室三级用水规格。

（3）考核时量

120分钟。

（4）考核标准

详见附录20。

6. 试题编号:T-4-6,废水中铁含量测定

考核技能点编号:J-4-2

（1）任务描述

采用1,10-菲啰啉分光光度法,完成废水中铁含量的测定,提交分析检验报告单。参照GB/T 14427—2008。

①工作曲线的绘制。

用10 mL移液管分别移取0.00 mL,2.00 mL,4.00 mL,6.00 mL,8.00 mL,10.00 mL铁标准溶液于6个50 mL容量瓶中,再用5 mL移液管依次分别加入5.0 mL HAc‐NaAc缓冲液、2.5 mL盐酸羟胺、5.0 mL邻菲啰啉溶液,用蒸馏水稀释至刻度,摇匀,放置10 min。放置不少于15 min。选择1 cm比色皿,于最大吸收波长(约510 nm)处,以0.00 mL溶液为参比,测量溶液吸光度,以Fe质量(μg)为横坐标,对应的吸光度为纵坐标,绘制工作曲线。

②样品的测定。

用5 mL移液管准确吸取5.00 mL考核试液定量转移至50 mL的容量瓶内,从"加5 mL HAc-NaAc缓冲溶液……"开始进行操作,测定试液的吸光度,平行测定2次。

③数据处理。

水中铁的质量浓度按下式计算:

$$X_1 = \frac{m_1}{V}$$

式中:X_1—试样中铁含量,μg/mL;m_1—从工作曲线上查得铁含量,μg;V—试样的体积,mL。

④数据记录。

开始时间:_____　　　　　　　　结束时间:_____

铁标准溶液工作曲线数据表

容量瓶编号	1	2	3	4	5	6
铁标液体积 mL						
铁含量 μg						
吸光度 A_1						

续表

容量瓶编号	1	2	3	4	5	6
比色皿校正值 A_0						
校正后吸光度 A_2						

1,10-菲啰啉分光光度法测废水中铁分析结果

测定次数	1	2
试样体积(mL)		
试样吸光度 A_3		
比色皿校正值 A_0		
试样校正后吸光度 A_4		
铁含量(mg/L)		
测定结果(算术平均值)		
测定结果的相对平均偏差(%)		

(2)实施条件

①场地:分光光度室。

②仪器、试剂。

表1 仪器设备

名 称	规格	数量	名 称	规格	数量
可见分光光度计 (附1 cm 比色皿)	722 型等	1 台/人	移液管	10 mL	1 支/人
烧杯	100 mL	1 只/人	移液管	5 mL	4 支/人
容量瓶	50 mL	8 只/人	滴管		1 支/人
玻璃仪器洗涤用具 及其洗涤用试剂		公用			

表2 试剂材料

名 称	规格	浓度/数量	名 称	规格	浓度/数量
铁标液	由考核点 配置	10 μg/mL	HAc-NaAc 缓冲液		pH=4.6
盐酸羟胺	新配	10%	邻菲啰啉	新配	0.15%
乙醇		98%	考核试样	化学试剂预 处理考核液	≤20 mg/L

备注:未注明要求时,试剂均为 AR,水为国家规定的实验室三级用水规格

(3)考核时量

120 分钟。

(4)考核标准

详见附录 20。

7. 试题编号:T-4-7,丁二酮肟分光光度法测定废水中镍

考核技能点编号:J-4-2

(1)任务描述

采用可见分光光度法,完成水质镍的测定,提交分析检验报告单。参照 GB 11910—89。

①工作曲线的绘制。

往 6 个 50 mL 容量瓶中,分别加入 0.00 mL,2.00 mL,4.00 mL,6.00 mL,8.00 mL,10.00 mL 镍标准工作溶液(20 mg/mL),并加水至 20 mL,加 4 mL 柠檬酸铵溶液,加 2 mL 碘溶液,加水至 40 mL,摇匀,加 4 mL 丁二酮肟溶液,摇匀。加 4 mL 乙二胺四乙酸钠溶液,加水至标线,摇匀。以空白为参比,在 530 nm 波长下测量显色液的吸光度。以吸光度作为纵坐标,镍标准溶液质量(mg)为横坐标绘制工作曲线。

②样品的测定。

准确吸取镍水样 5 mL 至 50 mL 容量瓶中,在此试料中加 4 mL 柠檬酸铵、2 mL 碘溶液,加水至 20 mL,摇匀,加 4 mL 丁二酮肟溶液,摇匀,加 4 mL 乙二胺四乙酸钠溶液,加水至标线,摇匀。按工作曲线法测定其吸光度,平行测定 2 份。

注:a. 加入碘溶液后,必须加水至约 20 mL 并摇匀,否则加入丁二酮肟后不能正常显色。

b. 必须在加入丁二酮肟溶液并摇匀后,再加入乙二胺四乙酸钠溶液,否则将不显色。

c. 室温≤25 ℃,时间控制在 15 min 完成。

③数据处理。

废水中镍的质量浓度按下式计算:

$$X_1 = \frac{m_1}{V}$$

式中:X_1—试样中镍含量,g/L;m_1—从工作曲线上查得镍含量,mg;V—试样的体积,mL。

④数据记录。

开始时间:＿＿＿＿＿＿＿＿＿　　　　　结束时间:＿＿＿＿＿＿＿＿＿

镍标准溶液工作曲线数据表

容量瓶编号	1	2	3	4	5	6
镍标液体积 V(mL)						
标准溶液质量(mg)						
比色皿校正值 A_0						
吸光度 A						
校正后吸光度 A_1						

水质中镍含量的分析结果

测定次数	1	2
试样体积(mL)		
试样吸光度 A_2		
比色皿校正值 A_0		
试样校正后吸光度 A_3		
镍含量 X(g/L)		
测定结果(算术平均值)		
测定结果的相对平均偏差(%)		

(2)实施条件

①场地:分光光度室。

②仪器、试剂。

表1 仪器设备

名　称	规格	数量	名　称	规格	数量
可见分光光度计	722型等	1台/人	烧杯	500 mL	1个/人
比色皿	1 cm	1个/人	移液管	5 mL	4支/人
容量瓶	50 mL	9个/人	量筒	5 mL	2个/人
玻璃仪器洗涤用具及其洗涤用试剂		公用	胶头滴管		2支/人

表2 试剂材料

名　称	规格	浓度/数量	名　称	规格	浓度/数量
镍标准溶液		20.00 mg/L	乙二胺四乙酸钠溶液		50 g/L
碘溶液		0.05 mol/L	氨水-氯化铵缓冲溶液		pH=10±2
柠檬酸铵溶液		500 g/L	镍考核样		≤4 μg/mL
丁二酮肟溶液		C=5 g/L			

备注:未注明要求时,试剂均为 AR,水为国家规定的实验室三级用水规格

(3)考核时量

120分钟。

(4)考核标准

详见附录20。

8. 试题编号:T-4-8,水中缩二脲含量的测定(分光光度法)

考核技能点编号:J-4-2

(1)任务描述

采用可见分光光度法,完成水中缩二脲含量的测定,最终提交原始记录单。参照 GB/T

2441.2—2010。

①标准溶液的配制。

用移液管分别移取 0.00 mL,2.50 mL,10.00 mL,15.00 mL,20.00 mL,30.00 mL 缩二脲标准溶液至 6 个 100 mL 容量瓶,依次加入 20.0 mL 酒石酸钾钠的碱性溶液和 20.0 mL 硫酸铜溶液摇匀,稀释至刻度,把容量瓶浸入 30 ℃±5 ℃的水浴中约 20 min,不时摇动。

②工作曲线的绘制。

在 30 min 时间内,以试剂空白为参比,用 3 cm 比色皿于 550 nm 吸收波长处测定各标准溶液的吸光度,每个实验点重复 2 次,以缩二脲质量（μg）作为横坐标,吸光度 A 平均值作为纵坐标,绘制工作曲线。

③样液测定。

分别移取 20 mL 考核试样至 100 mL 容量瓶中,依次加入 20.0 mL 酒石酸钾钠碱性溶液和 20.0 mL 硫酸铜溶液,摇匀,稀释至刻度,将容量瓶浸入 30 ℃±5 ℃的水浴中约 20 min,不时摇动,测定吸光度,记录读数。从标准曲线查出所测吸光度相对应的缩二脲的质量（μg）。

④数据处理。

试样中缩二脲含量按下式计算：

$$X_1 = \frac{m_1}{V}$$

式中：X_1—缩二脲百分含量,mg/L；m_1—从工作曲线上查得缩二脲质量,μg；V—试样的体积,mL。

⑤数据记录。

缩二脲标准溶液工作曲线数据表

容量瓶编号	1	2	3	4	5	6
标准溶液体积(mL)						
100 mL 溶液含缩二脲质量(μg)						
样液吸光度 A						
比色皿校正值 A_0						
校正后吸光度 A_1						

水中缩二脲含量结果分析

测定次数	1	2
试样体积 V(mL)		
试液中测得的缩二脲质量 m_1(μg)		
样液吸光度 A_2		
比色皿校正值 A_0		
样液校正后吸光度 A_3		
缩二脲含量 X(mg/L)		

续表

测定次数	1	2
测定结果(算术平均值)(mg/L)		
测定结果的相对平均偏差(%)		

(2)实施条件

①场地:分光光度室。

②仪器、试剂。

表1 仪器设备

名　称	规格	数量	名　称	规格	数量
可见分光光度计	722 等	1 台/人	吸量管	20 mL	3 支/人
玻璃比色皿	3 cm	2 个/人	胶头滴管		1 支/人
容量瓶	100 mL	6 个/人	玻璃仪器洗涤用具及其洗涤用试剂		公用
量筒	20 mL	2 只/人	洗瓶	500 mL	1 只/人

表2 试剂材料

名　称	规格	浓度/数量	名　称	规格	浓度/数量
硫酸铜溶液		15 g/L（考点配制）	缩二脲标准溶液		2.00 g/L（考点配制）
酒石酸钾钠碱性溶液		50 g/L（考点配制）	考核试样		≤3 g/L

备注:未注明要求时,试剂均为 AR,水为国家规定的实验室三级用水规格

(3)考核时量

120 分钟。

(4)考核标准

详见附录 20。

9. 试题编号:T-4-9,尿素中缩二脲含量测定

考核技能点编号:J-4-2

(1)任务描述

采用可见分光光度法,完成尿素中缩二脲含量的测定,最终提交原始记录单。参照 GB/T 2441.2—2010。

①标准溶液的配制。

用移液管分别移取 0.00 mL,2.50 mL,10.00 mL,15.00 mL,20.00 mL,30.00 mL 缩二脲标准溶液至 6 个 100 mL 容量瓶,依次加入 20.0 mL 酒石酸钾钠的碱性溶液和 20.0 mL 硫酸铜溶液摇匀,稀释至刻度,把容量瓶浸入 30 ℃±5 ℃的水浴中约 20 min,不时摇动。

②工作曲线的绘制。

在 30 min 时间内,以试剂空白为参比,用 3 cm 比色皿于 550 nm 吸收波长处测定各标准溶液的吸光度,每个实验点重复 2 次,以缩二脲质量 (μg) 作为横坐标,吸光度 A 平均值作为纵坐标,绘制工作曲线。

③样液测定。

分别移取 20 mL 考核试样至 100 mL 容量瓶中,依次加入 20.0 mL 酒石酸钾钠碱性溶液和 20.0 mL 硫酸铜溶液,摇匀,稀释至刻度,将容量瓶浸入 30 ℃±5 ℃的水浴中约 20 min,不时摇动,测定吸光度,记录读数。从标准曲线查出所测吸光度相对应的缩二脲的质量(μg)。

④数据处理。

尿素中缩二脲含量按下式计算:

$$X_1 = \frac{m_1}{V}$$

式中:X_1—缩二脲百分含量,mg/L;m_1—从工作曲线上查得缩二脲质量,μg;V—试样的体积,mL。

⑤数据记录。

缩二脲标准溶液工作曲线数据表

容量瓶编号	1	2	3	4	5	6
标准溶液体积(mL)						
100 mL 溶液含缩二脲质量(μg)						
样液吸光度 A						
比色皿校正值 A_0						
校正后吸光度 A_1						

尿素考核样液中缩二脲含量结果分析

测定次数	1	2
试样体积 V(mL)		
试液中测得的缩二脲质量 m_1(μg)		
样液吸光度 A_2		
比色皿校正值 A_0		
样液校正后吸光度 A_3		
缩二脲含量 X(mg/L)		
测定结果(算术平均值)(g/L)		
测定结果的相对平均偏差(%)		

(2)实施条件

①场地:分光光度室。

②仪器、试剂。

表1　仪器设备

名　称	规格	数量	名　称	规格	数量
可见分光光度计	722 等	1 台/人	吸量管	20 mL	3 支/人
玻璃比色皿	3 cm	2 个/人	胶头滴管		1 支/人
容量瓶	100 mL	6 个/人	玻璃仪器洗涤用具及其洗涤用试剂		公用
量筒	20 mL	2 只/人	洗瓶	500 mL	1 只/人

表2　试剂材料

名　称	规格	浓度/数量	名　称	规格	浓度/数量
硫酸铜溶液		15 g/L（考点配制）	缩二脲标准溶液		2.00 g/L（考点配制）
酒石酸钾钠碱性溶液		50 g/L（考点配制）	考核试样		≤3 g/L

备注:未注明要求时,试剂均为 AR,水为国家规定的实验室三级用水规格

（3）考核时量

120 分钟。

（4）考核标准

详见附录 20。

10. 试题编号:T-4-10,紫外分光光度法测锅炉水中硝酸盐

考核技能点编号:J-4-3

（1）任务描述

采用紫外分光光度法,完成考核水样中硝酸盐含量测定,提交分析检验报告单。操作方法参照 GB/T 6912.1—2006。

①硝酸钾标准溶液配制（1 mL 含 0.1 mg NO_3^-）

准确吸取 25 mL 硝酸钾储备液（1 mL 含 0.4 mg NO_3^-）于 100 mL 容量瓶中,用蒸馏水稀释至刻度,摇匀备用。

②工作曲线的绘制。

准确吸取 0.00 mL,2.00 mL,4.00 mL,6.00 mL,8.00 mL,10.00 mL 硝酸钾标准溶液,分别加入到 6 个 50 mL 容量瓶中,用蒸馏水稀释至刻度,摇匀备用。以空白溶液为参比,在 219 nm 波长处,用 1 cm 石英比色皿测定其吸光度,以吸光度作为纵坐标,硝酸根的质量（mg）为横坐标绘制工作曲线。

③样液的测定。

准确移取硝酸钾考核样 10.00 mL 于 100 mL 容量瓶中,用蒸馏水稀释至刻度,以空白溶液做参比,在 219 nm 波长处,用 1 cm 石英比色皿测定其吸光度。平行测定 2 份。

④数据处理。

试样中硝酸根含量按下式计算:

$$X_1 = \frac{m_1}{V}$$

式中：X_1—硝酸根百分含量，mg/L；m_1—从工作曲线上查得硝酸根质量，μg；V—试样的体积，mL。

⑤数据记录。

开始时间：_____   结束时间：_____

不同浓度 NO_3^- 标液吸光度

试样编号	1	2	3	4	5	6
硝酸根标液加入量(mL)						
硝酸根标液质量(mg)						
样液吸光度 A						
比色皿校正值 A_0						
校正后吸光度 A_1						

考核样 NO_3^- 含量结果分析

测定次数	1	2
试样体积 V(mL)		
样液吸光度 A_2		
比色皿校正值 A_0		
样液校正后吸光度 A_3		
NO_3^- 含量 X(mg/L)		
测定结果(算术平均值)(mg/L)		
测定结果的相对平均偏差(%)		

(2)实施条件

①场地：分光光度室。

②仪器、试剂。

表1　仪器设备

名　称	规格	数量	名　称	规格	数量
紫外-可见分光光度计	7530 等	1 台/人	移液管	25 mL	1 支/人
石英比色皿	1 cm	2 个/人	移液管	10 mL	1 支/人
容量瓶	50 mL	7 只/人	容量瓶	100 mL	2 只/人
洗瓶	500 mL	1 个/人	洗瓶	500 mL	1 只/人
烧杯	500 mL	1 个/人	电脑		公用
胶头滴管		1 支/人	玻璃仪器洗涤用具及其洗涤用试剂		公用

表 2　试剂材料

名　　称	规格	浓度/数量	名　　称	规格	浓度/数量
硝酸钾标液	由考核点配置	1 mL 含 0.4 mg NO_3^-	蒸馏水		
考核处理样					

备注:未注明要求时,试剂均为 AR,水为国家规定的实验室三级用水规格

(3)考核时量

120 分钟。

(4)考核标准

详见附录 20。

11. 试题编号:T-4-11,紫外分光光度法测苯胺含量

考核技能点编号:J-4-3

(1)任务描述

采用紫外分光光度法,完成样液中苯胺的测定,提交分析检验报告单。参照 HJ/T 31—1999。

①工作曲线的绘制。

取 50 mL 容量瓶 6 只,分别加入苯胺标液 0.00 mL,1.00 mL,2.00 mL,3.00 mL,4.00 mL,5.00 mL,用去离子水定容。以空白为参比,在波长 230 nm 测定每个标准溶液的吸光度,以相对应苯胺吸光度作为纵坐标,苯胺质量(μg)作为横坐标绘制工作曲线。

②试样溶液的测定。

移取考核样品 5 mL 两份分别加入到 50 mL 容量瓶中,用去离子水定容至 50 mL,测定吸光度,从工作曲线读出苯胺的质量 m_1(μg)。平行测定 2 次。

③数据处理。

试样中苯胺的含量按下式计算:

$$X_1 = \frac{m_1}{V}$$

式中:X_1—苯胺的含量,μg/mL;m_1—工作曲线读出苯胺的质量,μg;V—考核样品体积,mL。

④数据记录。

开始时间:_____　　　　　　　　结束时间:_____

苯胺标准溶液工作曲线数据表

容量瓶编号	1	2	3	4	5	6
苯胺标液体积(mL)						
苯胺含量(μg)						
吸光度 A						
比色皿校正值 A_0						
校正后吸光度 A_1						

苯胺含量结果分析

测定次数	1	2
试样体积 V(mL)		
样液吸光度 A_1		
比色皿校正值 A_0		
试样校正吸光度 A_2		
试样测定质量 m_1(μg)		
苯胺含量 X_1(μg/mL)		
测定结果(算术平均值)		
测定结果的相对平均偏差(%)		

(2)实施条件

①场地:分光光度室。

②仪器、试剂。

表1　仪器设备

名　称	规格	数量	名　称	规格	数量
紫外分光光度计		1台/人	容量瓶	50 mL	8只/人
石英比色皿	1 cm	2个/人	烧杯	500 mL	1个/人
移液管	5 mL	1支/人	胶头滴管		1支/人
玻璃仪器洗涤用具及其洗涤用试剂		1套/人			

表2　试剂材料

名　称	规格	浓度/数量	名　称	规格	浓度/数量
苯胺标液		50 μg/mL	考核试样		≤50 μg/mL

备注:未注明要求时,试剂均为AR,水为蒸馏水

(3)考核时量

120分钟。

(4)考核标准

详见附录20。

12. 试题编号:T-4-12,紫外可见分光光度法测定磺基水杨酸含量

考核技能点编号:J-4-3

(1)任务描述

采用紫外分光光度法,完成考核液中磺基水杨酸的测定,提交分析检验报告单。参照 GB/T 10705—2008。

①工作曲线的绘制。

取50 mL容量瓶6只,分别加入磺基水杨酸标液0.00 mL,2.00 mL,4.00 mL,6.00 mL,

8.00 mL,10.00 mL,用去离子水定容。以空白为参比,在波长 235 nm 测定每个标准溶液的吸光度,以吸光度作为纵坐标,磺基水杨酸浓度(μg/mL)作为横坐标绘制工作曲线。

②试样溶液的测定。

移取考核样品 5 mL 两份分别加入到 50 mL 容量瓶中,用去离子水定容至 50 mL,按上述步骤测定吸光度,从工作曲线读出磺基水杨酸浓度(μg/mL)。平行测定 2 次。

③数据处理。

原始未知溶液浓度按下式计算:

$$C_0 = C_X \times n$$

式中:C_0—原始未知溶液浓度,μg/mL;C_X—查出的未知溶液浓度,μg/mL;n—未知溶液的稀释倍数。

④数据记录。

开始时间:＿＿＿＿＿＿＿＿　　　　　　　　结束时间:＿＿＿＿＿＿＿＿

磺基水杨酸标准溶液工作曲线数据表

容量瓶编号	1	2	3	4	5	6
磺基水杨酸标液体积(mL)						
磺基水杨酸含量(μg/mL)						
吸光度 A						
比色皿校正值 A_0						
校正后吸光度 A						

磺基水杨酸含量结果分析

测定次数	1	2
样液体积(mL)		
样液吸光度 A_1		
比色皿校正值 A_0		
试样校正吸光度 A_2		
试样测定含量 C_0(μg/mL)		
测定结果平均值(μg/mL)		
测定结果的相对平均偏差(%)		

(2)实施条件

①场地:分光光度室。

②仪器、试剂。

表 1　仪器设备

名　　称	规格	数量	名　　称	规格	数量
紫外分光光度计		1 台/人	容量瓶	50 mL	8 只/人
石英比色皿	1 cm	2 个/人	烧杯	500 mL	1 个/人

续表

名　称	规格	数量	名　称	规格	数量
移液管	10 mL	2 支/人	胶头滴管		1 支/人
玻璃仪器洗涤用具及其洗涤用试剂		1 套/人			

表 2　试剂材料

名　称	规格	浓度/数量	名　称	规格	浓度/数量
磺基水杨酸标液		100 μg/mL	考核试样		50～100 μg/mL

备注:未注明要求时,试剂均为 AR,水为蒸馏水

(3)考核时量

120 分钟。

(4)考核标准

详见附录 20。

13. 试题编号:T-4-13,紫外可见分光光度法测定水杨酸含量

考核技能点编号:J-4-3

(1)任务描述

采用紫外分光光度法,完成考核液中水杨酸的测定,提交分析检验报告单。参照 HG/T 3398—1975。

①工作曲线的绘制。

取 50 mL 容量瓶 6 只,分别加入水杨酸标液 0.00 mL,2.00 mL,4.00 mL,6.00 mL,8.00 mL,10.00 mL,用去离子水定容。以空白溶液为参比,在波长 231 nm 测定每个标准溶液的吸光度,以吸光度作为纵坐标,水杨酸浓度(μg/mL)作为横坐标绘制工作曲线。

②试样溶液的测定。

移取考核样品 5 mL 两份分别加入到 50 mL 容量瓶中,用去离子水定容至 50 mL,按上述步骤测定吸光度,从工作曲线读出水杨酸浓度(μg/mL)。平行测定 2 次。

③数据处理。

原始未知溶液浓度按下式计算:

$$C_0 = C_X \times n$$

式中:C_0—原始未知溶液浓度,μg/mL;C_X—查出的未知溶液浓度,μg/mL;n—未知溶液的稀释倍数。

④数据记录。

开始时间:＿＿＿＿＿＿＿　　　　　　　　结束时间:＿＿＿＿＿＿＿

水杨酸标准溶液工作曲线数据表

容量瓶编号	1	2	3	4	5	6
水杨酸标液体积(mL)						
水杨酸含量(μg/mL)						

续表

容量瓶编号	1	2	3	4	5	6
吸光度 A						
比色皿校正值 A_0						
校正后吸光度 A						

水杨酸含量结果分析

测定次数	1	2
样液体积(mL)		
样液吸光度 A_1		
比色皿校正值 A_0		
试样校正吸光度 A_2		
试样测定含量 C_0(μg/mL)		
测定结果平均值(μg/mL)		
测定结果的相对平均偏差(%)		

(2)实施条件

①场地：分光光度室。

②仪器、试剂。

表1　仪器设备

名　称	规格	数量	名　称	规格	数量
紫外分光光度计		1台/人	容量瓶	50 mL	8只/人
石英比色皿	1 cm	2个/人	烧杯	500 mL	1个/人
移液管	10 mL	2支/人	胶头滴管		1支/人
玻璃仪器洗涤用具及其洗涤用试剂		1套/人			

表2　试剂材料

名　称	规格	浓度/数量	名　称	规格	浓度/数量
水杨酸标液		100 μg/mL	考核试样		50~100 μg/mL

备注：未注明要求时，试剂均为 AR，水为蒸馏水

(3)考核时量

120 分钟。

(4)考核标准

详见附录 20。

14. 试题编号：T-4-14，紫外可见分光光度法测定苯甲酸含量

考核技能点编号：J-4-3

(1)任务描述

采用紫外分光光度法，完成考核液中苯甲酸的测定，提交分析检验报告单。参照 GB 12597—2008。

①工作曲线的绘制。

取 50 mL 容量瓶 6 只，分别加入苯甲酸标液 0.00 mL，2.00 mL，4.00 mL，6.00 mL，8.00 mL，10.00 mL，用去离子水定容。以空白溶液为参比，在波长 224 nm 测定每个标准溶液的吸光度，以吸光度作为纵坐标，苯甲酸浓度（$\mu g/mL$）作为横坐标绘制工作曲线。

②试样溶液的测定。

移取考核样品 5 mL 两份分别加入到 50 mL 容量瓶中，用去离子水定容至 50 mL，按上述步骤测定吸光度，从工作曲线读出苯甲酸浓度（$\mu g/mL$）。平行测定 2 次。

③数据处理。

原始未知溶液浓度按下式计算：

$$C_0 = C_x \times n$$

式中：C_0—原始未知溶液浓度，$\mu g/mL$；C_x—查出的未知溶液浓度，$\mu g/mL$；n—未知溶液的稀释倍数。

④数据记录。

开始时间：_____ 结束时间：_____

苯甲酸标准溶液工作曲线数据表

容量瓶编号	1	2	3	4	5	6
苯甲酸标液体积(mL)						
苯甲酸含量($\mu g/mL$)						
吸光度 A						
比色皿校正值 A_0						
校正后吸光度 A						

苯甲酸含量结果分析

测定次数	1	2
样液体积(mL)		
样液吸光度 A_1		
比色皿校正值 A_0		
试样校正吸光度 A_2		
试样测定含量 C_0($\mu g/mL$)		
测定结果平均值($\mu g/mL$)		

续表

测定次数	1	2
测定结果的相对平均偏差(%)		

（2）实施条件

①场地：分光光度室。

②仪器、试剂。

表1　仪器设备

名　称	规格	数量	名　称	规格	数量
紫外分光光度计		1台/人	容量瓶	50 mL	8只/人
石英比色皿	1 cm	2个/人	烧杯	500 mL	1个/人
移液管	10 mL	2支/人	胶头滴管		1支/人
玻璃仪器洗涤用具 及其洗涤用试剂		1套/人			

表2　试剂材料

名　称	规格	浓度/数量	名　称	规格	浓度/数量
苯甲酸标液		50 μg/mL	考核试样		20～50 μg/mL

备注：未注明要求时，试剂均为 AR，水为蒸馏水

（3）考核时量

120分钟。

（4）考核标准

详见附录20。

15. 试题编号：T-4-15，紫外可见分光光度法测定山梨酸含量

考核技能点编号：J-4-3

（1）任务描述

采用紫外分光光度法，完成考核液中山梨酸的测定，提交分析检验报告单。参照 GB 1905—2000。

①工作曲线的绘制。

取 50 mL 容量瓶 6 只，分别加入山梨酸标液 0.00 mL，2.00 mL，4.00 mL，6.00 mL，8.00 mL，10.00 mL，用去离子水定容。以空白为参比，在波长 254 nm 测定每个标准溶液的吸光度，以吸光度作为纵坐标，山梨酸浓度（μg/mL）作为横坐标绘制工作曲线。

②试样溶液的测定。

移取考核样品 5 mL 两份分别加入到 50 mL 容量瓶中，用去离子水定容至 50 mL，按上述步骤测定吸光度，从工作曲线读出山梨酸浓度（μg/mL）。平行测定 2 次。

③数据处理。

原始未知溶液浓度按下式计算：

$$C_0 = C_X \times n$$

式中: C_0—原始未知溶液浓度, $\mu g/mL$; C_X—查出的未知溶液浓度, $\mu g/mL$; n—未知溶液的稀释倍数。

④数据记录。

开始时间:_____　　　　　　　　结束时间:_____

山梨酸标准溶液工作曲线数据表

容量瓶编号	1	2	3	4	5	6
山梨酸标液体积(mL)						
山梨酸含量($\mu g/mL$)						
吸光度 A						
比色皿校正值 A_0						
校正后吸光度 A						

山梨酸含量结果分析

测定次数	1	2
样液体积(mL)		
样液吸光度 A_1		
比色皿校正值 A_0		
试样校正吸光度 A_2		
试样测定含量 C_0($\mu g/mL$)		
测定结果平均值($\mu g/mL$)		
测定结果的相对平均偏差(%)		

(2)实施条件

①场地:分光光度室。

②仪器、试剂。

表1　仪器设备

名　称	规格	数量	名　称	规格	数量
紫外分光光度计		1台/人	容量瓶	50 mL	8只/人
石英比色皿	1 cm	2个/人	烧杯	500 mL	1个/人
移液管	10 mL	2支/人	胶头滴管		1支/人
玻璃仪器洗涤用具及其洗涤用试剂		1套/人			

表 2　试剂材料

名　　称	规格	浓度/数量	名　　称	规格	浓度/数量
山梨酸标液		20 μg/mL	考核试样		10~20 μg/mL

备注:未注明要求时,试剂均为 AR,水为蒸馏水

(3)考核时量

120 分钟。

(4)考核标准

详见附录 20。

16. 试题编号:T-4-16,紫外可见分光光度法测定 1,10-菲啰啉含量

考核技能点编号:J-4-3

(1)任务描述

采用紫外分光光度法,完成考核液中 1,10-菲啰啉的测定,提交分析检验报告单。参照 GB 1293—89。

①工作曲线的绘制。

取 50 mL 容量瓶 6 只,分别加入 1,10-菲啰啉标液 0.00 mL,2.00 mL,4.00 mL,6.00 mL,8.00 mL,10.00 mL,用去离子水定容。以空白溶液为参比,在波长 229 nm 测定每个标准溶液的吸光度,以吸光度作为纵坐标,1,10-菲啰啉浓度(μg/mL)作为横坐标绘制工作曲线。

②试样溶液的测定。

移取考核样品 5 mL 两份分别加入到 50 mL 容量瓶中,用去离子水定容至 50 mL,按上述步骤测定吸光度,从工作曲线读出 1,10-菲啰啉浓度(μg/mL)。平行测定 2 次。

③数据处理。

原始未知溶液浓度按下式计算:

$$C_0 = C_X \times n$$

式中:C_0—原始未知溶液浓度,μg/mL;C_X—查出的未知溶液浓度,μg/mL;n—未知溶液的稀释倍数。

④数据记录。

开始时间:＿＿＿＿＿＿＿＿　　　　　　　结束时间:＿＿＿＿＿＿＿＿

1,10-菲啰啉标准溶液工作曲线数据表

容量瓶编号	1	2	3	4	5	6
1,10-菲啰啉标液体积(mL)						
1,10-菲啰啉含量(μg/mL)						
吸光度 A						
比色皿校正值 A_0						
校正后吸光度 A						

1,10-菲啰啉含量结果分析

测定次数	1	2
样液体积(mL)		
样液吸光度 A_1		
比色皿校正值 A_0		
试样校正吸光度 A_2		
试样测定含量 $C_0(\mu g/mL)$		
测定结果平均值($\mu g/mL$)		
测定结果的相对平均偏差(%)		

(2)实施条件

①场地:分光光度室。

②仪器、试剂。

表1 仪器设备

名　称	规格	数量	名　称	规格	数量
紫外分光光度计		1台/人	容量瓶	50 mL	8只/人
石英比色皿	1 cm	2个/人	烧杯	500 mL	1个/人
移液管	10 mL	2支/人	胶头滴管		1支/人
玻璃仪器洗涤用具及其洗涤用试剂		1套/人			

表2 试剂材料

名　称	规格	浓度/数量	名　称	规格	浓度/数量
1,10-菲啰啉标液		20 $\mu g/mL$	考核试样		10~20 $\mu g/mL$

备注:未注明要求时,试剂均为 AR,水为蒸馏水

(3)考核时量

120分钟。

(4)考核标准

详见附录20。

17. 试题编号:T-4-17,紫外可见分光光度法测定维生素 C 含量

考核技能点编号:J-4-3

(1)任务描述

采用紫外分光光度法,完成考核液中维生素 C 的测定,提交分析检验报告单。参照 GB 1293—89。

①工作曲线的绘制。

取 50 mL 容量瓶 6 只,分别加入维生素 C 标液 0.00 mL,2.00 mL,4.00 mL,6.00 mL,

8.00 mL,10.00 mL,用去离子水定容。以空白为参比,在波长 229 nm 测定每个标准溶液的吸光度,以吸光度作为纵坐标,维生素 C 浓度(μg/mL)作为横坐标绘制工作曲线。

②试样溶液的测定。

移取考核样品 5 mL 两份分别加入到 50 mL 容量瓶中,用去离子水定容至 50 mL,按上述步骤测定吸光度,从工作曲线读出维生素 C 浓度(μg/mL)。平行测定 2 次。

③数据处理。

原始未知溶液浓度按下式计算:

$$C_0 = C_X \times n$$

式中:C_0—原始未知溶液浓度,μg/mL;C_X—查出的未知溶液浓度,μg/mL;n—未知溶液的稀释倍数。

④数据记录。

开始时间:＿＿＿＿＿＿＿＿＿＿＿＿＿＿＿＿＿＿＿＿＿ 结束时间:＿＿＿＿＿＿＿＿＿＿＿＿

维生素 C 标准溶液工作曲线数据表

容量瓶编号	1	2	3	4	5	6
维生素 C 标液体积(mL)						
维生素 C 含量(μg/mL)						
吸光度 A						
比色皿校正值 A_0						
校正后吸光度 A						

维生素 C 含量结果分析

测定次数	1	2
样液体积(mL)		
样液吸光度 A_1		
比色皿校正值 A_0		
试样校正吸光度 A_2		
试样测定含量 C_0(μg/mL)		
测定结果平均值(μg/mL)		
测定结果的相对平均偏差(%)		

(2)实施条件

①场地:分光光度室。

②仪器、试剂。

表1 仪器设备

名 称	规格	数量	名 称	规格	数量
紫外分光光度计		1台/人	容量瓶	50 mL	8只/人
石英比色皿	1 cm	2个/人	烧杯	500 mL	1个/人
移液管	10 mL	2支/人	胶头滴管		1支/人
玻璃仪器洗涤用具及其洗涤用试剂		1套/人			

表2 试剂材料

名 称	规格	浓度/数量	名 称	规格	浓度/数量
维生素C标液		50 μg/mL	考核试样		20～50 μg/mL

备注:未注明要求时,试剂均为AR,水为蒸馏水

(3)考核时量

120分钟。

(4)考核标准

详见附录20。

18. 试题编号:T-4-18,工业循环水 pH 值的测定

考核技能点编号:J-4-4

(1)任务描述

采用直接电位法,完成工业循环水 pH 值的测定,提交分析检验报告单。参照 GB/T 6904—2008。

①调试。

按酸度计说明书调试仪器,准备好指示电极(玻璃电极)及其参比电极(饱和甘汞电极或者复合玻璃电极)。

②定位。

用 pH 试纸粗测考核样的酸碱性,正确选择两种 pH 标准缓冲溶液,使其中一种的 pH 大于并接近试样的 pH,另一种小于并接近试样的 pH。调节 pH 计温度补偿旋钮至所测试样温度值。按照考点所标明的数据,依次校正标准缓冲溶液在该温度下的 pH。重复校正直到其读数与标准缓冲溶液的 pH 相差不超过 0.02 pH 单位。(两点校正平行两次)

③测定。

把试样放入一个洁净的烧杯中,并将酸度计的温度补偿旋钮调至所测试样的温度。浸入电极,摇匀,测定。酸性溶液和碱性溶液分别平行测定 2 次。最终结果取其平均值。(用分度值为 10 ℃的温度计测量试样的温度)

注:冲洗电极后用干净滤纸将电极底部水滴轻轻地吸干,注意勿用滤纸去擦电极,以免电极带静电,导致读数不稳定。

④数据记录。

开始时间:_____   结束时间:_____

工业循环水 pH 值

样品编码	pH 值	两次 pH 平均值	备注

（2）实施条件

①场地：电位分析室。

②仪器、试剂。

表 1　仪器设备

名　　称	规格	数量	名　　称	规格	数量
pH/mV 计		1 台/人	洗瓶	500 mL	1 只/人
玻璃电极		1 支/人	烧杯	50 mL	6 只/人
甘汞电极		1 支/人	废液杯	500 mL	1 只/人
或复合 pH 电极		1 支/人	玻璃仪器洗涤用具及其洗涤用试剂		公用
测定溶液温度装置及其溶液温度体积校正系数表		公用			

表 2　试剂材料

名　　称	规格	浓度/数量	名　　称	规格	浓度/数量
苯二甲酸盐标准缓冲溶液	浓度由考核点标定好	25 ℃时 pH 为 4.01	硼酸盐标准缓冲溶液	浓度由考核点标定好	25 ℃时 pH 为 9.18
磷酸盐标准缓冲溶液	浓度由考核点标定好	25 ℃时 pH 为 6.86	氢氧化钙标准缓冲溶液	浓度由考核点标定好	25 ℃时 pH 为 12.45
考核试样 1		pH≤7	考核试样 2		pH≥7

备注：未注明要求时，试剂均为 AR，水为国家规定的实验室三级用水规格

（3）考核时量

120 分钟。

（4）考核标准

详见附录 21。

19. 试题编号：T-4-19，大气降水 pH 值的测定

考核技能点编号：J-4-4

（1）任务描述

采用电位分析法，完成大气降水 pH 值的测定，最终提交原始记录表和检验报告单。参照

GB 13580.4—1992。

①酸度计的调试。

按酸度计说明书调试仪器,将旋钮转到 pH 挡,准备好指示电极(玻璃电极)及其参比电极(饱和甘汞电极)或者复合玻璃电极,调节 pH 计温度补偿旋钮至所测试样温度值,选择 pH=6.86 标准缓冲溶液定位(一点校正法)。

②大气降水 pH 值的测定。

选择 4 份大气降水考核样 30 mL 置于适当的烧杯中,将烧杯放在电磁搅拌器上,放入磁力搅拌子,插入电极,开动搅拌器,测定溶液的 pH 值。平行测定 2 次。

③数据处理。

开始时间:_____ 结束时间:_____

记录两次 pH 值平均值。

大气降水 pH 值结果分析

样品编码	pH 值	两次 pH 平均值	备注
1			
2			
3			
4			

(2)实施条件

①场地:电位分析室。

②仪器、试剂。

表 1　仪器设备

名　称	规格	数量	名　称	规格	数量
pH/mV 计(具温度自动补偿装置)		1 台/人	洗瓶	500 mL	1 只/人
玻璃电极		1 支/人	甘汞电极		1 支/人
或复合 pH 电极		1 支/人	高型烧杯	250 mL	4 只/人
电磁搅拌器、搅拌子		1 台/人	小烧杯	100 mL	6 只/人
玻璃仪器洗涤用具及其洗涤用试剂		公用	测定溶液温度装置及其溶液温度体积校正系数表		公用

表 2 试剂材料

名　称	规格	浓度/数量	名　称	规格	浓度/数量
苯二甲酸盐标准缓冲溶液	浓度由考核点标定好	25 ℃时pH 为 4.01	硼酸盐标准缓冲溶液	浓度由考核点标定好	25 ℃时pH 为 9.18
磷酸盐标准缓冲溶液	浓度由考核点标定好	25 ℃时pH 为 6.86	过氧化氢		30%
考核试样 1、2		pH≤7	考核试样 3、4		pH≥7
备注:未注明要求时,试剂均为 AR,水为国家规定的实验室三级用水规格,且不含二氧化碳					

(3)考核时量

120 分钟。

(4)考核标准

详见附录 21。

20. 试题编号:T-4-20,地面水中氟离子的测定

考核技能点编号:J-4-4

(1)任务描述

采用离子选择电极法,完成地面水中氟离子的测定,提交分析检验报告单。参照 GB/T 7484—1987。

①工作曲线的绘制。

移取 1.00 mL,2.00 mL,3.00 mL,4.00 mL,5.00 mL 氟标准溶液,分别置于一组 50 mL 容量瓶中,加入 10 mL 总离子强度调节剂(TISAB),用水稀释至刻度,混匀。将溶液全部倒入干燥的 100 mL 烧杯中,加入搅拌子,插入氟离子复合电极,在电磁搅动情况下,按氟离子浓度由低到高的次序测定电位值 E。在坐标纸上以氟离子质量浓度负对数为横坐标,电位值为纵坐标绘制工作曲线。

②样品的测定。

准确移取考核水样 5.00 mL 置于 50 mL 容量瓶中,加入总离子强度调节剂(TISAB)10 mL,去离子水稀释至标线,摇匀。全部倒入一烘干的烧杯中,按照①插入电极测定电位值。平行测定 2 次。

③数据处理。

氟含量按下式计算:

$$\omega = \frac{\rho V}{V_1}$$

式中:ω—水样中氟离子含量,$\mu g/mL$;ρ—自工作曲线上查得氟的质量浓度,$\mu g/mL$;V_1—移取的考核样的体积,mL;V—考核样定容体积,mL。

④数据记录。

开始时间:_____　　　　　　　　　　　结束时间:_____

氟离子标准溶液电位值测定数据记录表

编号	1	2	3	4	5	6
F⁻ 标液体积 V(mL)						

续表

编号	1	2	3	4	5	6
F^-标液浓度(μg/mL)						
$-\lg C_{F^-}$						
电位值 E(mV)						

地面水中氟含量结果分析

编号	1	2
取样体积 V(mL)		
电位值 E_x(mV)		
工作曲线查得$-\lg \rho_x$		
F^-含量 ρ_x(μg/mL)		
水样中 F^-浓度 ω(μg/mL)		
水样中 F^-浓度平均值 $\bar{\omega}$(μg/mL)		
测定结果的相对平均偏差(%)		

(2)实施条件

①场地:电位分析室。

②仪器、试剂。

表1 仪器设备

名 称	规格	数量	名 称	规格	数量
酸度计		1台/人	烧杯	100 mL	8只/人
氟离子复合电极		1支/人	滴管		1支/人
容量瓶	50 mL	8只/人	玻璃棒		1根/人
电磁搅拌器		1台/人	洗瓶	500 mL	1个/人
搅拌子	1个/人		吸量管	5 mL	1根/人
小片滤纸		若干	玻璃仪器洗涤用具及其洗涤用试剂		公用

备注:氟离子选择电极要求氟含量在 $10^{-4} \sim 10^{-2}$ mol/L 浓度内,电极电位与浓度的负对数呈良好的线性关系。电极在使用前应在 10^{-3} mol/L 的氟化钠溶液中浸泡 1 h,使之活化,然后以水洗至洗涤液含氟不大于 10^{-6} mol/L 后方能测定

表 2　试剂材料

名　　称	规格	浓度/数量	名　　称	规格	浓度/数量
氟标准溶液	浓度由考核点标定好	10 μg/mL	总离子强度调节剂(TISAB)		pH＝5
考核样		≤0.1mol/L			

备注:未注明要求时,试剂均为 AR,水为国家规定的实验室三级用水规格

(3)考核时量

120 分钟。

(4)考核标准

详见附录 21。

21. 试题编号:T-4-21,锅炉水中氟离子含量测定

考核技能点编号:J-4-4

(1)任务描述

采用离子选择电极法,完成锅炉水中氟离子的测定,提交分析检验报告单。参照 GB/T 7484—1987。

①工作曲线的绘制。

移取 1.00 mL,2.00 mL,3.00 mL,4.00 mL,5.00 mL 氟标准溶液,分别置于一组 50 mL 容量瓶中,加入 10 mLTISAB,用水稀释至刻度,混匀。将溶液全部倒入干燥的 100 mL 烧杯中,加入搅拌子,插入氟离子复合电极,在电磁搅动情况下,按氟离子浓度由低到高的次序测定电位值 E。在坐标纸上以氟离子的质量浓度的负对数值为横坐标,电位值为纵坐标绘制工作曲线。

②样品的测定。

准确移取考核水样 5.00 mL 于 50 mL 容量瓶中,加入 TISAB 10 mL,去离子水稀释至标线,摇匀。全部倒入一烘干的烧杯中,按照①插入电极测定电位值。平行测定 2 次。

③数据处理。

氟含量按下式计算:

$$\omega = \frac{\rho V}{V_1}$$

式中:ω—水样中氟离子含量,μg/mL;ρ—自工作曲线上查得氟的质量浓度,μg/mL;V_1—移取的考核样的体积,mL;V—考核样定容体积,mL。

④数据记录。

氟离子标准溶液电位值测定数据记录表

编号	1	2	3	4	5	6
F⁻ 标液体积 V(mL)						
F⁻ 标液浓度(μg/mL)						
$-\lg C_{F^-}$						
电位值 E(mV)						

锅炉水中氟含量结果分析

编号	1	2
取样体积 V(mL)		
电位值 E_x(mV)		
工作曲线查得 F^- 含量 ρ_x(μg/mL)		
水样中 F^- 浓度 ω(μg/mL)		
水样中 F^- 浓度平均值 $\bar{\omega}$(μg/mL)		
测定结果的相对平均偏差(%)		

(2)实施条件

①场地:电位分析室。

②仪器、试剂。

表1 仪器设备

名 称	规格	数量	名 称	规格	数量
酸度计	30 mL	4 支/人	烧杯	50 mL	8 只/人
氟离子复合电极		1 支/人	容量瓶	50 mL	8 只/人
电磁搅拌器		1 台/人	滴管		1 支/人
搅拌子		1 个/人	吸量管	5 mL	1 支/人
洗瓶	500 mL	1 只/人	小片滤纸		若干
玻璃仪器洗涤用具及其洗涤用试剂		公用			

备注:氟离子选择电极要求氟含量在 $10^{-4} \sim 10^{-2}$ mol/L 浓度内,电极电位与浓度的负对数呈良好的线性关系。电极在使用前应在 10^{-3} mol/L 的氟化钠溶液中浸泡 1 h,使之活化,然后以水洗至洗涤液含氟不大于 10^{-6} mol/L 后方能测定

表2 试剂材料

名 称	规格	浓度/数量	名 称	规格	浓度/数量
氟标准溶液	浓度由考核点标定好	10 μg/mL	总离子强度调节剂(TISAB)		pH=5
考核样		≤0.1 mol/L			

备注:未注明要求时,试剂均为 AR,水为国家规定的实验室三级用水规格

(3)考核时量

120 分钟。

(4)考核标准

详见附录21。

22. 试题编号：T-4-22，牙膏中氟离子含量的测定

考核技能点编号：J-4-4

（1）任务描述

采用离子选择电极法，完成牙膏中氟离子的测定，提交分析检验报告单。参照 GB/T 7484—1987。

①工作曲线的绘制。

移取 1.00 mL，2.00 mL，3.00 mL，4.00 mL，5.00 mL 氟标准溶液，分别置于一组 50 mL 容量瓶中，加入 10 mL 总离子强度调节剂（TISAB），用水稀释至刻度，混匀。将溶液全部倒入干燥的 100 mL 烧杯中，加入搅拌子，插入氟离子选择电极和饱和甘汞电极，在电磁搅动情况下，按氟离子浓度由低到高的次序测定电位值 E。在坐标纸上以氟离子的质量浓度的负对数值为横坐标，电位值为纵坐标绘制工作曲线。

②样品的测定。

准确移取牙膏预处理液（考核样）5.00 mL 于 50 mL 容量瓶中，加入总离子强度调节剂（TISAB）10 mL，去离子水稀释至标线，摇匀。全部倒入一烘干的烧杯中，按照①插入电极测定电位值。平行测定 2 次。

③数据处理。

氟含量按下式计算：

$$\omega = \frac{\rho V}{V_1}$$

式中：ω—水样中氟离子含量，$\mu g/mL$；ρ—自工作曲线上查得氟的质量浓度，$\mu g/mL$；V_1—移取的考核样的体积，mL；V—考核样定容体积，mL。

④数据记录。

开始时间：_____　　　　　　　结束时间：_____

氟离子标准溶液电位值测定数据记录表

编号	1	2	3	4	5	6
F⁻ 标液体积 V(mL)						
F⁻ 标液浓度($\mu g/mL$)						
$-\lg C_{F^-}$						
电位值 E(mV)						

牙膏中氟含量结果分析

编号	1	2
取样体积 V(mL)		
电位值 E_x(mV)		
工作曲线查得-$\lg \rho_x$($\mu g/mL$)		
ρ_x($\mu g/mL$)		
水样中 F⁻ 浓度 ω($\mu g/mL$)		

续表

编号	1	2
牙膏水样中 F^- 浓度平均值 $\bar{\omega}(\mu g/mL)$		
测定结果的相对平均偏差(%)		

(2)实施条件

①场地:电位分析室。

②仪器、试剂。

表1 仪器设备

名　称	规格	数量	名　称	规格	数量
酸度计	30 mL	4 支/人	烧杯	50 mL	8 只/人
氟离子复合电极		1 支/人	容量瓶	50 mL	8 只/人
电磁搅拌器		1 台/人	滴管		1 支/人
搅拌子		1 个/人	吸量管	5 mL	1 支/人
洗瓶	500 mL	1 只/人	小片滤纸		若干
玻璃仪器洗涤用具及其洗涤用试剂		公用			

备注:氟离子选择电极要求氟含量在 $10^{-2} \sim 10^{-4}$ mol/L 浓度内,电极电位与浓度的负对数呈良好的线性关系。电极在使用前应在 10^{-3} mol/L 的氟化钠溶液中浸泡 1 h,使之活化,然后以水洗至洗涤液含氟不大于 10^{-6} mol/L 后方能测定

表2 试剂材料

名　称	规格	浓度/数量	名　称	规格	浓度/数量
氟标准溶液	浓度由考核点标定好	10 μg/mL	总离子强度调节剂		pH=5.0
考核样		≤0.1 mol/L			

备注:未注明要求时,试剂均为 AR,水为国家规定的实验室三级用水规格

(3)考核时量

120 分钟。

(4)考核标准

详见附录 21。

23. 试题编号:T-4-23,工业废水中氟离子含量测定

考核技能点编号:J-4-4

(1)任务描述

采用离子选择电极法,完成废水中氟离子的测定,提交分析检验报告单。参照 GB/T 7484—1987。

①工作曲线的绘制。

移取 1.00 mL,2.00 mL,3.00 mL,4.00 mL,5.00 mL 氟标准溶液,分别置于一组 50 mL 容量瓶中,加入 10 mL 总离子强度调节剂(TISAB),用水稀释至刻度,混匀。将溶液全部倒入干燥的 100 mL 烧杯中,加入搅拌子,插入氟离子选择电极和饱和甘汞电极,在电磁搅动情况下,按氟离子浓度由低到高的次序测定电位值 E。在坐标纸上以氟离子的质量浓度的负对数值为横坐标,电位值为纵坐标绘制工作曲线。

②样品的测定。

准确移取牙膏预处理液(考核样)5.00 mL 于 50 mL 容量瓶中,加入总离子强度调节剂(TISAB)10 mL,去离子水稀释至标线,摇匀。全部倒入一烘干的烧杯中,按照①插入电极测定电位值。平行测定 2 次。

③数据处理。

氟含量按下式计算:

$$\omega = \frac{\rho V}{V_1}$$

式中:ω—水样中氟离子含量,$\mu g/mL$;ρ—自工作曲线上查得氟的质量浓度,$\mu g/mL$;V_1—移取的考核样的体积,mL;V—考核样定容体积,mL。

④数据记录。

开始时间:＿＿＿＿＿＿＿＿＿＿　　　　　　　　结束时间:＿＿＿＿＿＿＿＿＿＿

氟离子标准溶液电位值测定数据记录表

编号	1	2	3	4	5	6
F^- 标液体积 V(mL)						
F^- 标液浓度($\mu g/mL$)						
$-\lg C_{F^-}$						
电位值 E(mV)						

废水中氟含量结果分析

编号	1	2
取样体积 V(mL)		
电位值 E_x(mV)		
工作曲线查得-$\lg \rho_x$($\mu g/mL$)		
ρ_x($\mu g/mL$)		
水样中 F^- 浓度 ω($\mu g/mL$)		
牙膏水样中 F^- 浓度平均值 $\bar{\omega}$($\mu g/mL$)		
测定结果的相对平均偏差(%)		

(2)实施条件

①场地:电位分析室。

②仪器、试剂。

表 1　仪器设备

名　称	规格	数量	名　称	规格	数量
酸度计		1台/人	小烧杯	100 mL	8只/人
氟离子复合电极		1支/人	容量瓶	50 mL	8只/人
电磁搅拌器		1台/人	小片滤纸		若干
搅拌子		1个/人	吸量管	5 mL	1支/人
洗瓶	500 mL	1只/人	胶头滴管		1支/人
玻璃仪器洗涤用具及其洗涤用试剂		公用			

备注:氟离子选择电极要求氟含量在 $10^{-2} \sim 10^{-4}$ mol/L 浓度内,电极电位与浓度的负对数呈良好的线性关系。电极在使用前应在 10^{-3} mol/L 的氟化钠溶液中浸泡 1 h,使之活化,然后以水洗至洗涤液含氟不大于 10^{-6} mol/L 后方能测定

表 2　试剂材料

名　称	规格	浓度/数量	名　称	规格	浓度/数量
氟标准溶液	浓度由考核点标定好	10 μg/mL	总离子强度调节剂		pH=5.0
考核样		≤0.1 mol/L			

备注:未注明要求时,试剂均为 AR,水为国家规定的实验室三级用水规格

（3）考核时量

120 分钟。

（4）考核标准

详见附录 21。

24. 试题编号:T-4-24,电位滴定测水样中亚铁含量

考核技能点编号:J-4-5

（1）任务描述

采用重铬酸钾电位滴定法,完成水样中亚铁离子的测定,提交分析检验报告单。参照 GB/T 1508—2002。

①试样的准备。

酸度计功能键选择在"mV"挡,检查(指示电极)铂电极和参比电极(饱和甘汞电极)是否完好。分别移取 25.00 mL 试液于两个 250 mL 的烧杯中,依次加入硫酸＋磷酸(1＋1)混酸 10 mL,加入 1 滴邻苯氨基苯甲酸指示液,放入洗净的搅拌子,将烧杯放在搅拌器上,插入电极对,连接电极与电位计,开动搅拌器,记录起始电位值。

②溶液的粗滴定。

用 $K_2Cr_2O_7$ 标准溶液滴定锥形瓶中的亚铁离子,每次加入 1 mL,待电位稳定后读数,记录相应的电位值,观察电位突跃范围,初步判断滴定终点。

③溶液的精滴定。

由滴定管滴加离终点约 1 mL 的 $K_2Cr_2O_7$ 标准溶液,待电位稳定后读数。在滴定开始时,每加 5 mL $K_2Cr_2O_7$ 标准溶液记录一次电位值 E,然后当临近终点时(电位突跃前后 1 mL 左右),每次加入 $K_2Cr_2O_7$ 标准溶液 0.1 mL 记录一次,过化学计量点后再每加 0.5 mL,1 mL 记录一次,直至电位变化不大为止。记录加入体积与相应电位值,平行测定 2 次,取 E 的平均值记入表格。

④E-V 曲线绘制。

以滴定剂相应的 E(mV)两次测定的平均值作纵坐标,滴定剂体积 V(mL)作横坐标绘制 E-V 曲线图,并找出滴定终点体积 V_1。

⑤数据处理。

水样中氯离子质量浓度按下式计算:

$$X = \frac{C \cdot V_1}{V}$$

式中:X— 水样中氯离子质量浓度,mol/L;V_1—测定时耗用 $K_2Cr_2O_7$ 标准溶液体积,mL;C—$K_2Cr_2O_7$ 标准溶液的浓度,mol/L;V— 试样体积,mL。

⑥数据记录。

开始时间:_____　　　　　　　结束时间:_____

表 1　电位滴定过程对应电位值数据记录表

样品编码	取样量(mL)	粗滴耗 $V_{K_2Cr_2O_7}$(mL)	粗滴电位平均值 E(mV)	滴定终点体积范围(mL)	样品编码	精滴消耗 $V_{K_2Cr_2O_7}$(mL)	精滴电位平均值 E(mV)	滴定终点体积(mL)

表 2　$K_2Cr_2O_7$ 标准溶液电位滴定试样溶液分析结果

样品编码	次数	取样量(mL)	消耗 $V_{K_2Cr_2O_7}$(mL)	$K_2Cr_2O_7$ 浓度(mol/L)	$K_2Cr_2O_7$ 浓度平均值(mol/L)
	1				
	2				

（2）实施条件

①场地：电位滴定室。

②仪器、试剂。

表 1　仪器设备

名　称	规格	数量	名　称	规格	数量
电位计（附甘汞电极、铂电极）	灵敏度 ±2 mV	1 套/人	移液管	25 mL	1 支/人
搅拌子		1 个/人	烧杯	250 mL	2 只/人
磁力搅拌器		1 台/人	滴定管	50 mL	1 支/人
量筒	10 mL	1 只/人			

表 2　试剂材料

名　称	规格	浓度/数量	名　称	规格	浓度/数量
$K_2Cr_2O_7$ 溶液	由考核点配制好	$C(1/6)$ =0.100 0 mol/L	邻苯氨基苯甲酸指示液		2 g/L
硫酸-磷酸混酸	1+1		考核试样		

备注：未注明要求时，试剂均为 AR，水为国家规定的实验室三级用水规格

（3）考核时量

120 分钟。

（4）考核标准

详见附录 22。

25. 试题编号：T-4-25，电位滴定法测定工业硫酸中亚铁含量

考核技能点编号：J-4-5

（1）任务描述

采用重铬酸钾电位滴定法，完成工业硫酸中亚铁离子的测定，提交分析检验报告单。参照 GB/T 1508—2002。

①试样的准备。

酸度计功能键选择在"mV"挡，检查（指示电极）铂电极和参比电极（饱和甘汞电极）是否完好。分别移取 25.00 mL 试液于两个 250 mL 的烧杯中，依次加入硫酸＋磷酸（1＋1）混酸 10 mL，加入 1 滴邻苯氨基苯甲酸指示液，放入洗净的搅拌子，将烧杯放在搅拌器上，插入电极对，连接电极与电位计，开动搅拌器，记录起始电位值。

②溶液的粗滴定。

用 $K_2Cr_2O_7$ 标准溶液滴定锥形瓶中的亚铁离子，每次加入 1 mL，待电位稳定后读数，记录相应的电位值，观察电位突跃范围，初步判断滴定终点。

③溶液的精滴定。

由滴定管滴加离终点约 1 mL 的 $K_2Cr_2O_7$ 标准溶液，待电位稳定后读数。在滴定开始时，每加 5 mL $K_2Cr_2O_7$ 标准溶液记录一次电位值 E，然后当临近终点时（电位突跃前后 1 mL 左右），每次加入 $K_2Cr_2O_7$ 标准溶液 0.1 mL 记录一次，过化学计量点后再每加 0.5 mL，1 mL 记

录一次,直至电位变化不大为止。记录加入体积与相应电位值,平行测定 2 次,取 E 的平均值记入表格。

④E-V 曲线绘制。

以滴定剂相应的 E(mV)两次测定的平均值作纵坐标,滴定剂体积 V(mL)作横坐标绘制 E-V 曲线图,并找出滴定终点体积 V_1。

⑤数据处理。

水样中氯离子质量浓度:

$$X = \frac{C \cdot V_1}{V}$$

式中:X— 水样中氯离子质量浓度,mol/L;V_1—测定时耗用 $K_2Cr_2O_7$ 标准溶液体积,mL;C—$K_2Cr_2O_7$ 标准溶液的浓度,mol/L;V— 试样体积,mL。

⑥数据记录。

开始时间:＿＿＿＿＿＿＿＿＿＿ 结束时间:＿＿＿＿＿＿＿＿＿＿

表 1　电位滴定过程对应电位值数据记录表

样品编码	取样量(mL)	粗滴耗 $V_{K_2Cr_2O_7}$(mL)	粗滴电位平均值 E(mV)	滴定终点体积范围(mL)	样品编码	精滴消耗 $V_{K_2Cr_2O_7}$(mL)	精滴电位平均值 E(mV)	滴定终点体积(mL)

表 2　$K_2Cr_2O_7$ 标准溶液电位滴定试样溶液分析结果

样品编码	次数	取样量(mL)	消耗 $V_{K_2Cr_2O_7}$(mL)	$K_2Cr_2O_7$ 浓度(mol/L)	$K_2Cr_2O_7$ 浓度平均值(mol/L)
	1				
	2				

(2)实施条件

①场地:电位滴定室。

②仪器、试剂。

表1 仪器设备

名　　称	规格	数量	名　　称	规格	数量
电位计(附甘汞电极、铂电极)	灵敏度±2 mV	1套/人	移液管	25 mL	1支/人
搅拌子		1个/人	烧杯	250 mL	2只/人
磁力搅拌器		1台/人	滴定管	50 mL	1支/人
量筒	10 mL	1只/人			

表2 试剂材料

名　　称	规格	浓度/数量	名　　称	规格	浓度/数量
$K_2Cr_2O_7$溶液	由考核点配制好	$C(1/6)$ = 0.100 0 mol/L	邻苯氨基苯甲酸指示液		2 g/L
硫酸-磷酸混酸		1+1	考核试样		

备注:未注明要求时,试剂均为 AR,水为国家规定的实验室三级用水规格

(3)考核时量

120分钟。

(4)考核标准

详见附录22。

26. 试题编号:T-4-26,工业废水酸度的测定

考核技能点编号:J-4-5

(1)任务描述

采用电位滴定法,完成工业废水酸度的测定,提交分析检验报告单。参照 HZ—HJ—SZ—0129。

①酸度计的校正。

按使用说明书准备好仪器,指示电极(玻璃电极)和参比电极(饱和甘汞电极)或者复合玻璃电极,采用 pH 标准缓冲溶液,用一点校正法校准进行酸度计的校正。

②直接滴定法。

分别吸取 25 mL 水样于两个 250 mL 烧杯中,加入一定量(75 mL 左右)的无二氧化碳水,将烧杯放在电磁搅拌器上,放入磁力子,插入电极,开动搅拌器,以每次 1.00 mL 或更少的增量滴加氢氧化钠标准溶液(约 0.02 mol/L)。试样中待 pH 读数稳定后,记录所加的滴定剂用量和相应的 pH 值,滴定至 pH=3.7(＋0.05)时,记下氢氧化钠标准溶液用量为 V_1(mL),平行测定 2 次。

将滴定至 pH=3.7(＋0.05)的溶液,加入 5 滴过氧化氢,加热煮沸 2~4 min 冷却至室温后,再继续滴定至 pH=8.3,记录消耗氢氧化钠标准溶液的总体积 V_2(mL),平行测定 2 次。

注:接近终点时,滴定速度要慢,加入滴定剂的用量要少于 0.5 mL(最好是逐滴加入),并要充分搅拌至 pH 值达稳定后,再记下读数。

③数据处理。

$$甲基橙酸度(CaCO_3, mg/L) = \frac{C \times V_1 \times 50 \times 1000}{V}$$

酚酞酸度（总酸度 $CaCO_3$，mg/L）$=\dfrac{C\times V_2\times 50\times 1000}{V}$

式中：C—标准氢氧化钠溶液浓度，mol/L；V_1—用甲基橙作滴定指示剂时 消耗氢氧化钠标准溶液的体积，mL；V_2—用酚酞作滴定指示剂时 消耗氢氧化钠标准溶液的体积，mL；V—水样体积，mL；50—碳酸钙（$\frac{1}{2}CaCO_3$）摩尔质量，g/mol。

④数据记录。

工业废水酸度测定数据记录表

测定次数	取样体积 V(mL)	稀释倍数(F)	标准溶液耗量 V_1(mL)	标准溶液耗量 V_2(mL)	结果		备注
					甲基橙酸度	酚酞酸度	
1							
2							
酸度平均值							

(2)实施条件

①场地：电位滴定室。

②仪器、试剂。

表1 仪器设备

名　称	规格	数量	名　称	规格	数量
pH/mV 计（具温度自动补偿装置）		1台/人	洗瓶	500 mL	1只/人
玻璃电极		1支/人	高型烧杯	250 mL	2只/人
甘汞电极		1支/人	滴定台架		1台/人
或复合 pH 电极		1支/人	搅拌子		1个/人
电磁搅拌器		1台/人	碱式滴定管	50 mL	1支/人
移液管	25.00 mL	1支/人	玻璃仪器洗涤用具及其洗涤用试剂		公用

表2 试剂材料

名　称	规格	浓度/数量	名　称	规格	浓度/数量
苯二甲酸盐标准缓冲溶液	浓度由考核点标定好	25 ℃时 pH 为 4.01	硼酸盐标准缓冲溶液	浓度由考核点标定好	25 ℃时 pH 为 9.18
磷酸盐标准缓冲溶液	浓度由考核点标定好	25 ℃时 pH 为 6.86	氢氧化钠标准溶液	浓度由考核点标定好	0.02 mol/L 左右
过氧化氢	30%		考核试样		

备注：未注明要求时，试剂均为 AR，水为国家规定的实验室三级用水规格，且不含二氧化碳

（3）考核时量

120 分钟。

（4）考核标准

详见附录 22。

27. 试题编号：T-4-27，工业废水碱度的测定

考核技能点编号：J-4-5

（1）任务描述

采用电位滴定法，完成工业废水碱度的测定，提交分析检验报告单。参照 GB/T 15451—2006。

①酸度计的校正。

按使用说明书准备好仪器，指示电极（玻璃电极）和参比电极（饱和甘汞电极），采用一点校正法，用 pH 标准缓冲溶液进行酸度计的校准。

②碱度的测定。

移取 25.00 mL 水样置于 250 mL 高型烧杯中，用盐酸标准溶液滴定，滴定方法同盐酸标准溶液的标定。当滴定到 pH =8.3 时到达第一个终点，即酚酞指示的终点，记录盐酸标准溶液消耗量 V_1，平行测定 2 次。

继续用盐酸标准溶液滴定至 pH 值达 4.4～4.5 时，到达第二个终点，即甲基橙指示的终点，记录所耗盐酸标准溶液总用量 V_2，平行测定 2 次。

③数据处理。

$$酚酞碱度（以 CaCO_3 计，mg/L）= \frac{C \times V_1 \times 50.05 \times 1\,000}{V}$$

$$总碱度（以 CaCO_3 计，mg/L）= \frac{C \times (V_1 + V_2) \times 50.05 \times 1\,000}{V}$$

式中：C—盐酸标准溶液浓度，mol/L；V_1—用酚酞指示终点消耗盐酸标准溶液的体积，mL；V_2—用甲基橙指示终点消耗盐酸标准溶液的体积，mL；V—水样体积，mL。

④数据记录。

开始时间：＿＿＿＿＿＿＿＿＿   结束时间：＿＿＿＿＿＿＿＿＿

碱度分析原始记录表

测定次数	取样体积 V(mL)	稀释倍数(F)	标准溶液耗量 V_1(mL)	标准溶液耗量 V_2(mL)	结　　果		备注
					酚酞碱度	总碱度	
1							
2							
碱　度　平　均　值							

（2）实施条件

①场地：电位滴定室。

②仪器、试剂。

表 1 仪器设备

名 称	规格	数量	名 称	规格	数量
pH/mV 计(具温度自动补偿装置)		1 台/人	洗瓶	500 mL	1 只/人
玻璃电极		1 支/人	高型烧杯	250 mL	2 只/人
甘汞电极		1 支/人	滴定台架		1 台/人
或复合 pH 电极		1 支/人	搅拌子		1 个/人
电磁搅拌器		1 台/人	酸式滴定管	50 mL	1 支/人
移液管	25.00 mL	1 支/人	玻璃仪器洗涤用具及其洗涤用试剂		公用

表 2 试剂材料

名 称	规格	浓度/数量	名 称	规格	浓度/数量
苯二甲酸盐标准缓冲溶液	浓度由考核点标定好	25 ℃时 pH 为 4.01	硼酸盐标准缓冲溶液	浓度由考核点标定好	25 ℃时 pH 为 9.18
磷酸盐标准缓冲溶液	浓度由考核点标定好	25 ℃时 pH 为 6.86	盐酸标准溶液	浓度由考核点标定好	0.05 mol/L
考核试样		0.4～4 mol/L			

备注:未注明要求时,试剂均为 AR,水为国家规定的实验室三级用水规格,且不含二氧化碳。

(3)考核时量

120 分钟。

(4)考核标准

详见附录 22。

28. 试题编号:T-4-28,工业循环冷却水中铜含量的测定

考核技能点编号:J-4-6

(1)任务描述

采用原子吸收分光光度法,完成工业冷却水中铜含量的测定,提交分析检验报告单。参照 GB/T 14637—2007。

①标准曲线的绘制。

移取铜标准溶液(50 mg/L)0.00 mL,1.00 mL, 2.00 mL ,3.00 mL, 4.00 mL 分别置于 5 个 50 mL 容量瓶中,用水稀释至刻度,摇匀。在仪器的最佳工作条件下,于波长 324.7 nm 处,以空白调零,测定其吸光度。以测定的吸光度为纵坐标,相对应的铜含量为横坐标,绘制出标准曲线。

②水样的测定。

移取水样溶液 25 mL,放置于 50 mL 容量瓶中,用硝酸溶液(1+499)稀释至刻度,摇匀。按标准曲线的制作中同等仪器条件,以空白调零,测定其吸光度,从标准曲线中查出相对应的铜含量(mg/L)。平行测定 2 次。

③数据处理。

水样中铜含量以质量浓度 ρ_1 计,数值以"mg/L"表示,按下式计算:

$$\rho_1 = \rho_2 \frac{50}{V_1}$$

式中:ρ_2—从铜标准曲线中查得铜的浓度,mg/L;V_1—所取试样溶液体积,mL;50—测定时试样稀释后的溶液总体积,mL。

测定结果的相对平均偏差

$$\bar{d}_{\bar{x}} = \frac{\sum_{i=1}^{n} | x_i - \bar{x} |}{n \times \bar{x}} \times 100\%$$

④数据记录。

表1 工作曲线绘制记录表

容量瓶编号	1	2	3	4	5
铜标液体积(mL)					
铜含量 ρ(mg/L)					
吸光度 A					

表2 水样中铜含量的测定记录表

容量瓶编号	6	7
试样吸光度 A		
查得铜含量 ρ_2(mg/L)		
原始样中铜含量 ρ_1(mg/L)		
原始样中铜含量平均值(mg/L)		
测定结果的相对平均偏差(%)		

(2)实施条件

①场地:样品处理室,原子吸收分光室。

②仪器、试剂。

表1 仪器设备

名　称	规格	数量	名　称	规格	数量
原子吸收分光光度计		1台/1人	刻度移液管	5 mL	1支/人
量筒	10 mL	2只/人	烧杯	100 mL	1只/人
洗瓶	500 mL	1只/人	烧杯	500 mL	3只/人
移液管	25 mL	1支/人	容量瓶	50 mL	7个/人
玻璃仪器洗涤用具及其洗涤用试剂		公用			

表2 试剂材料

名　　称	规格	浓度/数量	名　　称	规格	浓度/数量
铜标准贮备溶液	浓度由考核点标定好	$\rho_{Cu}=$ 1.000 g/L	硝酸	AR	1+499
铜标准溶液	由考核点准备好	50 mg/L	考核试样	由考核点准备好	

备注:未注明要求时,试剂均为 AR,水为国家规定的实验室三级用水规格

(3)考核时量

120 分钟。

(4)考核标准

详见附录 23。

29. 试题编号:T-4-29,工业循环冷却水中锌含量的测定

考核技能点编号:J-4-6

(1)任务描述

采用原子吸收分光光度法,完成工业冷却水中锌含量的测定,提交分析检验报告单。参照 GB/T 14637—2007。

①测定步骤。

a. 标准曲线的绘制。

移取锌标准溶液(5 mg/L)0.00 mL,2.00 mL,4.00 mL,6.00 mL,8.00 mL 分别置于 50 mL 容量瓶中,用水稀释至刻度。在仪器的最佳工作条件下,于波长 213.9 nm 处,以空白调零,测定其吸光度。以测定的吸光度为纵坐标,相对应的锌含量(mg/L)为横坐标,绘制出标准曲线。

b. 水样的测定。

准确移取适量水样溶液,放置于 50 mL 容量瓶中,用硝酸溶液(1+499)稀释至刻度,摇匀。按标准曲线的制作中同等仪器条件,以空白调零,测定其吸光度,从标准曲线中查出相对应的锌含量(mg/L)。平行测定 2 次。

②结果计算。

水样中锌含量以质量浓度 ρ_1 计,数值以" mg/L"表示:

$$\rho_1=\rho_2\frac{50}{V_1}$$

式中:ρ_2—从锌标准曲线中查得锌的浓度, mg/L;V_1—所取试样溶液体积,mL;50—测定时试样稀释后的溶液总体积,mL。

测定结果的相对平均偏差

$$\overline{d_{\bar{x}}}=\frac{\sum_{i=1}^{n}\mid x_i-\bar{x}\mid}{n\times\bar{x}}\times100\%$$

③数据记录。

表 1　工作曲线绘制记录表

容量瓶编号	1	2	3	4	5
锌标液体积(mL)					
锌含量 ρ(mg/L)					
吸光度 A					

表 2　水样中锌含量测定记录表

容量瓶编号	6	7
试样吸光度 A		
查得锌含量 ρ_2(mg/L)		
原始样中锌含量 ρ_1(mg/L)		
原始样中锌含量平均值(mg/L)		
测定结果的相对平均偏差(%)		

(2)实施条件

①场地:样品处理室,原子吸收分光检测室。

②仪器、试剂。

表 1　仪器设备

名　称	规格	数量	名　称	规格	数量
原子吸收分光光度计		1台/5人	刻度移液管	5 mL	1支/人
容量瓶	50 mL	7只/人	烧杯	100 mL	1只/人
量筒	10 mL	2只/人	烧杯	500 mL	3只/人
洗瓶	500 mL	1只/人	滴管		1支/人
移液管	25 mL	1支/人	玻璃仪器洗涤用具及其洗涤用试剂		公用

表 2　试剂材料

名　称	规格	浓度/数量	名　称	规格	浓度/数量
锌标准贮备溶液	浓度由考核点标定好	$\rho_{Zn}=$ 1.000 g/L	硝酸	AR	1+499
锌标准溶液	由考核点准备好	50 mg/L	考核试样	由考核点准备好	
锌标准溶液	由考核点当天准备好	5 mg/L			

备注:未注明要求时,试剂均为AR,水为国家规定的实验室三级用水规格

(3)考核时量

120分钟。

（4）考核标准

详见附录 23。

30. 试题编号：T-4-30，工业循环冷却水中镁含量的测定

考核技能点编号：J-4-6

（1）任务描述

采用原子吸收分光光度法，完成工业冷却水中镁含量的测定，提交分析检验报告单。参照 GB/T 14636—2007。

① 测定步骤 。

a. 标准曲线的绘制。

移取镁标准溶液（10 mg/L）0.00 mL，1.00 mL，2.00 mL，3.00 mL，4.00 mL 分别置于 50 mL 容量瓶中，加入 5.0 mL 氯化锶溶液或 2.0 mL 氯化镧溶液，用盐酸溶液（1＋99）稀释至刻度，摇匀。在仪器的最佳工作条件下，于波长 285.2 nm 处，以空白调零，测定其吸光度。以测定的吸光度为纵坐标，相对应的镁含量为横坐标，绘制出标准曲线。

b. 水样的测定。

准确移取适量体积的水样溶液，放置于 50 mL 容量瓶中，加入 5.0 mL 氯化锶溶液或 2.0 mL 氯化镧溶液，用盐酸溶液（1＋99）稀释至刻度，摇匀。按标准曲线的制作中同等仪器条件，以空白调零，测定其吸光度，从标准曲线中查出相对应的镁含量（mg/L）。平行测定 2 次。

② 结果计算。

水样中镁含量以质量浓度 ρ_1 计，数值以" mg/L"表示：

$$\rho_1 = \rho_2 \frac{50}{V_1}$$

式中：ρ_2—从镁标准曲线中查得镁的浓度，mg/L；V_1—所取试样溶液体积，mL；50—测定时试样稀释后的溶液总体积，mL。

测定结果的相对平均偏差

$$\overline{d_{\bar{x}}} = \frac{\sum\limits_{i=1}^{n} |x_i - \bar{x}|}{n \times \bar{x}} \times 100\%$$

③ 数据记录。

表 1 工作曲线的绘制记录表

容量瓶编号	1	2	3	4	5
镁标液体积（mL）					
镁含量 ρ（mg/L）					
吸光度 A					

表 2 水样中镁含量的测定记录表

容量瓶编号	6	7
试样吸光度 A		
查得镁含量 ρ_2（mg/L）		

续表

容量瓶编号	6	7
原始样中镁含量 ρ_1(mg/L)		
原始样中镁含量平均值(mg/L)		
测定结果的相对平均偏差(%)		

(2)实施条件

①场地:样品处理室,原子吸收分光检测室。

②仪器、试剂。

表1　仪器设备

名　称	规格	数量	名　称	规格	数量
原子吸收分光光度计		1台/5人	刻度移液管	5 mL	1支/人
容量瓶	50 mL	7只/人	烧杯	100 mL	1只/人
量筒	10 mL	2只/人	烧杯	500 mL	3只/人
洗瓶	500 mL	1只/人	滴管		1支/人
移液管	25 mL	1支/人	玻璃仪器洗涤用具及其洗涤用试剂		公用

表2　试剂材料

名　称	规格	浓度/数量	名　称	规格	浓度/数量
镁标准贮备溶液	浓度由考核点标定好	ρ_{Mg}=1.000 g/L	氯化镧溶液		含镧20 g/L
镁标准溶液Ⅰ	由考核点准备好	100 mg/L	氯化锶溶液		含锶50 g/L
镁标准溶液Ⅱ	需当天配制	10 mg/L			
盐酸	AR	1+99	考核试样	由考核点准备好	

备注:未注明要求时,试剂均为AR,水为国家规定的实验室三级用水规格

(3)考核时量

120分钟。

(4)考核标准

详见附录23。

31. 试题编号:T-4-31,工业循环冷却水中钙含量的测定

考核技能点编号:J-4-6

(1)任务描述

采用原子吸收分光光度法,完成工业冷却水中钙含量的测定,提交分析检验报告单。参照GB/T 14636—2007。

①测定步骤。

a. 标准曲线的绘制。

移取钙标准溶液(50 mg/L)0.00 mL,0.50 mL,1.00 mL,2.00 mL,3.00 mL 分别置于 50 mL 容量瓶中,加入 5.0 mL 氯化锶溶液或 2.0 mL 氯化镧溶液,用盐酸溶液(1+99)稀释至刻度,摇匀。在仪器的最佳工作条件下,于波长 422.7 nm 处,以空白调零,测定其吸光度。以测定的吸光度为纵坐标,相对应的钙含量为横坐标,绘制出标准曲线。

b. 水样的测定。

准确移取适量体积的水样溶液,放置于 50 mL 容量瓶中,加入 5.0 mL 氯化锶溶液或 2.0 mL 氯化镧溶液,用盐酸溶液(1+99)稀释至刻度,摇匀。按标准曲线的制作中同等仪器条件,以空白调零,测定其吸光度,从标准曲线中查出相对应的钙含量(mg/L)。平行测定 2 次。

②结果计算。

水样中钙含量以质量浓度 ρ_1 计,数值以" mg/L"表示:

$$\rho_1 = \rho_2 \frac{50}{V_1}$$

式中:ρ_2—从钙标准曲线中查得钙的浓度,mg/L;V_1—所取试样溶液体积,mL;50—测定时试样稀释后的溶液总体积,mL。

测定结果的相对平均偏差

$$\overline{d_{\bar{x}}} = \frac{\sum\limits_{i=1}^{n} |x_i - \bar{x}|}{n \times \bar{x}} \times 100\%$$

③数据记录

表 1　工作曲线的绘制记录表

容量瓶编号	1	2	3	4	5
钙标液体积(mL)					
钙含量 ρ(mg/L)					
吸光度 A					

表 2　水样中钙含量的测定记录表

容量瓶编号	6	7
试样吸光度 A		
查得钙含量 ρ_2(mg/L)		
原始样中钙含量 ρ_1(mg/L)		
原始样中钙含量平均值(mg/L)		
测定结果的相对平均偏差(%)		

(2)实施条件

①场地:样品处理室,原子吸收分光检测室。

②仪器、试剂。

表 1 仪器设备

名　称	规格	数量	名　称	规格	数量
原子吸收分光光度计		1 台/人	刻度移液管	5 mL	1 支/人
容量瓶	50 mL	7 只/人	烧杯	100 mL	1 只/人
量筒	10 mL	2 只/人	烧杯	500 mL	3 只/人
洗瓶	500 mL	1 只/人	滴管		1 支/人
移液管	25 mL	1 支/人	玻璃仪器洗涤用具及其洗涤用试剂		公用

表 2 试剂材料

名　称	规格	浓度/数量	名　称	规格	浓度/数量
钙标准贮备溶液	浓度由考核点标定好	$\rho_{Ca}=$ 1.000 g/L	氯化镧溶液		含镧 20 g/L
钙标准溶液	由考核点准备好	50 mg/L	氯化锶溶液		含锶 50 g/L
盐酸	AR	1+99	考核试样	由考核点准备好	

备注:未注明要求时,试剂均为 AR,水为国家规定的实验室三级用水规格

（3）考核时量

120 分钟。

（4）考核标准

详见附录 23。

32. 试题编号:T-4-32,工业废水中铜含量的测定

考核技能点编号:J-4-7

（1）任务描述

采用原子吸收分光光度法(标准加入法),完成工业废水中铜含量的测定,提交分析检验报告单。

①测定步骤。

取 5 个干净的 50 mL 容量瓶,各加入水样溶液 25.00 mL(水样稀释后浓度与铜标准溶液浓度接近),再依次加入铜标准溶液(50 mg/L)0.00 mL,1.00 mL, 2.00 mL ,3.00 mL, 4.00 mL,用水稀释至刻度,摇匀。在仪器的最佳工作条件下,于波长 324.7 nm 处,以去离子空白调零,测定其吸光度。以测定的吸光度为纵坐标,相对应的增加铜含量为横坐标,绘制出标准曲线。将绘制的直线延长,与横轴相交,交点至原点所相应的浓度即为待测试液的浓度。

②数据处理。

水样中铜含量以质量浓度 ρ_1 计,数值以" mg/L"表示,按下式计算:

$$\rho_1 = \rho_2 \frac{50}{V_1}$$

式中:ρ_2—从铜标准曲线中查得铜的浓度, mg/L;V_1—所取试样溶液体积,mL;50—测定时试样稀释后的溶液总体积,mL。

③数据记录。

表1　工作曲线的绘制记录表

容量瓶编号	1	2	3	4	5
试样体积(mL)					
铜标液体积(mL)					
增加铜含量 ρ(mg/L)					
吸光度 A					

表2　水样中铜含量记录表

查得铜含量 ρ_2(mg/L)	
原始样中铜含量 ρ_1(mg/L)	

(2)实施条件

①场地:样品处理室,原子吸收分光检测室。

②仪器、试剂。

表1　仪器设备

名　称	规格	数量	名　称	规格	数量
原子吸收分光光度计		1台/人	刻度移液管	5 mL	1支/人
烧杯	100 mL	1只/人	烧杯	500 mL	3只/人
洗瓶	500 mL	1只/人	容量瓶	50 mL	7个/人
移液管	25 mL	1支/人	玻璃仪器洗涤用具及其洗涤用试剂		公用

表2　试剂材料

名　称	规格	浓度/数量	名　称	规格	浓度/数量
铜标准贮备溶液	浓度由考核点标定好	$\rho_{Cu}=$ 1.000 g/L	硝酸	AR	1+499
铜标准溶液	由考核点准备好	50 mg/L	考核试样	由考核点准备好	

备注:未注明要求时,试剂均为AR,水为国家规定的实验室三级用水规格

(3)考核时量

120分钟。

(4)考核标准

详见附录23。

33.试题编号:T-4-33,工业废水中锌含量的测定

考核技能点编号:J-4-7

(1)任务描述

采用原子吸收分光光度法(标准加入法),完成工业废水中锌含量的测定,提交分析检验报告单。

①测定步骤。

取 5 个干净的 50 mL 容量瓶,各加入适量水样溶液(水样稀释后浓度与 2.00 mL 锌标准溶液浓度接近),再依次加入锌标准溶液(5 mg/L)0.00 mL,2.00 mL,4.00 mL,6.00 mL,8.00 mL,用水稀释至刻度,摇匀。在仪器的最佳工作条件下,于波长 213.9 nm 处,以去离子水调零,测定其吸光度。以测定的吸光度为纵坐标,相对应增加锌含量为横坐标,绘制出标准曲线。将绘制的直线延长,与横轴相交,交点至原点所对应的浓度即为待测试液的浓度。

②数据处理。

水样中锌含量以质量浓度 ρ_1 计,数值以"mg/L"表示,按下式计算:

$$\rho_1 = \rho_2 \frac{50}{V_1}$$

式中:ρ_2—从锌标准曲线中查得锌的浓度,mg/L;V_1—所取试样溶液体积,mL;50—测定时试样稀释后的溶液总体积,mL。

③数据记录。

表 1   工作曲线的绘制记录表

容量瓶编号	1	2	3	4	5
试样体积(mL)					
锌标液体积(mL)					
增加锌含量 ρ(mg/L)					
吸光度 A					

表 2   水样中锌含量记录表

查得锌含量 ρ_2(mg/L)	
原始样中锌含量 ρ_1(mg/L)	

(2)实施条件

①场地:样品处理室,原子吸收分光检测室。

②仪器、试剂。

表 1   仪器设备

名　称	规格	数量	名　称	规格	数量
原子吸收分光光度计		1 台/人	刻度移液管	5 mL	1 支/人
容量瓶	50 mL	5 只/人	烧杯	100 mL	1 只/人
量筒	10 mL	1 只/人	烧杯	500 mL	3 只/人
洗瓶	500 mL	1 只/人	滴管		1 支/人
移液管	25 mL	1 支/人	玻璃仪器洗涤用具及其洗涤用试剂		公用

表2　试剂材料

名　　称	规格	浓度/数量	名　　称	规格	浓度/数量
锌标准贮备溶液	浓度由考核点标定好	$\rho_{Zn}=$ 1.000 g/L	硝酸	AR	1＋499
锌标准溶液	由考核点准备好	50 mg/L	考核试样	由考核点准备好	
锌标准溶液	由考核点当天准备好	5 mg/L			

备注:未注明要求时,试剂均为 AR,水为国家规定的实验室三级用水规格

(3)考核时量

120 分钟。

(4)考核标准

详见附录 23。

34. 试题编号:T-4-34,工业废水中镁含量的测定

考核技能点编号:J-4-7

(1)任务描述

采用原子吸收分光光度法(标准加入法),完成工业废水中镁含量的测定,提交分析检验报告单。

①测定步骤。

取 5 个干净的 50 mL 容量瓶,各加入适量水样溶液(水样稀释后浓度与镁标准溶液浓度接近),再依次加入镁标准溶液(10 mg/L)0.00 mL,1.00 mL,2.00 mL ,3.00 mL,4.00 mL,各加入 5.0 mL 氯化锶溶液或 2.0 mL 氯化镧溶液,用盐酸溶液(1＋99)稀释至刻度,摇匀。在仪器的最佳工作条件下,于波长 285.2 nm 处,以盐酸溶液(1＋99)空白调零,测定其吸光度。以测定的吸光度为纵坐标,相对应的增加镁含量为横坐标,绘制出标准曲线。将绘制的直线延长,与横轴相交,交点至原点所相应的浓度即为待测试液的浓度。

②数据处理。

水样中镁含量以质量浓度 ρ_1 计,数值以"mg/L"表示:

$$\rho_1 = \rho_2 \frac{50}{V_1}$$

式中:ρ_2—从镁标准曲线中查得镁的浓度,mg/L;V_1—所取试样溶液体积,mL;50—测定时试样稀释后的溶液总体积,mL。

③数据记录。

表1　工作曲线的绘制记录表

容量瓶编号	1	2	3	4	5
试样体积(mL)					
镁标液体积(mL)					

续表

容量瓶编号	1	2	3	4	5
增加镁含量 ρ(mg/L)					
吸光度 A					

表2　水样中镁含量记录表

查得镁含量 ρ_2(mg/L)	
原始样中镁含量 ρ_1(mg/L)	

（2）实施条件

①场地：样品处理室，原子吸收分光检测室。

②仪器、试剂。

表1　仪器设备

名　称	规格	数量	名　称	规格	数量
原子吸收分光光度计		1台/人	刻度移液管	5 mL	1支/人
容量瓶	50 mL	5只/人	烧杯	100 mL	1只/人
量筒	10 mL	2只/人	烧杯	500 mL	3只/人
洗瓶	500 mL	1只/人	滴管		1支/人
移液管	25 mL	1支/人	玻璃仪器洗涤用具及其洗涤用试剂		公用

表2　试剂材料

名　称	规格	浓度/数量	名　称	规格	浓度/数量
镁标准贮备溶液	浓度由考核点标定好	$\rho_{Mg}=$ 1.000 g/L	氯化镧溶液		含镧 20 g/L
镁标准溶液	由考核点准备好	100 mg/L	氯化锶溶液		含锶 50 g/L
镁标准溶液	需当天配制	10 mg/L			
盐酸	AR	1+99	考核试样	由考核点准备好	

备注：未注明要求时，试剂均为AR，水为国家规定的实验室三级用水规格

（3）考核时量

120分钟。

（4）考核标准

详见附录23。

35. 试题编号:T-4-35,工业废水中钙含量的测定

考核技能点编号:J-4-7

(1)任务描述

采用原子吸收分光光度法(标准加入法),完成工业废水中钙含量的测定,提交分析检验报告单。

①测定步骤。

于5个干净的50 mL容量瓶中,分别加入适量水样溶液(水样稀释后浓度与钙标准溶液浓度接近),依次加入钙标准溶液(50 mg/L)0.00 mL,0.50 mL,1.00 mL,2.00 mL,3.00 mL,加入5.0 mL氯化锶溶液或2.0 mL氯化镧溶液,用盐酸溶液(1+99)稀释至刻度,摇匀。在仪器的最佳工作条件下,于波长422.7 nm处,以盐酸溶液(1+99)调零,测定其吸光度。以测定的吸光度为纵坐标,相对应的增加钙含量为横坐标,绘制出标准曲线。将绘制的直线延长,与横轴相交,交点至原点所对应的浓度即为待测试液的浓度。

②数据处理。

水样中钙含量以质量浓度 ρ_1 计,数值以"mg/L"表示:

$$\rho_1 = \rho_2 \frac{50}{V_1}$$

式中: ρ_2 —从钙标准曲线中查得钙的浓度,mg/L; V_1 —所取试样溶液体积,mL;50—测定时试样稀释后的溶液总体积,mL。

③数据记录。

表1 工作曲线的绘制记录表

容量瓶编号	1	2	3	4	5
试样体积(mL)					
钙标液体积(mL)					
增加钙含量 ρ(mg/L)					
吸光度 A					

表2 水样中钙含量记录表

查得钙含量 ρ_2(mg/L)	
原始样中钙含量 ρ_1(mg/L)	

(2)实施条件

①场地:样品处理室,原子吸收分光检测室。

②仪器、试剂。

表1 仪器设备

名　称	规格	数量	名　称	规格	数量
原子吸收分光光度计		1台/人	刻度移液管	5 mL	1支/人
容量瓶	50 mL	5只/人	烧杯	100 mL	1只/人

续表

名　称	规格	数量	名　称	规格	数量
量筒	10 mL	2 只/人	烧杯	500 mL	3 只/人
洗瓶	500 mL	1 只/人	滴管		1 支/人
移液管	25 mL	1 支/人	玻璃仪器洗涤用具及其洗涤用试剂		公用

表2　试剂材料

名　称	规格	浓度/数量	名　称	规格	浓度/数量
钙标准贮备溶液	浓度由考核点标定好	$\rho_{Ca}=$ 1.000 mg/L	氯化镧溶液		含镧 20 g/L
钙标准溶液	由考核点准备好	50 mg/L	氯化锶溶液		含锶 50 g/L
盐酸	AR	1+99	考核试样	由考核点准备好	

备注:未注明要求时,试剂均为 AR,水为国家规定的实验室三级用水规格

(3)考核时量

120 分钟。

(4)考核标准

详见附录23。

36. 试题编号:T-4-36,混合物中正、仲、叔、异丁醇含量的测定

考核技能点编号:J-4-8

(1)任务描述

采用气相色谱分析法,完成混合物中正、仲、叔、异丁醇含量的测定,提交分析检验报告单。

①测定步骤。

a. 色谱仪开机及参数设置。

安装 DNP 色谱柱,通入载气(H_2),检查气密性是否完好,调节到合适的压力和流量。打开仪器电源,设置色谱条件:柱温 75 ℃,气化室 160 ℃,热导池检测器 80 ℃。打开计算机,启动 N2010 色谱工作站,选择定量方法为归一化法。

b. 混合物分析。

待仪器基线平直后,用 1 μL 微量进样器,吸取混合试样 0.6 μL 进样,分析测定,记录分析结果。平行测定 3 次。

②结果计算。

混合样中各组分的质量分数以 ω_i 表示:

$$\omega_i = \frac{f'_i \cdot A_i}{\sum_{i=1}^{n} f'_i \cdot A_i} \times 100\%$$

式中:f'_i——各组分的相对校正因子;A_i——各组分的峰面积平均值,$\mu V \cdot s$。

测定结果的相对平均偏差

$$\overline{d}_{\overline{x}} = \frac{\sum\limits_{i=1}^{n} |x_i - \overline{x}|}{n \times \overline{x}} \times 100\%$$

③数据记录。

叔丁醇、仲丁醇、异丁醇、正丁醇含量分析数据记录表

组分	f_i'	$A_i(\mu V \cdot s)$				$\omega_i(\%)$
		1	2	3	平均值	
叔丁醇						
仲丁醇						
异丁醇						
正丁醇						

（2）实施条件

①场地：气相色谱分析室。

②仪器、试剂。

表1 仪器设备

名　称	规格	数量	名　称	规格	数量
气相色谱仪		1台/人	DNP色谱柱	2 m	1根/台
微量进样器	1 μL	1只/人	烧杯	100 mL	1只/人

表2 试剂材料

名　称	规格	数量	名　称	规格	数量
正丁醇	AR	100 mL	异丁醇	AR	100 mL
仲丁醇	AR	100 mL	考核试样	由考核点准备好	
叔丁醇	AR	100 mL			

备注：未注明要求时，试剂均为AR，水为国家规定的实验室三级用水规格

（3）考核时量

120分钟。

（4）考核标准

详见附录24。

37. 试题编号：T-4-37，混合物中苯、甲苯、乙苯含量的测定

考核技能点编号：J-4-8

（1）任务描述

采用气相色谱分析法，完成混合物中苯、甲苯、乙苯含量的测定，提交分析检验报告单。

①测定步骤。

a. 色谱仪开机及参数设置。

安装 DNP 色谱柱,通入载气(H_2),检查气密性是否完好,调节到合适的压力和流量。打开仪器电源,设置色谱条件(根据不同仪器,可自行确定):柱温 90 ℃,气化室 120 ℃,热导池检测器 100 ℃。打开计算机,启动 N2010 色谱工作站,选择定量方法为归一化法。

b. 混合物分析。

待仪器基线平直后,用 1 μL 微量进样器,吸取混合试样 0.6 μL 进样,分析测定,记录分析结果。平行测定 3 次。

②数据处理。

混合样中各组分的质量分数以 ω_i 表示:

$$\omega_i = \frac{f_i' \cdot A_i}{\sum\limits_{i=1}^{n} f_i' \cdot A_i} \times 100\%$$

式中:f_i'——各组分的相对校正因子;A_i——各组分的峰面积平均值,μV·s。

测定结果的相对平均偏差

$$\bar{d}_{\bar{x}} = \frac{\sum\limits_{i=1}^{n} |x_i - \bar{x}|}{n \times \bar{x}} \times 100\%$$

③数据记录。

苯、甲苯、乙苯含量分析数据记录表

组分	f_i'	A_i(μV·s)				ω_i(%)
		1	2	3	平均值	
苯						
甲苯						
乙苯						

(2)实施条件

①场地:气相色谱分析室。

②仪器、试剂。

表1 仪器设备

名　称	规格	数量	名　称	规格	数量
气相色谱仪		1台/人	DNP 色谱柱	2 m	1根/台
微量进样器	1 μL	1只/人	烧杯	100 mL	1只/人

表2 试剂材料

名　称	规格	数量	名　称	规格	数量
苯	AR	100 mL	乙苯	AR	100 mL
甲苯	AR	100 mL	考核试样	由考核点准备好	

备注:未注明要求时,试剂均为 AR,水为国家规定的实验室三级用水规格

（3）考核时量

120 分钟。

（4）考核标准

详见附录 24。

38. 试题编号：T-4-38，混合物中水、甲醇、乙醇含量的测定

考核技能点编号：J-4-8

（1）任务描述

采用气相色谱分析法，完成混合物中水、甲醇、乙醇含量的测定，提交分析检验报告单。

①测定步骤。

a. 色谱仪开机及参数设置。

安装 GDX-102 色谱柱，通入载气（H_2），检查气密性是否完好，调节到合适的压力和流量。打开仪器电源，设置色谱条件（根据不同仪器，可自行确定）：柱温 85 ℃，气化室 150 ℃，热导池检测器 90 ℃。打开计算机，启动 N2010 色谱工作站，选择定量方法为归一化法。

b. 混合物分析。

待仪器基线平直后，用 1 μL 微量进样器，吸取混合试样 0.6 μL 进样，分析测定，记录分析结果。平行测定 3 次。

②数据处理。

混合样中各组分的质量分数以 ω_i 表示：

$$\omega_i = \frac{f'_i \cdot A_i}{\sum\limits_{i=1}^{n} f'_i \cdot A_i} \times 100\%$$

式中：f'_i—各组分的相对校正因子；A_i—各组分的峰面积平均值，μV·s；50—测定时试样稀释后的溶液总体积，mL。

测定结果的相对平均偏差

$$\overline{d_{\bar{x}}} = \frac{\sum\limits_{i=1}^{n} |x_i - \bar{x}|}{n \times \bar{x}} \times 100\%$$

③数据记录。

水、甲醇、乙醇含量分析数据记录表

组分	f'_i	A_i（μV·s）				ω_i（%）
		1	2	3	平均值	
水						
甲醇						
乙醇						

（2）实施条件

①场地：气相色谱分析室。

②仪器、试剂。

表1 仪器设备

名　　称	规格	数量	名　　称	规格	数量
气相色谱仪		1台/人	GDX-102 色谱柱	2 m	1根/台
微量进样器	1 μL	1只/人	烧杯	100 mL	1只/人

表2 试剂材料

名　　称	规格	数量	名　　称	规格	数量
水	蒸馏水	100 mL	无水乙醇	AR	100 mL
甲醇	AR	100 mL	考核试样	由考核点准备好	

备注:未注明要求时,试剂均为 AR,水为国家规定的实验室三级用水规格

(3)考核时量

120 分钟。

(4)考核标准

详见附录 24。

39. 试题编号:T-4-39,乙醇中水分含量的测定

考核技能点编号:J-4-9

(1)任务描述

采用气相色谱分析法,完成乙醇中水分含量的测定,提交分析检验报告单。

①测定步骤。

a. 色谱仪开机及参数设置。

安装 GDX-102 色谱柱,通入载气(H_2),检查气密性是否完好,调节到合适的压力和流量。打开仪器电源,设置色谱条件(根据不同仪器,可自行确定):柱温 85 ℃,气化室 150 ℃,热导池检测器 90 ℃。打开计算机,启动 N2010 色谱工作站,选择定量方法为内标法。

b. 配制标准溶液。

取一个干燥洁净带胶塞的 5 mL 采样瓶(编为 1 号),称其质量(准确至 0.000 1 g),用医用注射器吸取 2 mL 蒸馏水注入小瓶内,称重,计算出水的质量;再用另一支注射器吸取 2 mL 甲醇(内标物)注入瓶内,称量,计算出甲醇的质量,摇匀备用。

c. 配制乙醇试样溶液。

另取一个干燥洁净带胶塞的采样瓶(编为 2 号),称出空瓶质量,注入 3 mL 乙醇试样,称重,计算出乙醇试样质量。然后再加入 0.6 mL 甲醇,称量后计算出加入甲醇的质量。摇匀。

d. 标准溶液分析。

待基线稳定后,用 1 μL 进样器吸取 0.6 μL 1 号瓶标准溶液,分析测定,获得色谱图,记录数据。重复操作 3 次。

e. 试样分析.

用 1 μL 微量进样器,吸取 2 号瓶乙醇试样 0.6 μL 进样,分析测定,记录分析结果。平行测定 3 次。

②数据处理。

a. 根据 1 号瓶标准溶液分析测定所得的数据,水的峰高相对校正因子 $f'_水$,按下式计算:

$$f'_水 = \frac{m_i \cdot h_s}{m_s \cdot h_i}$$

式中:m_i—1 号瓶中水的质量,g;h_i—1 号瓶中水的峰高,mm;m_s—1 号瓶中甲醇的质量,g;h_s—1 号瓶中甲醇的峰高,mm。

b. 根据 2 号瓶乙醇试样溶液分析测定所得的数据,样品中水分的含量 $\omega_水$(%)按下式计算:

$$\omega_水 = \frac{m_s \cdot h_i}{m_样 \cdot h_s} \cdot f'_水$$

式中:m_s—2 号瓶中甲醇的质量,g;$m_样$—2 号瓶中乙醇样品的质量,g;h_i—2 号瓶中水的峰高,mm;h_s—2 号瓶中甲醇的峰高,mm。

c. 测定结果的相对平均偏差

$$\overline{d}_{\bar{x}} = \frac{\sum\limits_{i=1}^{n} |x_i - \bar{x}|}{n \times \bar{x}} \times 100\%$$

③数据记录。

乙醇中水分含量分析数据记录表

瓶号	组分	质量 m(g)	峰高 h(mm)				水分含量 ω_i(%)
			1	2	3	平均值	
1号	水						—
	甲醇						
2号	水						
	甲醇						

(2)实施条件

①场地:气相色谱分析室。

②仪器、试剂。

表 1　仪器设备

名　　称	规格	数量	名　　称	规格	数量
气相色谱仪	1 台/人		GDX-102 色谱柱	2 m	1 根/台
微量进样器	1 μL	2 只/人	注射器	5 mL	3 只
采样瓶	5 mL	2 只			

表 2　试剂材料

名　　称	规格	数量	名　　称	规格	数量
水	蒸馏水	100 mL	无水乙醇	GC	100 mL

续表

名　称	规格	数量	名　称	规格	数量
甲醇	GC	100 mL	考核试样	由考核点准备好	

备注:未注明要求时,试剂均为 AR,水为国家规定的实验室三级用水规格

(3)考核时量

120 分钟。

(4)考核标准

详见附录 24。

40. 试题编号:T-4-40,乙醇中甲醇含量的测定

考核技能点编号:J-4-9

(1)任务描述

采用气相色谱分析法,完成乙醇中甲醇含量的测定,提交分析检验报告单。

①测定步骤。

a. 色谱仪开机及参数设置。

安装 GDX-102 色谱柱,通入载气(H_2),检查气密性是否完好,调节到合适的压力和流量。打开仪器电源,设置色谱条件(根据不同仪器,可自行确定):柱温 85 ℃,气化室 150 ℃,热导池检测器 90 ℃。打开计算机,启动 N2010 色谱工作站,选择定量方法为内标法。

b. 配制标准溶液。

取一个干燥洁净带胶塞的 5 mL 采样瓶(编为 1 号),称其质量(准确至 0.000 1 g),用医用注射器吸取 2 mL 蒸馏水(内标物)注入小瓶内,称重,计算出水的质量;再用另一支注射器吸取 2 mL 甲醇注入瓶内,称量,计算出甲醇的质量,摇匀备用。

c. 配制乙醇试样溶液。

另取一个干燥洁净带胶塞的采样瓶(编为 2 号),称出空瓶质量,注入 3 mL 乙醇试样,称重,计算出乙醇试样质量。然后再加入 0.6 mL 蒸馏水,称量后计算出加入蒸馏水的质量。摇匀。

d. 标准溶液分析。

待基线稳定后,用 1 μL 进样器吸取 0.6 μL 1 号瓶标准溶液,分析测定,获得色谱图,记录数据。重复操作 3 次。

e. 试样分析。

用 1 μL 微量进样器,吸取 2 号瓶乙醇试样 0.6 μL 进样,分析测定,记录分析结果。平行测定 3 次。

②数据处理。

a. 根据 1 号瓶标准溶液分析测定所得的数据,甲醇的峰高相对校正因子 $f'_{甲醇}$,按下式计算:

$$f'_{甲醇} = \frac{m_i \cdot h_s}{m_s \cdot h_i}$$

式中:m_i—1 号瓶中甲醇的质量,g;h_i—1 号瓶中甲醇的峰高,mm;m_s—1 号瓶中水的质量,g;h_s—1 号瓶中水的峰高,mm。

b. 根据 2 号瓶乙醇试样溶液分析测定所得的数据,样品中甲醇的含量 $\omega(\%)$,按下式计算:

$$\omega_{甲醇} = \frac{m_s \cdot h_i}{m_样 \cdot h_s} \cdot f'_{甲醇}$$

式中:m_s—2 号瓶中水的质量,g;$m_样$—2 号瓶中乙醇样品的质量,g;h_i—2 号瓶中甲醇的峰高,mm;h_s—2 号瓶中水的峰高,mm。

c. 测定结果的相对平均偏差

$$\overline{d_{\bar{x}}} = \frac{\sum\limits_{i=1}^{n} |x_i - \bar{x}|}{n \times \bar{x}} \times 100\%$$

③数据记录。

乙醇中甲醇含量分析数据记录表

瓶号	组分	质量 m(g)	峰高 h(mm)				水分含量 ω_i(%)
			1	2	3	平均值	
1 号	甲醇						—
	水						
2 号	甲醇						
	水						

(2)实施条件

①场地:气相色谱分析室。

②仪器、试剂。

表 1   仪器设备

名　　称	规格	数量	名　　称	规格	数量
气相色谱仪		1 台/人	GDX-102 色谱柱	2 m	1 根/台
微量进样器	1 μL	2 支/人	注射器	5 mL	3 支
采样瓶	5 mL	2 只			

表 2   试剂材料

名　　称	规格	数量	名　　称	规格	数量
水	蒸馏水	100 mL	无水乙醇	GC	100 mL
甲醇	GC	100 mL	考核试样	由考核点准备好	

备注:未注明要求时,试剂均为 AR,水为国家规定的实验室三级用水规格

(3)考核时量

120 分钟。

（4）考核标准

详见附录24。

41. 试题编号：T-4-41，混合物中甲苯含量的测定

考核技能点编号：J-4-9

（1）任务描述

采用气相色谱分析法，完成混合物中甲苯含量的测定，提交分析检验报告单。

①测定步骤

a. 色谱仪开机及参数设置。

安装 DNP 色谱柱，通入载气（H_2），检查气密性是否完好，调节到合适的压力和流量。打开仪器电源，设置色谱条件（根据不同仪器，可自行确定）：柱温90 ℃，气化室120 ℃，热导池检测器100 ℃。打开计算机，启动 N2010 色谱工作站，选择定量方法为内标法。

b. 配制标准溶液。

取一个干燥洁净带胶塞的 5 mL 采样瓶（编为 1 号），称其质量（准确至0.000 1 g），用医用注射器吸取 2 mL 苯（内标物）注入小瓶内，称重，计算出苯的质量；再用另一支注射器吸取 2 mL甲苯注入瓶内，称量，计算出甲苯的质量，摇匀备用。

c. 配制混合试样溶液。

另取一个干燥洁净带胶塞的采样瓶（编为 2 号），称出空瓶质量，注入 3 mL 混合试样，称重，计算出试样质量。然后再加入 0.6 mL 苯，称量后计算出加入苯的质量。摇匀。

d. 标准溶液分析。

待基线稳定后，用 1 μL 进样器吸取 0.6 μL 1 号瓶标准溶液，分析测定，获得色谱图，记录数据。重复操作 3 次。

e. 试样分析。

用 1 μL 微量进样器，吸取 2 号瓶试样 0.6 μL 进样，分析测定，记录分析结果。平行测定3 次。

②数据处理。

a. 根据 1 号瓶标准溶液分析测定所得的数据，甲苯的峰高相对校正因子 $f'_{甲苯}$，按下式计算：

$$f'_{甲苯} = \frac{m_i \cdot h_s}{m_s \cdot h_i}$$

式中：m_i—1 号瓶中甲苯的质量，g；h_i—1 号瓶中甲苯的峰高，mm；m_s—1 号瓶中苯的质量，g；h_s—1 号瓶中苯的峰高，mm。

b. 根据 2 号瓶试样溶液分析测定所得的数据，样品中甲苯的含量 $\omega_{甲苯}$，按下式计算：

$$\omega_{甲苯} = \frac{m_s \cdot h_i}{m_{样} \cdot h_s} \cdot f'_{甲苯}$$

式中：m_s—2 号瓶中苯的质量，g；$m_{样}$—2 号瓶中样品的质量，g；h_i—2 号瓶中甲苯的峰高，mm；h_s——2 号瓶中苯的峰高，mm。

c. 测定结果的相对平均偏差

$$\bar{d}_{\bar{x}} = \frac{\sum\limits_{i=1}^{n} |x_i - \bar{x}|}{n \times \bar{x}} \times 100\%$$

③数据记录。

混合样中甲苯含量分析数据记录表

瓶号	组分	质量 m(g)	峰高 h(mm)				水分含量 ω_i(%)
			1	2	3	平均值	
1号	甲苯						—
	苯						
2号	甲苯						
	苯						

（2）实施条件

①场地：气相色谱分析室。

②仪器、试剂。

表1　仪器设备

名　　称	规格	数量	名　　称	规格	数量
气相色谱仪		1台/人	DNP色谱柱	2 m	1根/台
微量进样器	1 μL	2只/人	注射器	5 mL	3只
采样瓶	5 mL	2只			

表2　试剂材料

名　　称	规格	数量	名　　称	规格	数量
苯	蒸馏水	100 mL			
甲苯	GC	100 mL	考核试样	由考核点准备好	

备注：未注明要求时，试剂均为AR，水为国家规定的实验室三级用水规格

（3）考核时量

120分钟。

（4）考核标准

详见附录24。

42. 试题编号：T-4-42，甲醇中水分含量的测定

考核技能点编号：J-4-10

（1）任务描述

采用气相色谱分析法，完成甲醇中水分含量的测定，提交分析检验报告单。

①测定步骤。

a. 色谱仪开机及参数设置。

安装GDX-102色谱柱，通入载气（H_2），检查气密性是否完好，调节到合适的压力和流量。打开仪器电源，设置色谱条件（根据不同仪器，可自行确定）：柱温80 ℃，气化室150 ℃，热导池检测器90 ℃。打开计算机，启动N2010色谱工作站，选择定量方法为标准曲线法。

b. 配制标准溶液。

将一定量 GC 级的苯置于分液漏斗中,用同体积的蒸馏水振荡,去掉水溶性物质,如此洗涤次数不少于 5 次。最后一次振荡均匀后连水一起装入容量瓶中备用。

c. 水饱和苯溶液的分析测定。

待仪器稳定后,抽洗微量进样器 5~10 次,分别按 2.0 μL,3.0 μL,4.0 μL,5.0 μL,6.0 μL 的进样量进样。获得色谱图,记录相应水分峰高。同时记录苯层温度。平行测定 3 次。以苯的含水质量(mg)为横坐标,相应的水分峰高为纵坐标绘制标准工作曲线。

d. 甲醇试样的分析。

在完全一致的情况下取 3.0 μL 甲醇试样进样,记录相应水分峰高。从标准曲线中查出相对应的水分质量(mg)。平行测定 3 次。

②数据处理。

甲醇中水分的含量以质量浓度 ρ 计,以 mg/mL 表示:

$$\rho = \frac{m_{查}}{V}$$

式中:$m_{查}$——从标准曲线中查出相对应的水分质量,mg;V——甲醇试样进样体积,mL。

测定结果的相对平均偏差

$$\overline{d_{\bar{x}}} = \frac{\sum\limits_{i=1}^{n} |x_i - \bar{x}|}{n \times \bar{x}} \times 100\%$$

③数据记录。

表 1　工作曲线的绘制记录表

进样量(μL)		水饱和苯溶液				
		2.0	3.0	4.0	5.0	6.0
水分峰高 (min)	1					
	2					
	3					
	平均值					
含水量(mg)						

表 2　甲醇中水分含量的测定记录表

试样进样次数	1	2	3
水分峰高(min)			
查得水分质量(mg)			
试样中水分含量 ρ(mg/mL)			
试样中水分含量平均值(mg/mL)			
测定结果的相对平均偏差(%)			

(2)实施条件

①场地：气相色谱分析室。

②仪器、试剂。

表1　仪器设备

名　　称	规格	数量	名　　称	规格	数量
气相色谱仪		1台/人	GDX-102色谱柱	2 m	公用
微量进样器	1 μL	2只/人	分液漏斗	200 mL	1只
采样瓶	5 mL	6只	容量瓶	250 mL	1只

表2　试剂材料

名　　称	规格	数量	名　　称	规格	数量
水	蒸馏水	100 mL			
苯	GC	100 mL	考核试样	由考核点准备好	

备注：未注明要求时，试剂均为 AR，水为国家规定的实验室三级用水规格

（3）考核时量

120分钟。

（4）考核标准

详见附录24。

43. 试题编号：T-4-43，室内空气中甲苯含量的测定

考核技能点编号：J-4-10

（1）任务描述

采用气相色谱分析法，完成空气中甲苯含量的测定，提交分析检验报告单。

①测定步骤。

a. 校准曲线的配制。

取5支气相专用安培瓶，按下表配制标准系列。

瓶号	1	2	3	4	5
二硫化碳(μL)	19.0	18.0	17.0	16.0	15.0
甲苯标准工作液[μL(10 μg/mL)]	1.0	2.0	3.0	4.0	5.0
体积(μL)	20	20	20	20	20
浓度(μg/mL)	0.5	1.0	1.5	2.0	4.0
甲苯含量(μg)	0.01	0.02	0.03	0.04	0.05

b. 仪器参数的设置。

（a）检查仪器的运行状况；

（b）根据现场给定的仪器参数，自行在仪器上设置分析方法的参数，并做好进样准备。

c. 标准曲线的绘制。

取 1 μL 标准液进样,测量保留时间及峰高(峰面积)。每个浓度进样 3 次,取峰高(峰面积)的平均值。以甲苯的含量(μg/mL)为横坐标,平均峰高(峰面积)为纵坐标,绘制标准曲线。利用 excel 计算软件计算标准曲线方程:$y=bx+a$。以斜率的倒数 B_s 作为样品测定的计算因子。

d. 样品的分析测定。

取 1 μL 样品进样,用保留时间定性,峰高(峰面积)定量。每个样品做 2 次分析,求峰高(峰面积)的平均值。同时,取 1 μL 空白样品测定,计算空白样品的平均峰高(峰面积)。

e. 关机程序设置及关机。

对仪器进行降温,按照正常关机程序进行关机、关气。

②数据处理。

空气中甲苯的含量以质量浓度 ρ 计,以 mg/m³ 表示:

$$\rho = \frac{(h-h') \cdot B_s}{V_0}$$

式中:h—样品峰高(峰面积)的平均值;V_0—标准状态下采样体积,L(计算时按标准状态下采样体积为 20.0 L 代入);h'—空白管的峰高(峰面积);B_s—回归方程斜率的倒数。

测定结果的相对平均偏差

$$\overline{d_{\bar{x}}} = \frac{\sum_{i=1}^{n} |x_i - \bar{x}|}{n \times \bar{x}} \times 100\%$$

③数据记录。

表1　色谱分析标准曲线绘制记录表

分析项目:

编　　号	标液浓度(　　)	峰高□ 峰面积□
标1		
标2		
标3		
标4		
标5		
$r=$	$a=$	$b=$

标准使用液浓度:

备注:

表2　样品分析数据记录表

序号	样品编号	进样量 (　　)	分析项目:		
			峰高□ 峰面积□	测量结果 (　　)	样品结果 (　　)

235

续表

序号	样品编号	进样量（ ）	分析项目：		
			峰高□ 峰面积□	测量结果（ ）	样品结果（ ）

色谱条件

检测器：　　　　　　　　　色谱柱：　　　　　　　　柱压（kPa）：

温度（℃）

汽化室：　　　　　　　　　柱温：　　　　　　　　　检测器：

流量（ ）

N_2：　　　　　　　　　　　H_2：　　　　　　　　　Air：

表3　检测结果记录表

样品号	样品1	样品2
甲苯含量(mg/m^3)		
分析结果(mg/m^3)		
相对偏差(%)		

（2）实施条件

①场地：气相色谱分析室。

②仪器、试剂。

表1　仪器设备

名　　称	规格	数量	名　　称	规格	数量
气相色谱专用安培瓶		10支/人	微量进样针	11 μL	1只/人
气相色谱仪	附氢火焰离子化检测器	1台/人	微量进样针	10 μL	1只/人
色谱柱	非极性石英毛细管柱	1根/人	微量进样针	25 μL	1只/人

表2　试剂材料

名　　称	规格	浓度/数量	名　　称	规格	浓度/数量
甲苯标准工作液		10 μg/mL 5 mL	二硫化碳		10 mL
考核试样		5 mL			

备注：所用试剂除甲苯标液为优级纯，其余为分析纯，水为国家规定的实验室三级用水规格

（3）考核时量

120分钟。

（4）考核标准

详见附录24。

附　　录

附录1　滴定分析考核标准 Ⅰ

评价内容及配分		评分标准						扣分情况记录	得分
结果 (30分)	测定结果的准确度(10分)	相对误差≤(%)	0.2	0.4	0.6	0.8	＞0.8		
		扣分标准(分)	0	2	4	8	10		
	测定结果的允许差(20分)	相对平均偏差≤(%)	0.2	0.4	0.6	0.8	＞0.8		
		扣分标准(分)	0	4	8	16	20		
操作分数 (40分)	称量 (15分)	未检查天平水平、砝码完好情况,扣0.5分;未调零,扣0.5分; 天平内外不洁净,扣0.5分;称量瓶放置不当,扣0.5分; 倾出试样不合要求,扣1分;开关天平门操作不当,扣0.5分; 读数及记录不正确,扣1.5分; 可重复扣分,但不倒扣分							
	滴定 (25分)	洗涤不合要求,扣0.5分;没有试漏,扣0.5分; 没有润洗,扣1分;装液操作不正确,扣1分; 未排空气,扣1分;没有调零,扣1分; 加指示剂操作不当,扣1分;滴定姿势不正确,扣0.5分; 滴定速度控制不当,扣1分;摇瓶操作不正确,扣1分; 锥形瓶洗涤不合要求,扣1分; 滴定后补加溶液操作不当,扣0.5分; 半滴溶液的加入控制不当,扣2分;终点判断不准确,扣1分; 读数操作不正确,扣1分;数据记录不正确,扣0.5分; 可重复扣分,但不倒扣分							
职业素养 (20分)	原始记录 (5分)	原始记录不及时记录扣2分;原始数据记在其他纸上扣5分;非正规改错扣1分/处;原始记录中空项扣0.5分/处。							
	安全与环保 (10分)	未穿戴实验服扣5分; 台面、卷面不整洁扣5分; 损坏仪器,每件扣5分; 有毒废液不按规定处置扣5分							
	6S管理 (5分)	考核结束,仪器清洗不洁者扣5分; 考核结束,仪器堆放不整齐扣1~5分							
	否决项	滴定管读数,移液数据未经监考老师同意不可更改,在考核时不准有讨论等作弊行为发生,否则作0分处理,不得补考							

续表

评价内容及配分		评分标准						扣分情况记录	得分
考核时间（10分）	考核时间记录：_____	超过时间(min)≤	0	10	20	30	>30		
		扣分标准(分)	0	3	6	10	停考		

附录2 滴定分析考核标准Ⅱ

评价内容及配分		评分标准						扣分情况记录	得分
结果（30分）	测定结果的准确度(10分)	相对误差≤(%)	0.2	0.4	0.6	0.8	>0.8		
		扣分标准(分)	0	2	4	8	10		
	测定结果的允许差(20分)	相对平均偏差≤(%)	0.2	0.4	0.6	0.8	>0.8		
		扣分标准(分)	0	4	8	16	20		
操作分数（40分）	移液（15分）	洗涤不合要求，扣1分；未润洗或润洗不当，扣3分；吸液操作不当，扣2分；放液操作不当，扣2分；用后处理及放置不当，扣2分；可重复扣分，但不倒扣分							
	滴定（25分）	洗涤不合要求，扣0.5分；没有试漏，扣0.5分；没有润洗，扣1分；装液操作不正确，扣1分；未排空气，扣1分；没有调零，扣1分；加指示剂操作不当，扣1分；滴定姿势不正确，扣0.5分；滴定速度控制不当，扣1分；摇瓶操作不正确，扣1分；锥形瓶洗涤不合要求，扣1分；滴定后补加溶液操作不当，扣0.5分；半滴溶液的加入控制不当，扣2分；终点判断不准确，扣1分；读数操作不正确，扣1分；数据记录不正确，扣0.5分；可重复扣分，但不倒扣分							
职业素养（20分）	原始记录（5分）	原始记录不及时记录扣2分；原始数据记在其他纸上扣5分；非正规改错扣1分/处；原始记录中空项扣0.5分/处							
	安全与环保（10分）	未穿戴实验服扣5分；台面、卷面不整洁扣5分；损坏仪器，每件扣5分；有毒废液不按规定处置扣5分							
	6S管理（5分）	考核结束，仪器清洗不洁者扣5分；考核结束，仪器堆放不整齐扣1~5分							
	否决项	滴定管读数，移液数据未经监考老师同意不可更改，在考核时不准有讨论等作弊行为发生，否则作0分处理，不得补考							

续表

评价内容及配分		评分标准						扣分情况记录	得分
考核时间(10分)	考核时间记录：_____	超过时间(min)≤	0	10	20	30	>30		
		扣分标准(分)	0	3	6	10	停考		

附录3 滴定分析考核标准Ⅲ

评价内容及配分		评分标准						扣分情况记录	得分
结果(30分)	测定结果的准确度(10分)	相对误差≤(%)	0.2	0.4	0.6	0.8	>0.8		
		扣分标准(分)	0	2	4	8	10		
	测定结果的允许差(20分)	相对平均偏差≤(%)	0.2	0.4	0.6	0.8	>0.8		
		扣分标准(分)	0	4	8	16	20		
操作分数(40分)	移液(15分)	洗涤不合要求,扣1分;未润洗或润洗不当,扣3分; 吸液操作不当,扣2分;放液操作不当,扣2分; 用后处理及放置不当,扣2分; 可重复扣分,但不倒扣分							
	定容(10分)	洗涤不合要求,扣1分;没有试漏,扣1分; 试样溶解操作不当,扣2分;溶液转移操作不当,扣2分; 定容操作不当,扣2分;摇匀操作不当,扣2分							
	滴定(15分)	洗涤不合要求,扣0.5分;没有试漏,扣0.5分; 没有润洗,扣1分;装液操作不正确,扣1分; 未排空气,扣1分;没有调零,扣1分; 加指示剂操作不当,扣1分;滴定姿势不正确,扣0.5分; 滴定速度控制不当,扣1分;摇瓶操作不正确,扣1分; 锥形瓶洗涤不合要求,扣1分; 滴定后补加溶液操作不当,扣0.5分; 半滴溶液的加入控制不当,扣2分;终点判断不准确,扣1分; 读数操作不正确,扣1分;数据记录不正确,扣0.5分; 可重复扣分,但不倒扣分							
职业素养(20分)	原始记录(5分)	原始记录不及时记录扣2分;原始数据记在其他纸上扣5分;非正规改错扣1分/处;原始记录中空项扣0.5分/处							
	安全与环保(10分)	未穿戴实验服扣5分; 台面、卷面不整洁扣5分; 损坏仪器,每件扣5分; 有毒废液不按规定处置扣5分							
	6S管理(5分)	考核结束,仪器清洗不洁者扣5分; 考核结束,仪器堆放不整齐扣1~5分							

续表

评价内容及配分		评分标准						扣分情况记录	得分
职业素养(20分)	否决项	滴定管读数,移液数据未经监考老师同意不可更改,在考核时不准有讨论等作弊行为发生,否则作 0 分处理,不得补考							
考核时间(10分)	考核时间记录:_____	超过时间(min)≤	0	10	20	30	>30		
		扣分标准(分)	0	3	6	10	停考		

附录4 滴定分析考核标准 Ⅳ

评价内容及配分		评分标准						扣分情况记录	得分
结果(30分)	测定结果的准确度(10分)	相对误差≤(%)	0.2	0.4	0.6	0.8	>0.8		
		扣分标准(分)	0	2	4	8	10		
	测定结果的允许差(20分)	相对平均偏差≤(%)	0.2	0.4	0.6	0.8	>0.8		
		扣分标准(分)	0	4	8	16	20		
操作分数(40分)	称量(5分)	未检查天平水平、砝码完好情况,扣 0.5 分;未调零,扣 0.5 分; 天平内外不洁净,扣 0.5 分;称量瓶放置不当,扣 0.5 分; 倾出试样不合要求,扣 1 分;开关天平门操作不当,扣 0.5 分; 读数及记录不正确,扣 1.5 分							
	定容(10分)	洗涤不合要求,扣 1 分;没有试漏,扣 1 分; 试样溶解操作不当,扣 2 分;溶液转移操作不当,扣 2 分; 定容操作不当,扣 2 分;摇匀操作不当,扣 2 分							
	移液(10分)	洗涤不合要求,扣 1 分;未润洗或润洗不当,扣 3 分; 吸液操作不当,扣 2 分;放液操作不当,扣 2 分; 用后处理及放置不当,扣 2 分							
	滴定(15分)	洗涤不合要求,扣 0.5 分;没有试漏,扣 0.5 分; 没有润洗,扣 1 分;装液操作不正确,扣 1 分; 未排空气,扣 1 分;没有调零,扣 1 分; 加指示剂操作不当,扣 1 分;滴定姿势不正确,扣 0.5 分; 滴定速度控制不当,扣 1 分;摇瓶操作不正确,扣 1 分; 锥形瓶洗涤不合要求,扣 1 分; 滴定后补加溶液操作不当,扣 0.5 分; 半滴溶液的加入控制不当,扣 2 分;终点判断不准确,扣 1 分; 读数操作不正确,扣 1 分;数据记录不正确,扣 0.5 分; 可重复扣分,但不倒扣分							

续表

评价内容及配分		评分标准						扣分情况记录	得分
职业素养（20分）	原始记录（5分）	原始记录不及时记录扣2分；原始数据记在其他纸上扣5分；非正规改错扣1分/处；原始记录中空项扣0.5分/处							
	安全与环保（10分）	未穿戴实验服扣5分； 台面、卷面不整洁扣5分； 损坏仪器，每件扣5分； 有毒废液不按规定处置扣5分							
	6S管理（5分）	考核结束，仪器清洗不洁者扣5分； 考核结束，仪器堆放不整齐扣1～5分							
	否决项	滴定管读数，移液数据未经监考老师同意不可更改，在考核时不准有讨论等作弊行为发生，否则作0分处理，不得补考							
考核时间（10分）	考核时间记录：	超过时间(min)≤	0	10	20	30	＞30		
	——	扣分标准(分)	0	3	6	10	停考		

附录5 滴定分析考核标准 V

评价内容及配分		评分标准						扣分情况记录	得分
结果（30分）	测定结果的准确度(10分)	相对误差≤(%)	0.3	0.5	0.7	1.0	＞1.0		
		扣分标准(分)	0	1	2	4	5		
	测定结果的允许差(20分)	相对平均偏差≤(%)	0.3	0.5	0.7	1.0	＞1.0		
		扣分标准(分)	0	2	4	8	10		
操作分数（40分）	称量（15分）	未检查天平水平、砝码完好情况，扣0.5分；未调零，扣0.5分； 天平内外不洁净，扣0.5分；称量瓶放置不当，扣0.5分； 倾出试样不合要求，扣1分；开关天平门操作不当，扣0.5分； 读数及记录不正确，扣1.5分； 可重复扣分，但不倒扣分							
	滴定（25分）	洗涤不合要求，扣0.5分；没有试漏，扣0.5分； 没有润洗，扣1分；装液操作不正确，扣1分； 未排空气，扣1分；没有调零，扣1分； 加指示剂操作不当，扣1分；滴定姿势不正确，扣0.5分； 滴定速度控制不当，扣1分；摇瓶操作不正确，扣1分； 锥形瓶洗涤不合要求，扣1分； 滴定后补加溶液操作不当，扣0.5分； 半滴溶液的加入控制不当，扣2分；终点判断不准确，扣1分； 读数操作不正确，扣1分；数据记录不正确，扣0.5分； 可重复扣分，但不倒扣分							

续表

评价内容及配分		评分标准					扣分情况记录	得分
职业素养 (20分)	原始记录 (5分)	原始记录不及时记录扣2分;原始数据记在其他纸上扣5分;非正规改错扣1分/处;原始记录中空项扣0.5分/处						
	安全与环保 (10分)	未穿戴实验服扣5分; 台面、卷面不整洁扣5分; 损坏仪器,每件扣5分; 有毒废液不按规定处置扣5分						
	6S管理 (5分)	考核结束,仪器清洗不洁者扣5分; 考核结束,仪器堆放不整齐扣1~5分						
	否决项	滴定管读数,移液数据未经监考老师同意不可更改,在考核时不准有讨论等作弊行为发生,否则作0分处理,不得补考						
考核时间 (10分)	考核时间记录:	超过时间(min)≤	0	10	20	30	>30	
		扣分标准(分)	0	3	6	10	停考	

附录6 滴定分析考核标准Ⅵ

评价内容及配分		评分标准					扣分情况记录	得分
结果 (30分)	测定结果的准确度(10分)	相对误差≤(%)	0.3	0.5	0.7	1.0	>1.0	
		扣分标准(分)	0	1	2	4	5	
	测定结果的允许差(20分)	相对平均偏差≤(%)	0.3	0.5	0.7	1.0	>1.0	
		扣分标准(分)	0	2	4	8	10	
操作分数 (40分)	移液 (15分)	洗涤不合要求,扣1分;未润洗或润洗不当,扣3分; 吸液操作不当,扣2分;放液操作不当,扣2分; 用后处理及放置不当,扣2分; 可重复扣分,但不倒扣分						
	滴定 (25分)	洗涤不合要求,扣0.5分;没有试漏,扣0.5分; 没有润洗,扣1分;装液操作不正确,扣1分; 未排空气,扣1分;没有调零,扣1分; 加指示剂操作不当,扣1分;滴定姿势不正确,扣0.5分; 滴定速度控制不当,扣1分;摇瓶操作不正确,扣1分; 锥形瓶洗涤不合要求,扣1分; 滴定后补加溶液操作不当,扣0.5分; 半滴溶液的加入控制不当,扣2分;终点判断不准确,扣1分; 读数操作不正确,扣1分;数据记录不正确,扣0.5分; 可重复扣分,但不倒扣分						

续表

评价内容及配分		评分标准						扣分情况记录	得分
职业素养（20分）	原始记录（5分）	原始记录不及时记录扣2分；原始数据记在其他纸上扣5分；非正规改错扣1分/处；原始记录中空项扣0.5分/处							
	安全与环保（10分）	未穿戴实验服扣5分； 台面、卷面不整洁扣5分； 损坏仪器，每件扣5分； 有毒废液不按规定处置扣5分							
	6S管理（5分）	考核结束，仪器清洗不洁者扣5分； 考核结束，仪器堆放不整齐扣1～5分							
	否决项	滴定管读数，移液数据未经监考老师同意不可更改，在考核时不准有讨论等作弊行为发生，否则作0分处理，不得补考							
考核时间（10分）	考核时间记录：	超过时间（min）≤	0	10	20	30	>30		
		扣分标准（分）	0	3	6	10	停考		

附录7 滴定分析考核标准 Ⅶ

评价内容及配分		评分标准						扣分情况记录	得分
结果（30分）	测定结果的准确度（10分）	相对误差≤（%）	0.3	0.5	0.7	1.0	>1.0		
		扣分标准（分）	0	1	2	4	5		
	测定结果的允许差（20分）	相对平均偏差≤（%）	0.3	0.5	0.7	1.0	>1.0		
		扣分标准（分）	0	2	4	8	10		
操作分数（40分）	移液（15分）	洗涤不合要求，扣1分；未润洗或润洗不当，扣3分； 吸液操作不当，扣2分；放液操作不当，扣2分； 用后处理及放置不当，扣2分； 可重复扣分，但不倒扣分							
	定容（10分）	洗涤不合要求，扣1分；没有试漏，扣1分； 试样溶解操作不当，扣2分；溶液转移操作不当，扣2分； 定容操作不当，扣2分；摇匀操作不当，扣2分； 可重复扣分，但不倒扣分							
	滴定（15分）	洗涤不合要求，扣0.5分；没有试漏，扣0.5分； 没有润洗，扣1分；装液操作不正确，扣1分； 未排空气，扣1分；没有调零，扣1分； 加指示剂操作不当，扣1分；滴定姿势不正确，扣0.5分； 滴定速度控制不当，扣1分；摇瓶操作不正确，扣1分； 锥形瓶洗涤不合要求，扣1分； 滴定后补加溶液操作不当，扣0.5分； 半滴溶液的加入控制不当，扣2分；终点判断不准确，扣1分； 读数操作不正确，扣1分；数据记录不正确，扣0.5分； 可重复扣分，但不倒扣分							

续表

评价内容及配分		评分标准						扣分情况记录	得分
职业素养（20分）	原始记录（5分）	原始记录不及时记录扣2分；原始数据记在其他纸上扣5分；非正规改错扣1分/处；原始记录中空项扣0.5分/处							
	安全与环保（10分）	未穿戴实验服扣5分； 台面、卷面不整洁扣5分； 损坏仪器，每件扣5分； 有毒废液不按规定处置扣5分							
	6S管理（5分）	考核结束，仪器清洗不洁者扣5分； 考核结束，仪器堆放不整齐扣1～5分							
	否决项	滴定管读数，移液数据未经监考老师同意不可更改，在考核时不准有讨论等作弊行为发生，否则作0分处理，不得补考							
考核时间（10分）	考核时间记录：	超过时间(min)≤	0	10	20	30	>30		
		扣分标准(分)	0	3	6	10	停考		

附录8 滴定分析考核标准Ⅷ

评价内容及配分		评分标准						扣分情况记录	得分
结果（30分）	测定结果的准确度（10分）	相对误差≤(%)	0.3	0.5	0.7	1.0	>1.0		
		扣分标准(分)	0	1	2	4	5		
	测定结果的允许差（20分）	相对平均偏差≤(%)	0.3	0.5	0.7	1.0	>1.0		
		扣分标准(分)	0	2	4	8	10		
操作分数（40分）	称量（5分）	未检查天平水平、砝码完好情况，扣0.5分；未调零，扣0.5分； 天平内外不洁净，扣0.5分；称量瓶放置不当，扣0.5分； 倾出试样不合要求，扣1分；开关天平门操作不当，扣0.5分； 读数及记录不正确，扣1.5分； 可重复扣分，但不倒扣分							
	定容（10分）	洗涤不合要求，扣1分；没有试漏，扣1分； 试样溶解操作不当，扣2分；溶液转移操作不当，扣2分； 定容操作不当，扣2分；摇匀操作不当，扣2分； 可重复扣分，但不倒扣分							
	移液（10分）	洗涤不合要求，扣1分；未润洗或润洗不当，扣3分； 吸液操作不当，扣2分；放液操作不当，扣2分； 用后处理及放置不当，扣2分； 可重复扣分，但不倒扣分							

续表

评价内容及配分		评分标准						扣分情况记录	得分
操作分数(40分)	滴定(15分)	洗涤不合要求,扣0.5分;没有试漏,扣0.5分; 没有润洗,扣1分;装液操作不正确,扣1分; 未排空气,扣1分;没有调零,扣1分; 加指示剂操作不当,扣1分;滴定姿势不正确,扣0.5分; 滴定速度控制不当,扣1分;摇瓶操作不正确,扣1分; 锥形瓶洗涤不合要求,扣1分; 滴定后补加溶液操作不当,扣0.5分; 半滴溶液的加入控制不当,扣2分;终点判断不准确,扣1分; 读数操作不正确,扣1分;数据记录不正确,扣0.5分; 可重复扣分,但不倒扣分							
职业素养(20分)	原始记录(5分)	原始记录不及时记录扣2分;原始数据记在其他纸上扣5分;非正规改错扣1分/处;原始记录中空项扣0.5分/处							
	安全与环保(10分)	未穿戴实验服扣5分; 台面、卷面不整洁扣5分; 损坏仪器,每件扣5分; 有毒废液不按规定处置扣5分							
	6S管理(5分)	考核结束,仪器清洗不洁者扣5分; 考核结束,仪器堆放不整齐扣1~5分							
	否决项	滴定管读数,移液数据未经监考老师同意不可更改,在考核时不准有讨论等作弊行为发生,否则作0分处理,不得补考							
考核时间(10分)	考核时间记录:	超过时间(min)≤	0	10	20	30	>30		
		扣分标准(分)	0	3	6	10	停考		

附录 9 密度测定(密度瓶法)考核标准 Ⅰ

评价内容及配分		评分标准						扣分情况记录	得分
结果(30分)	测定结果的准确度(10分)	相对误差≤(%)	0.5	1.0	1.5	2.0	>2.0		
		扣分标准(分)	0	2	4	8	10		
	测定结果的允许差(20分)	相对平均偏差≤(%)	0.5	1.0	1.5	2.0	>2.0		
		扣分标准(分)	0	4	8	16	20		
操作分数(40分)		称量天平每犯规一次扣1分。例如:不校准水平、托盘不抹灰、不校零点、用手直接拿密度瓶、称量时天平门不关、机械天平横梁未托起或电子天平托盘上放物时做其他事等; 称量结束,天平砝码不复零,扣5分;							

续表

评价内容及配分		评分标准						扣分情况记录	得分
操作分数(40 分)		不登记天平使用记录,扣2分; 数字修约错,或有效位数保留不准确,每处扣0.5分; 密度瓶装液有气泡未除去,扣2分; 称量时密度瓶外壁液体不擦干净,扣2分; 称量物放在工作台,扣1分; 清洗瓶子不干净扣2分; 未恒温或恒温不到温度扣5分; 可重复扣分,但不倒扣分							
职业 素养 (20 分)	原始记录 (5 分)	原始记录不及时记录扣2分;原始数据记在其他纸上扣5分;非正规改错扣1分/处;原始记录中空项扣0.5分/处							
	安全与环保 (10 分)	未穿戴实验服扣5分; 台面、卷面不整洁扣5分; 损坏仪器,每件扣5分; 有毒废液不按规定处置扣5分							
	6S 管理 (5 分)	考核结束,仪器清洗不洁者扣5分; 考核结束,仪器堆放不整齐扣1~5分							
	否决项	滴定管读数,移液数据未经监考老师同意不可更改,在考核时不准有讨论等作弊行为发生,否则作0分处理,不得补考							
考核 时间 (10 分)	考核时间记录:	超过时间(min)≤	0	10	20	30	>30		
		扣分标准(分)	0	3	6	10	停考		

附录 10 密度测定(密度计法)考核标准 Ⅱ

评价内容及配分		评分标准						扣分情况记录	得分
结果 (30 分)	测定结果的 准确度(10 分)	相对误差≤(%)	1.0	1.5	2.0	2.5	>2.5		
		扣分标准(分)	0	2	4	8	10		
	测定结果的 允许差(20 分)	相对平均偏差≤(%)	0.5	1.0	1.5	2.0	>2.0		
		扣分标准(分)	0	4	8	16	20		
操作分数(40 分)		试样倒入量筒不正确扣5分; 试样温度测定不正确,扣5分; 量筒放置不正确,扣2分; 数字修约错,或有效位数保留不准确,每处扣0.5分; 量筒内有气泡未除去,扣2分; 密度计读数不正确,扣5分; 密度计放在工作台,扣1分; 密度计量筒不干净扣2分; 未恒温或恒温不到温度扣5分; 可重复扣分,但不倒扣分							

续表

评价内容及配分		评分标准						扣分情况记录	得分
职业素养（20分）	原始记录（5分）	原始记录不及时记录扣2分；原始数据记在其他纸上扣5分；非正规改错扣1分/处；原始记录中空项扣0.5分/处							
	安全与环保（10分）	未穿戴实验服扣5分； 台面、卷面不整洁扣5分； 损坏仪器，每件扣5分； 有毒废液不按规定处置扣5分							
	6S管理（5分）	考核结束，仪器清洗不洁者扣5分； 考核结束，仪器堆放不整齐扣1~5分							
	否决项	滴定管读数，移液数据未经监考老师同意不可更改，在考核时不准有讨论等作弊行为发生，否则作0分处理，不得补考							
考核时间（10分）	考核时间记录：	超过时间（min）≤	0	10	20	30	＞30		
		扣分标准（分）	0	3	6	10	停考		

附录11　密度测定（韦氏天平法）考核标准Ⅲ

评价内容及配分		评分标准						扣分情况记录	得分
结果（30分）	测定结果的准确度（10分）	相对误差≤（%）	0.5	1.0	1.5	2.0	＞2.0		
		扣分标准（分）	0	2	4	8	10		
	测定结果的允许差（20分）	相对平均偏差≤（%）	0.5	1.0	1.5	2.0	＞2.0		
		扣分标准（分）	0	4	8	16	20		
	操作分数（40分）	天平各部件是否完好无损，骑码是否齐全，否则扣2分； 韦氏天平组装不正确，扣5分； 不登记天平使用记录，扣2分； 数字修约错，或有效位数保留不准确，每处扣0.5分； 浮锤放入有气泡未除去，扣2分； 浮锤不擦干净，扣2分； 称量物放在工作台，扣1分； 骑码放置不正确，扣2分； 未恒温或恒温不到温度扣5分； 可重复扣分，但不倒扣分							
职业素养（20分）	原始记录（5分）	原始记录不及时记录扣2分；原始数据记在其他纸上扣5分；非正规改错扣1分/处；原始记录中空项扣0.5分/处							
	安全与环保（10分）	未穿戴实验服扣5分； 台面、卷面不整洁扣5分； 损坏仪器，每件扣5分； 有毒废液不按规定处置扣5分							

续表

评价内容及配分		评分标准						扣分情况记录	得分
职业素养（20分）	6S管理（5分）	考核结束，仪器清洗不洁者扣5分； 考核结束，仪器堆放不整齐扣1～5分							
	否决项	滴定管读数，移液数据未经监考老师同意不可更改，在考核时不准有讨论等作弊行为发生，否则作0分处理，不得补考							
考核时间10分	考核时间记录：	超过时间（min）≤	0	10	20	30	＞30		
		扣分标准（分）	0	3	6	10	停考		

附录12　旋光度测定考核标准

评价内容及配分		评分标准						扣分情况记录	得分
结果（30分）	测定结果的准确度（10分）	相对误差≤（%）	0.5	1.0	1.5	2.0	＞2.0		
		扣分标准（分）	0	2	4	8	10		
	测定结果的允许差（20分）	相对平均偏差≤（%）	0.5	1.0	1.5	2.0	＞2.0		
		扣分标准（分）	0	4	8	16	20		
	操作分数（40分）	数据中有效位数不对或修约错误每处扣1分； 计算错误扣5分/处（出现第一次时扣，受其影响而错不扣）； 恒温温度不到扣2分； 镜面未清洗干净扣2分； 清洗溶剂未挥发净扣2分； 读数只读小数点后1位扣5分； 称量超过规定量的±2.5%扣2分； 超过规定量的±0.05%扣5分； 没有试漏，扣0.5分； 试样溶解操作不当，扣1分；溶液转移操作不当，扣1分； 定容操作不当，扣1分；摇匀操作不当，扣1分； 没按要求组装仪器，扣2分；没正确选择温度计，扣2分； 未正确安装温度计，扣2分；未正确设置仪器参数，扣2分； 仪器未预热，扣2分； 仪器零点校正不对，扣2分；仪器操作不当，扣2分； 读数操作不正确，扣2分；数据记录不正确，扣2分； 未进行温度校正，扣2分； 可重复扣分，但不倒扣分							

续表

评价内容及配分		评分标准						扣分情况记录	得分
职业素养（20分）	原始记录（5分）	原始记录不及时记录扣2分；原始数据记在其他纸上扣5分；非正规改错扣1分/处；原始记录中空项扣0.5分/处							
	安全与环保（10分）	未穿戴实验服扣5分； 台面、卷面不整洁扣5分； 损坏仪器，每件扣5分； 有毒废液不按规定处置扣5分							
	6S管理（5分）	考核结束，仪器清洗不洁者扣5分； 考核结束，仪器堆放不整齐扣1~5分							
	否决项	滴定管读数，移液数据未经监考老师同意不可更改，在考核时不准有讨论等作弊行为发生，否则作0分处理，不得补考							
考核时间（10分）	考核时间记录：	超过时间(min)≤	0	10	20	30	>30		
		扣分标准（分）	0	3	6	10	停考		

附录13　折射率测定考核标准

评价内容及配分		评分标准						扣分情况记录	得分
结果（30分）	测定结果的准确度（10分）	相对误差≤（%）	0.5	1.0	1.5	2.0	>2.0		
		扣分标准（分）	0	2	4	8	10		
	测定结果的允许差（20分）	相对平均偏差≤（%）	0.5	1.0	1.5	2.0	>2.0		
		扣分标准（分）	0	4	8	16	20		
	操作分数（40分）	每个犯规操作扣0.5分； 数据中有效位数不对或修约错误每处扣1分； 计算错误扣5分/处（出现第一次时扣，受其影响而错不扣）； 恒温温度不到扣2分； 镜面未清洗干净扣2分； 清洗溶剂未挥发净扣2分； 读数只读小数点后3位扣5分； 仪器零点校正不对，扣2分； 仪器操作不当，扣2分； 读数操作不正确，扣2分； 数据记录不正确，扣2分； 未进行温度校正，扣2分； 可重复扣分，但不倒扣分							

续表

评价内容及配分		评分标准					扣分情况记录	得分
职业素养（20分）	原始记录（5分）	原始记录不及时记录扣2分；原始数据记在其他纸上扣5分；非正规改错扣1分/处；原始记录中空项扣0.5分/处						
	安全与环保（10分）	未穿戴实验服扣5分； 台面、卷面不整洁扣5分； 损坏仪器，每件扣5分； 有毒废液不按规定处置扣5分						
	6S管理（5分）	考核结束，仪器清洗不洁者扣5分； 考核结束，仪器堆放不整齐扣1～5分						
	否决项	滴定管读数，移液数据未经监考老师同意不可更改，在考核时不准有讨论等作弊行为发生，否则作0分处理，不得补考						
考核时间（10分）	考核时间记录：	超过时间（min）≤	0	10	20	30	>30	
	——	扣分标准（分）	0	3	6	10	停考	

附录14　黏度测定考核标准Ⅰ

评价内容及配分		评分标准					扣分情况记录	得分
结果（30分）	测定结果的准确度（10分）	相对误差≤（%）	0.5	1.0	1.5	2.0	>2.0		
		扣分标准（分）	0	2	4	8	10		
	测定结果的允许差（20分）	相对平均偏差≤（%）	0.5	1.0	1.5	2.0	>2.0		
		扣分标准（分）	0	4	8	16	20		
操作分数（40分）		未检查黏度计扣3分； 试样含水或机械杂质未除去扣5分； 恒温浴未恒定到20℃±0.1℃内扣5分； 选择黏度计内径不符合要求扣5分； 试样装入黏度计手法不正确扣10分； 黏度计外壁沾有试样扣2分； 黏度计固定位置不正确扣5分； 温度计位置安放不正确扣5分； 未将黏度计调成垂直状态扣5分； 试验温度波动大，时间不足扣5分； 测定试样产生气泡或裂隙5分； 液面位置读错扣5分； 记录时间读错扣5分； 可重复扣分，但不倒扣分							

续表

评价内容及配分		评分标准						扣分情况记录	得分
职业素养（20分）	原始记录（5分）	原始记录不及时记录扣2分；原始数据记在其他纸上扣5分；非正规改错扣1分/处；原始记录中空项扣0.5分/处							
	安全与环保（10分）	未穿戴实验服扣5分； 台面、卷面不整洁扣5分； 损坏仪器，每件扣5分； 有毒废液不按规定处置扣5分							
	6S管理（5分）	考核结束，仪器清洗不洁者扣5分； 考核结束，仪器堆放不整齐扣1~5分							
	否决项	滴定管读数，移液数据未经监考老师同意不可更改，在考核时不准有讨论等作弊行为发生，否则作0分处理，不得补考							
考核时间（10分）	考核时间记录：	超过时间(min)≤	0	10	20	30	>30		
	——	扣分标准(分)	0	3	6	10	停考		

附录15　黏度测定考核标准Ⅱ

评价内容及配分		评分标准						扣分情况记录	得分
结果（30分）	测定结果的准确度（10分）	相对误差≤(%)	0.5	1.0	1.5	2.0	>2.0		
		扣分标准(分)	0	2	4	8	10		
	测定结果的允许差（20分）	相对平均偏差≤(%)	0.5	1.0	1.5	2.0	>2.0		
		扣分标准(分)	0	4	8	16	20		
	操作分数（40分）	未检查黏度计扣3分； 试样含水或机械杂质未除去扣5分； 恒温浴未恒定到30℃±0.1℃内扣5分； 选择黏度计内径不符合要求扣5分； 试样装入黏度计手法不正确扣10分； 黏度计外壁沾有试样扣2分； 黏度计固定位置不正确扣5分； 温度计位置安放不正确扣5分； 未将黏度计调成垂直状态扣5分； 试验温度波动大，时间不足扣5分； 测定试样产生气泡或裂隙5分； 液面位置读错扣5分； 记录时间读错扣5分； 可重复扣分，但不倒扣分							

续表

评价内容及配分		评分标准						扣分情况记录	得分
职业素养（20分）	原始记录（5分）	原始记录不及时记录扣2分；原始数据记在其他纸上扣5分；非正规改错扣1分/处；原始记录中空项扣0.5分/处							
	安全与环保（10分）	未穿戴实验服扣5分； 台面、卷面不整洁扣5分； 损坏仪器，每件扣5分； 有毒废液不按规定处置扣5分							
	6S管理（5分）	考核结束，仪器清洗不洁者扣5分； 考核结束，仪器堆放不整齐扣1～5分							
	否决项	滴定管读数，移液数据未经监考老师同意不可更改，在考核时不准有讨论等作弊行为发生，否则作0分处理，不得补考							
考核时间（10分）	考核时间记录：	超过时间（min）≤	0	10	20	30	＞30		
		扣分标准（分）	0	3	6	10	停考		

附录16 馏程测定考核标准

评价内容及配分		评分标准						扣分情况记录	得分
结果（30分）	测定结果的准确度（10分）	相对误差≤（%）	0.5	1.0	1.5	2.0	＞2.0		
		扣分标准（分）	0	2	4	8	10		
	测定结果的允许差（20分）	相对平均偏差≤（%）	0.5	1.0	1.5	2.0	＞2.0		
		扣分标准（分）	0	4	8	16	20		
	操作分数（40分）	测量油温，试样温度不符合要求扣2分； 用量筒倒油不规范扣2分； 仪器组装正确，否则扣2分； 按要求正确调整加热速度，否则每超出10秒扣1分（读数10分）； 温度读数读错处理扣5分； 时间读数正确，否则扣2分； 体积读数错误扣2分； 按要求观察终点，并停止加热，观察最大回收百分数，否则扣5分；待蒸馏烧瓶冷却后，将其内容物倒入5 mL量筒中，按要求量取残留量，残留量体积读数与裁判读数差大于0.2 mL扣2分，大于0.4 mL扣5分； 可重复扣分，但不倒扣分							

续表

评价内容及配分		评分标准						扣分情况记录	得分
职业素养（20分）	原始记录（5分）	原始记录不及时记录扣2分；原始数据记在其他纸上扣5分；非正规改错扣1分/处；原始记录中空项扣0.5分/处							
	安全与环保（10分）	未穿戴实验服扣5分； 台面、卷面不整洁扣5分； 损坏仪器，每件扣5分； 有毒废液不按规定处置扣5分							
	6S管理（5分）	考核结束，仪器清洗不洁者扣5分； 考核结束，仪器堆放不整齐扣1～5分							
	否决项	滴定管读数，移液数据未经监考老师同意不可更改，在考核时不准有讨论等作弊行为发生，否则作0分处理，不得补考							
考核时间（10分）	考核时间记录：	超过时间（min）≤	0	10	20	30	＞30		
		扣分标准（分）	0	3	6	10	停考		

附录 17　闪点测定考核标准

评价内容及配分		评分标准						扣分情况记录	得分
结果（30分）	测定结果的准确度（10分）	相对误差≤（%）	0.5	1.0	1.5	2.0	＞2.0		
		扣分标准（分）	0	2	4	8	10		
	测定结果的允许差（20分）	相对平均偏差≤（%）	0.5	1.0	1.5	2.0	＞2.0		
		扣分标准（分）	0	4	8	16	20		
	操作分数（40分）	火焰调整到接近球形，直径为3～4毫米，未按要求扣5分； 若升温速度不合适，每超出±5秒扣3分； 时间读数正确，否则每超5秒每次扣5分； 初始点火温度正确，否则扣5分； 点火方法动作不合要求每次扣3分，点火温度不符合要求每次扣3分； 除非闪火，试样在试验期间要不停地转动搅拌器，否则每停一次扣3分； 闪火时应避光和避风，否则扣2分； 在试样面上方最初出现蓝色火焰时，立即记录温度计的读数，得到最初闪火后，继续进行点火，应能继续闪火，或试验至连续闪火，如果出现初次闪火后就停止试验扣12分；当出现未连续闪火时，应正确判断并重新试验，重复试验的结果依然如此，才认为测定有效，否则按重要提示考核； 可重复扣分，但不倒扣分							

续表

评价内容及配分		评分标准					扣分情况记录	得分
职业素养(20分)	原始记录(5分)	原始记录不及时记录扣2分;原始数据记在其他纸上扣5分;非正规改错扣1分/处;原始记录中空项扣0.5分/处						
	安全与环保(10分)	未穿戴实验服扣5分; 台面、卷面不整洁扣5分; 损坏仪器,每件扣5分; 有毒废液不按规定处置扣5分						
	6S管理(5分)	考核结束,仪器清洗不洁者扣5分; 考核结束,仪器堆放不整齐扣1~5分						
	否决项	滴定管读数,移液数据未经监考老师同意不可更改,在考核时不准有讨论等作弊行为发生,否则作0分处理,不得补考						
考核时间(10分)	考核时间记录:_____	超过时间(min)≤	0	10	20	30	>30	
		扣分标准(分)	0	3	6	10	停考	

附录18 质量分析考核标准

评价内容及配分		评分标准					扣分情况记录	得分
结果(20分)	测定结果的准确度(20分)	相对误差≤(%)	0.5	1.0	1.5	2.0	>2.0	
		扣分标准(分)	0	5	10	16	20	
操作分数(50分)	沉淀(15分)	滴加沉淀剂时,速度过快,且没有搅拌溶液,每项扣2分; 沉淀不完全或没有检验沉淀是否完全,每项扣5分; 陈化时没有加热或搅拌,每项扣2分; 每个犯规动作扣2分,重复犯规,最多扣4分						
	过滤与洗涤(20分)	玻璃砂芯坩埚连接抽滤瓶不正确,每项扣2分; 过滤装置与真空泵连接不正确,扣2分; 减压过滤装置操作不正确,扣2分; 采用倾注法过滤沉淀,每个犯规动作扣2分,重复犯规,最多扣4分; 每次倒入玻璃砂芯坩埚的溶液不得超过坩埚的2/3处,否则每次扣2分; 出现穿滤现象,每次扣5分; 沉淀洗涤完后,未用试剂检验,或检验但不合格不继续洗涤的,扣5分; 可重复扣分,但不倒扣分						
	沉淀的灼烧及称量(15分)	未按规范操作烘箱或马弗炉,扣5分; 沉淀没有进行烘干或灼烧恒重检验,扣5分; 沉淀未冷却至室温就进行称重,扣5分						

续表

评价内容及配分		评分标准						扣分情况记录	得分
职业素养（20分）	原始记录（5分）	原始记录不及时记录扣2分；原始数据记在其他纸上扣5分；非正规改错扣1分/处；原始记录中空项扣0.5分/处							
	安全与环保（10分）	未穿戴实验服扣5分； 台面、卷面不整洁扣5分； 损坏仪器，每件扣5分； 有毒废液不按规定处置扣5分							
	6S管理（5分）	考核结束，仪器清洗不洁者扣5分； 考核结束，仪器堆放不整齐扣1~5分							
	否决项	滴定管读数，移液数据未经监考老师同意不可更改，在考核时不准有讨论等作弊行为发生，否则作0分处理，不得补考							
考核时间（10分）	考核时间记录：	超过时间（min）≤	0	10	20	30	＞30		
		扣分标准（分）	0	3	6	10	停考		

附录19 分光光度法曲线绘制考核标准

评价内容及配分		评分标准			扣分情况记录	得分
结果（30分）	工作曲线	1档	相关系数≥0.9995	0		
		2档	0.9995＞相关系数≥0.995	5		
		3档	0.995＞相关系数≥0.95	10		
		4档	相关系数＜0.95	15		
	吸收曲线	波长选择不正确扣5分		5		
		横纵坐标选择错误扣5分		5		
		单位不正确扣2分		2		
		曲线连接错误扣3分		3		
	操作分数（40分）	玻璃仪器未洗干净，每件扣2分； 损坏仪器每件扣5分； 定容溶液定容过头或不到扣2分； 标准溶液重配一次扣5分； 50 mL比色液每重配一次扣2分； 发色时间不到扣2分； 仪器未预热扣5分； 计算中有错误扣5分/处（出现第一次时扣，受其影响而错不扣）； 数据中有效位数不对或修约错误每处扣1分； 其他犯规动作，每次扣0.5分，重复动作最多扣2分； 可重复扣分，但不倒扣分				

续表

评价内容及配分		评分标准						扣分情况记录	得分
职业素养（20分）	原始记录（5分）	原始记录不及时记录扣2分；原始数据记在其他纸上扣5分；非正规改错扣1分/处；原始记录中空项扣2分/处							
	安全与环保（10分）	未穿戴实验服扣5分； 台面、卷面不整洁扣5分； 损坏仪器，每件扣5分； 不具备安全、环保意识扣5分							
	6S管理（5分）	考核结束，仪器清洗不洁者扣5分； 考核结束，仪器堆放不整齐扣1~5分； 仪器不关扣5分							
	否决项	涂改原始数据未经监考老师同意不可更改，在考核时不准有讨论等作弊行为发生，否则作0分处理，不得补考							
考核时间（10分）	考核时间记录：	超过时间(min)≤	0	10	20	30	>30		
		扣分标准(分)	0	3	6	10	停考		

附录20 分光光度法考核标准

评价内容及配分		评分标准						扣分情况记录	得分
结果（30分）	测定结果的准确度（10分）	相对误差≤(%)	1.0	3.0	5.0	6.0	>6.0		
		扣分标准(分)	0	2	5	8	10		
	测定结果的允许差（20分）	相对平均偏差≤(%)	1.0	3.0	5.0	7.0	>7.0		
		扣分标准(分)	0	2	10	15	20		
	操作分数（40分）	测量波长的选择，最大波长选择不正确扣1分，最多扣1分； 正确配制标准系列溶液(5个点,不含原点)，标准系列溶液个数不足5个，扣3分； 五个点分布要合理，不合理，扣3分； 标准系列溶液，大部分的吸光度应在0.2~0.8之间(≥4个点)，否则扣3分； 未知溶液的稀释方法，不正确，扣4分； 试液吸光度处于工作曲线范围内，吸光度超出工作曲线范围，扣3分，不允许重做； 工作曲线线性相关系数≥0.999 9，不扣分，0.9999>相关系数≥0.999，扣5分，0.999>相关系数≥0.99，扣10分，相关系数<0.99，扣15分； 可重复扣分，但不倒扣分							

续表

评价内容及配分		评分标准					扣分情况记录	得分
职业素养（20分）	原始记录（5分）	原始记录不及时记录扣2分；原始数据记在其他纸上扣5分；非正规改错扣1分/处；原始记录中空项扣0.5分/处						
	安全与环保（10分）	未穿戴实验服扣5分； 台面、卷面不整洁扣5分； 损坏仪器，每件扣5分； 有毒废液不按规定处置扣5分						
	6S管理（5分）	考核结束，仪器清洗不洁者扣5分 考核结束，仪器堆放不整齐扣1~5分						
	否决项	滴定管读数，移液数据未经监考老师同意不可更改，在考核时不准有讨论等作弊行为发生，否则作0分处理，不得补考						
考核时间（10分）	考核时间记录：	超过时间(min)≤	0	10	20	30	>30	
	——	扣分标准(分)	0	3	6	10	停考	

附录21　电位分析考核标准

评价内容及配分		评分标准					扣分情况记录	得分
结果（30分）	测定结果的准确度（10分）	相对误差≤(%)	2	3	4	5	>5	
		扣分标准(分)	0	2	4	8	10	
	测定结果的允许差（20分）	相对平均偏差≤(%)	0.4	0.5	0.6	0.8	>0.8	
		扣分标准(分)	0	5	10	15	20	
	操作分数（40分）	每个犯规动作扣1分，重复犯规，最多扣2分； 容量仪器清洗不清洁，每件扣2分； 估计称量数据及称量最终数据，超±5%，各扣2.5分； 每重称一次扣5分； 定容过头或不到扣2分； 重新滴定一次扣5分； 电位计操作错误，扣5分； 计算中有错误每处扣5分（出现第一次时扣，受其影响而错不扣）； 数据中有效位数不对或修约错误每处扣0.5分； 可重复扣分，但不倒扣分						
职业素养（20分）	原始记录（5分）	原始记录不及时记录扣2分；原始数据记在其他纸上扣5分；非正规改错扣1分/处；原始记录中空项扣0.5分/处						
	安全与环保（10分）	未穿戴实验服扣5分； 台面、卷面不整洁扣5分； 损坏仪器，每件扣5分； 有毒废液不按规定处置扣5分						

续表

评价内容及配分		评分标准					扣分情况记录	得分
职业素养(20分)	6S管理(5分)	考核结束,仪器清洗不洁者扣5分; 考核结束,仪器堆放不整齐扣1~5分						
	否决项	滴定管读数,移液数据未经监考老师同意不可更改,在考核时不准有讨论等作弊行为发生,否则作0分处理,不得补考						
考核时间(10分)	考核时间记录:	超过时间(min)≤	0	10	20	30	>30	
		扣分标准(分)	0	3	6	10	停考	

附录22　电位滴定分析考核标准

评价内容及配分		评分标准						扣分情况记录	得分
结果(30分)	测定结果的准确度(10分)	相对误差≤(%)	0.5	1.0	1.0	2.0	>2.0		
		扣分标准(分)	0	2	4	8	10		
	测定结果的允许差(20分)	相对平均偏差≤(%)	0.4	0.6	0.8	1.0	>1.0		
		扣分标准(分)	0	5	10	15	20		
操作分数(40分)		每个犯规动作扣1分,重复犯规,最多扣2分; 容量仪器清洗不清洁,每件扣2分; 仪器组装错误扣2分; 每重滴一次扣5分; 滴定估计数据,超±5%,各扣2.5分; 电位计操作错误,扣5分; 计算中有错误每处扣5分(出现第一次时扣,受其影响而错不扣); 数据中有效位数不对或修约错误每处扣0.5分。 可重复扣分,但不倒扣分							
职业素养(20分)	原始记录(5分)	原始记录不及时记录扣2分;原始数据记在其他纸上扣5分;非正规改错扣1分/处;原始记录中空项扣0.5分/处							
	安全与环保(10分)	未穿戴实验服扣5分; 台面、卷面不整洁扣5分; 损坏仪器,每件扣5分; 有毒废液不按规定处置扣5分							
	6S管理(5分)	考核结束,仪器清洗不洁者扣5分; 考核结束,仪器堆放不整齐扣1~5分							
	否决项	滴定管读数,移液数据未经监考老师同意不可更改,在考核时不准有讨论等作弊行为发生,否则作0分处理,不得补考							

续表

评价内容及配分		评分标准						扣分情况记录	得分
考核时间(10分)	考核时间记录：——	超过时间(min)≤	0	10	20	30	>30		
		扣分标准(分)	0	3	6	10	停考		

附录23 原子吸收分光光度法考核标准

评价内容及配分		评分标准						扣分情况记录	得分
结果(30分)	测定结果的准确度(10分)	相对误差≤(%)	4.0	6.0	8.0	10.0	>10.0		
		扣分标准(分)	0	2	4	8	10		
	测定结果的允许差(20分)	相对平均偏差≤(%)	1.0	2.0	3.0	4.0	>5.0		
		扣分标准(分)	0	5	10	15	20		
操作分数(40分)		玻璃仪器未洗干净,每件扣2分； 定容溶液定容过头或不到扣2分； 溶液重配一只扣2分； 仪器未预热扣5分； 计算中有错误扣5分/处(出现第一次时扣,受其影响而错不扣)； 数据中有效位数不对或修约错误每处扣1分； 标准(工作)曲线绘制不适当,扣5分； 可重复扣分,但不倒扣分							
职业素养(20分)	原始记录(5分)	原始记录不及时记录扣2分；原始数据记在其他纸上扣5分；非正规改错扣1分/处；原始记录中空项扣0.5分/处							
	安全与环保(10分)	未穿戴实验服扣5分； 台面、卷面不整洁扣5分； 损坏仪器,每件扣5分； 有毒废液不按规定处置扣5分							
	6S管理(5分)	考核结束,仪器清洗不洁者扣5分； 考核结束,仪器堆放不整齐扣1~5分							
	否决项	滴定管读数,移液数据未经监考老师同意不可更改,在考核时不准有讨论等作弊行为发生,否则作0分处理,不得补考							
考核时间10分	考核时间记录：	超过时间(min)≤	0	10	20	30	>30		
		扣分标准(分)	0	3	6	10	停考		

附录 24　气相色谱分析考核标准

评价内容及配分		评分标准						扣分情况记录	得分
结果（30分）	测定结果的准确度（10分）	相对误差≤（%）	4.0	6.0	8.0	10.0	＞10.0		
		扣分标准（分）	0	2	4	8	10		
	测定结果的允许差（20分）	相对平均偏差≤（%）	1.0	2.0	3.0	4.0	＞5.0		
		扣分标准（分）	0	5	10	15	20		
	操作分数（40分）	每个犯规动作扣1分； 针筒内气泡不赶走扣1分； 损坏注射器或其他玻璃仪器扣5分； 每多进一次扣2分； 未达到操作条件或分离不完全扣5分； 缺偏差扣5分； 不按照仪器操作步骤和规程进行操作，每错一步扣1分； 计算中有错误扣5分/处（出现第一次时扣，受其影响而错不扣）； 数据中有效位数不对或修约错误每处扣1分； 检测室和汽化室温度低于柱温度时，操作分40分全部扣完； 可重复扣分，但不倒扣分							
职业素养（20分）	原始记录（5分）	原始记录不及时记录扣2分；原始数据记在其他纸上扣5分；非正规改错扣1分/处；原始记录中空项扣0.5分/处							
	安全与环保（10分）	未穿戴实验服扣5分； 台面、卷面不整洁扣5分； 损坏仪器，每件扣5分； 有毒废液不按规定处置扣5分							
	6S管理（5分）	考核结束，仪器清洗不洁者扣5分； 考核结束，仪器堆放不整齐扣1~5分							
	否决项	滴定管读数，移液数据未经监考老师同意不可更改，在考核时不准有讨论等作弊行为发生，否则作0分处理，不得补考							
考核时间（10分）	考核时间记录：	超过时间（min）≤	0	10	20	30	＞30		
		扣分标准（分）	0	3	6	10	停考		

后　　记

　　为推动高等职业院校加强专业基础能力建设，强化专业技能教学，全面提升我省高等职业院校人才培养水平，根据《关于推进高职院校学生专业技能抽查标准开发与完善工作的通知》（湘教通〔2014〕55 号）要求，按照"科学性、发展性、可操作性、规范性"的要求，我们编写了本书。

　　在编写过程中，编写人员深入石油、化工、冶金、环保、医药、食品等行业的企业进行了广泛的调研和论证，得到了企业技术专家和一线分析人员的大力支持。通过岗位分析，进一步明确了岗位职业技能和职业素养的要求，全面掌握了工业分析技术专业的人才培养定位、就业方向、职业能力要求，以及必须具备的专业实训设施设备条件等。以国家标准、行业标准和企业管理为依据，明确了各抽测项目的技能要求和素养要求，设计了相应的评价标准。确定了本专业最基本的四大核心技能模块：检验准备、物理常数测定、化学分析、仪器分析，建成了包含 31 个核心技能点，共计 150 多道技能考核试题的专业技能抽查题库，主要对学生的职业能力进行全面考核，检验学生的专业技能和基本职业素养。

　　专业技能抽查标准和题库的开发基于职业岗位，以职业活动为导向，着眼于专业技能的考核，突出核心专业技能的重点，重视对学生运用所学知识分析问题和解决问题能力的考核，正确发挥技能抽查的导向作用，规范专业教学，提高人才培养水平。

　　分析检测技术发展迅速，内容不断更新，工业分析技术专业发展日新月异，由于编写时间仓促，编者水平有限，书中难免存在疏漏和不妥之处，恳请企业专家和广大师生提出宝贵意见。在编写过程中，得到了兄弟院校领导、企业专家和同行的大力支持，在此一并致以衷心的感谢！

编　　者

2016 年 6 月